Die Freiheit der Wissenschaft

Franz Himpsl

Die Freiheit der Wissenschaft

Eine Theorie für das 21. Jahrhundert

Mit einem Geleitwort von Prof. Dr. Elif Özmen

J.B. METZLER

Franz Himpsl
Berlin, Deutschland

Dissertation, Universität Regensburg, 2016

ISBN 978-3-658-17382-1   ISBN 978-3-658-17383-8   (eBook)
DOI 10.1007/978-3-658-17383-8

Die Deutsche Nationalbibliothek verzeichnet diese Publikation in der Deutschen National-
bibliografie; detaillierte bibliografische Daten sind im Internet über http://dnb.d-nb.de abrufbar.

J.B. Metzler ist Teil von Springer Nature
Die eingetragene Gesellschaft ist Springer Fachmedien Wiesbaden GmbH
Die Anschrift der Gesellschaft ist: Abraham-Lincoln-Str. 46, 65189 Wiesbaden, Germany

Geleitwort

Die Vorstellung einer nur ihren eigenen epistemischen Regeln folgenden, in diesem Sinne freien Wissenschaft ist bereits in der antiken Wissensphilosophie formuliert worden. Jedoch ist Wissenschaftsfreiheit im Sinne eines normativen Abwehr-, dann auch Anspruchsrechts erst mit der Entwicklung des neuzeitlichen Wissens- und Wissenschaftsverständnisses entstanden. Die Institutionalisierung und Verrechtlichung der Wissenschaftsfreiheit erfolgt ab dem 19. Jahrhundert, sodass sich bereits in der Frankfurter Reichsverfassung die Formulierung findet: »Die Wissenschaft und ihre Lehre ist frei.« Art. 5 Abs. 3 des Grundgesetzes schreibt schließlich die Freiheit der Wissenschaft, Forschung und Lehre als defensives und konstitutives Individualrecht ohne Gesetzesvorbehalt fest.

Wie frei unsere Wissenschaft sein soll, ist hingegen eine normative Fragestellung, die sich nicht durch solche ideen-, rechts- und institutionengeschichtliche Referenzen beantworten lässt. Nicht zuletzt vor dem Hintergrund der wissenschaftspolitischen Realitäten des 21. Jahrhunderts – der *Techno* und *Big Science* – gilt es, die alte Idee einer freien Wissenschaft neu zu verstehen und gesellschaftlich zu verorten; das ist die zentrale These und Problemstellung der vorliegenden Publikation. Als ein Beitrag zur Sozialphilosophie der Wissenschaft verstanden, konzentriert sie sich auf die normative Relevanz und Funktion der Wissenschaft innerhalb der Gegenwartsgesellschaft. Diese versteht und organisiert sich nämlich einerseits als Wissenschaftsgesellschaft – d. h., universitäre Wissenschaft wird in weiten Teilen steuerfinanziert; wissenschaftlichen Akteuren, deren Tätigkeiten und Selbstkontroll-Mechanismen in Forschung und Lehre wird allgemein vertraut; wissenschaftliche Ergebnisse und ihre Anwendungen werden als gesellschaftlicher Motor begriffen. Andererseits hört man Klagen aus der Wissenschaft – Ökonomisierung, Gängelung, Freiheitsverluste –, aber auch der Gesellschaft – gefährliche Forschungen, obskure Publikationen, schlechte Didaktik, intransparentes Elfenbeinturmgeschehen.

In diese Gemengelage fügt sich die Frage nach der Freiheit der Wissenschaft – als Frage nach den Bedingungen ihrer Möglichkeit und als Frage
nach ihren Zwecken – als eine politische bzw. gesellschaftsbezogene ein. Damit unternimmt der Verfasser eine originelle, zu verschiedenen interdisziplinären Brückenschlägen ermunternde Untersuchung, deren Ziel nicht
bloß die tiefer gehende philosophische Analyse des Konzeptes der Wissenschaftsfreiheit, sondern eine Handreichung zur Reflexion der aktuellen wissenschaftspolitischen Diskurse darstellt. Zu diesem drängenden und heraus-
fordernden Thema unserer Zeit liegen zwar verschiedene Reflexionen vor,
aber nur wenige wagen diesen interdisziplinären Spagat oder verstehen es,
mit einer solchen Bandbreite an Kenntnissen sowie einer bemerkenswerten
sprachlichen Leichtigkeit und Eleganz stringent zu argumentieren. Daher
wünsche ich diesem besonders gelungenen Beitrag zu den Möglichkeiten
und Grenzen der Freiheit der Wissenschaft im 21. Jahrhundert eine breite
Rezeption und Diskussion.

Prof. Dr. Elif Özmen
Gießen im Januar 2017

Danksagung

Die Frage nach der gesellschaftlichen Rolle der Wissenschaft begleitet mich schon seit einigen Jahren. Gepackt hat sie mich zum ersten Mal in den wissenschaftshistorischen Vorlesungen von Prof. Dr. Christoph Meinel, dessen Unterstützung und Ermunterung ich viel zu verdanken habe. Ausgiebig diskutiert habe ich sie mit Maxi Wandtner, derer ich in Liebe gedenke. Unsere – meistens ziemlich kontroversen – Gespräche über das, was die Wissenschaftspolitik der Zukunft ausmachen soll, haben mich zu vielen Gedanken geführt, die hier ihren Niederschlag gefunden haben. Besonders herzlich bedanken will ich mich bei Prof. Dr. Elif Özmen, die das Thema angeregt und seine Ausarbeitung begleitet hat: dafür, dass ihr Ohr ein offenes, ihre Kritik konstruktiv, ihre Begeisterung ansteckend war – und dafür, dass sie mir die Sicherheit gegeben hat, meine eigene Herangehensweise zu entwickeln. Herzlicher Dank gebührt ebenso Prof. Dr. Rolf Schönberger, dessen Urteil ich schätze und dessen Dissertations-Gutachten ich wertvolle Anregungen entnehmen konnte. Meinen Freunden und Kollegen Christian Basl, Katharina Brunner, Moritz Geier und Anne Kratzer bin ich dankbar für ihre aufschlussreichen Kommentare zu meinen Entwürfen und dafür, dass sie mich auf meinem Weg begleiten. Dank schulde ich auch der Friedrich-Ebert-Stiftung: Ihre Förderung hat mir zwei unterbrechungsfreie Jahre ungestörten Schreibens ermöglicht. Bedanken möchte ich mich darüber hinaus bei den Redaktionen der *Deutschen Universitätszeitung* und des »Chancen«-Ressorts der *Zeit*, in denen ich viel über das wissenschaftspolitische Tagesgeschäft gelernt habe. Die geisteswissenschaftliche Forschung ist ein einsames Geschäft. Glücklich, wer dabei nicht allein ist. Ohne Judith Werner, meine Gefährtin und Korrektiv, wäre alles ungleich schwerer gewesen. Ihr ist dieses Buch gewidmet.

Dr. Franz Himpsl
Berlin im Januar 2017

Inhalt

Erster Teil. Einführung

1   Die Idee der freien Wissenschaft

1.1   Zur Relevanz der Fragestellung

Wie frei darf, wie frei soll die Wissenschaft sein? Für demokratische, durch die wissenschaftliche Kultur geprägte Gesellschaften liegt in der Beantwortung dieser Frage eine Herausforderung von besonderer Bedeutung. Die Wissenschaftler selbst klagen heute oft über Freiheitsverluste, über die Ökonomisierung des Wissenschaftssystems, über staatliche Gängelung. Auf der anderen Seite aber erscheint das ungezügelte Fortschreiten der Wissenschaft von einer wissenschaftsexternen Sichtwarte aus betrachtet als etwas, das in vielerlei Hinsichten gesellschaftliche Risiken birgt. Dem ist unter anderem deshalb so, weil als bedrohlich empfundene Einzelentwicklungen – beispielsweise neue Anwendungsformen der Biowissenschaften – oft mit dem Ruf nach einer Begrenzung wissenschaftlicher Aktivitäten einhergehen. Darin dürfte die den medial vermittelten Diskurs am stärksten prägende Begründung für die Notwendigkeit einer Auseinandersetzung mit der Wissenschaftsfreiheit bestehen. Es ist indes nicht die einzige Begründung.

Die Wissenschaft, um die es hier gehen soll, wird zu wesentlichen Teilen von der öffentlichen Hand finanziert – mit Blick auf Deutschland sind also die professionellen Wissenschaftler gemeint, die an Hochschulen und öffentlichen Wissenschaftseinrichtungen tätig sind. Damit stellt sich mit der Frage nach der Freiheit der Wissenschaft zugleich die Frage nach der Effizienz der Verwendung von Steuermitteln – gerade in Zeiten, in denen wieder verstärkt darüber diskutiert wird, ob und in welchem Grade wissenschaftliches Wissen als öffentliches Gut zu verstehen sei.[1] Es gibt in Deutschland kaum eine andere im staatlichen Dienst stehende Berufsgruppe, der man ähnlich große Freiheiten einräumt wie den Wissenschaftlern. Die Freiheiten nun, die die Gesellschaft der Wissenschaft bei gleichzeitiger umfangreicher Subventionierung gewährt, haben seither auf der Idee beruht, dass Kontrolle

---

[1]   Vgl. Kasavin 2015: 539.

weder notwendig noch im großen Umfang möglich sei. Die Gesellschaft ver-
traute im Wesentlichen darauf, dass die Wissenschaftler ihre Freiheiten in
angemessener Weise nutzen; wie weit dieses Vertrauen gerechtfertigt ist, erscheint indes als klärungsbedürftig.

Nicht zuletzt ist die Beschäftigung mit der Wissenschaftsfreiheit auch
deshalb von Belang, weil wir in einer Zeit leben, in der der Wert der Freiheit
unterschiedlicher Domänen des öffentlichen Lebens erst – oder: aufs Neue
– ermittelt werden muss. Beobachten lässt sich das etwa auf der Bühne der
Innenpolitik. Dass seit dem 11. September 2001 in den USA und auch in Europa verstärkt Freiheiten einem Sicherheitsdenken geopfert worden sind,
hat auch damit zu tun, dass die verheerenden Auswirkungen eines einzelnen
Terroranschlags für die Bevölkerung deutlich greifbarer sind als die vielen
kleinen und subtilen Vorzüge einer konsequent freiheitlich strukturierten
Gesellschaft. Analoges gilt für den spezifischeren Rahmen der Wissenschaftsfreiheit: Die frappanten Gefahren der freien Wissenschaft werden
uns eher bewusst als der Nutzen, der damit einhergeht. Die Wissenschaftsfreiheit werde in Zukunft »voraussichtlich wieder verstärkt zu einem Brenn-
punkt juristischer und rechtspolitischer Debatten werden müssen, da sich
die Gefahr abzeichnet, dass sie schleichend ausgehöhlt wird«[2], stellt etwa
der Sozialethiker Hartmut Kreß fest.

Die vorliegende Abhandlung wird sich darum bemühen, Antworten
auf die Frage zu finden: Wie frei soll Wissenschaft sein? Beantworten lässt
sie sich freilich nicht losgelöst vom historischen Kontext. Der Begriff der
Wissenschaft hat sich über die Zeit hinweg gewandelt, und so muss auch die
Ausgangsfrage präzisiert werden: Wie frei soll *unsere* Wissenschaft sein?
»Unsere« Wissenschaft – das ist das institutionalisierte Bestreben, vor dem
Hintergrund der spezifischen Bedingungen unserer Zeit auf der Basis als gesichert geltender Wissensbestände systematisch weiteres Wissen zu generieren. Dieser Versuch ist in der Vergangenheit in vielerlei Hinsicht ein überaus
erfolgreicher gewesen; gerade jene technischen Errungenschaften, die ohne
wissenschaftliche Anstrengungen nicht denkbar wären und die überall auf
der Welt menschliche Lebensrealitäten umgestürzt haben, haben der Wissenschaft den Stempel des Motors gesellschaftlichen Wandels aufgedrückt.
Gleichzeitig aber ist der enthusiastische Wissenschaftsglaube früherer Jahr-

---

2   Kreß 2010: 80.

hunderte längst einer weit verbreiteten Skepsis gewichen. Spätestens mit der Erfindung der Atombombe hat die Wissenschaft ihre Unschuld verloren. Und doch erscheint sie als schier unverzichtbar. Wir leisten uns die Wissenschaft nicht als eine Art Liebhaberei: Sie ist essenzieller Bestandteil moderner Gesellschaften; ohne das von ihr generierte Wissen wäre die Funktionsfähigkeit vieler Domänen nicht mehr gewährleistet.

Nun ist es wichtig, darauf hinzuweisen, dass sich das Interesse dieser Abhandlung nur mittelbar auf die oft mit dem Schlagwort »Wissenschaftsfreiheit« in Verbindung gebrachte Formulierung im Grundgesetz richtet. Dort heißt es in Artikel 5 Absatz 3: »Kunst und Wissenschaft, Forschung und Lehre sind frei.« Die Abkopplung unseres Themas vom bloß Verfassungsjuristischen soll mit einer These legitimiert werden, die es in ihren verschiedenen Facetten im Laufe der Abhandlung zu belegen gilt: Es gab philosophische und gesellschaftlich-politische Diskurse um die Wissenschaftsfreiheit, bevor es das entsprechende Grundrecht gab, es gab sie seither (zumindest zum Teil) unabhängig von diesem Grundrecht und es gibt sie auch in Ländern, in denen das Grundrecht nicht – oder zumindest nicht in expliziter Form – existiert. Als Gewährsmann für diesen Ansatz lässt sich Torsten Wilholt ins Feld führen. Er beginnt seine Monographie *Die Freiheit der Forschung* mit der Bemerkung, er interessiere sich für die Forschungsfreiheit »aus einer philosophischen und nicht einer juristischen Perspektive«. Weiterhin führt er aus:

> »[D]ass die Forschungsfreiheit immer wieder ein Anknüpfungspunkt für wissenschaftspolitische und -ethische Debatten ist, ist zunächst einmal unabhängig davon, dass sie in manchen Ländern auch als rechtliche Norm existiert. Die Debatten, in denen Forschungsfreiheit eine Rolle spielt, orientieren sich selbst in diesen Ländern höchstens gelegentlich an deren juristischer Bedeutung. Mehr noch: Auch in Ländern, wo sie keine rechtliche Verankerung besitzt, geschieht die Bezugnahme auf die Freiheit der Forschung mit derselben Selbstverständlichkeit. Ihre normative Verbindlichkeit muss sich daher aus anderen, grundsätzlicheren Quellen speisen.«[3]

Es ist nicht klar, ob eine derart grundsätzliche Herangehensweise an die Frage nach der Freiheit der Wissenschaft das entsprechende Grundrecht in seiner bestehenden Auslegung vorbehaltlos untermauern kann. Zu beachten wären jedenfalls folgende Probleme des bestehenden Grundrechts, auf die Böhme hinweist. Erstens sei die in der Aufklärung geprägte Idee der Wahrheitssuche kein zentraler Bestandteil der Wissenschaft mehr. Zweitens wer-

---

3   Wilholt 2012a: 10.

de die Wissenschaftsfreiheit nach wie vor als ein Recht von Einzelpersonen ausgelegt, wo doch die Wissenschaft heute ein kollektives Unternehmen sei.[4] Eine Auseinandersetzung mit der Wissenschaftsfreiheit erscheint jedenfalls als notwendig, wenn man davon ausgeht, dass, wie Kurt Bayertz richtig bemerkt hat, die Geltung des Prinzips als Grundrecht stillschweigend vorausgesetzt, jedoch »bestenfalls en passant«[5] begründet wird. Man kann das Nachfolgende deshalb als den Versuch betrachten, den Stellenwert des Prinzips der Wissenschaftsfreiheit aufs Neue auszuloten – vor dem Hintergrund der wissenschaftspolitischen Realitäten des 21. Jahrhunderts. Die Ausgangsvermutung ist, dass eine differenzierte Betrachtung dieses Prinzips auch ein differenziertes Ergebnis zeitigen wird: Manche Teilaspekte werden als mittlerweile funktionslos gewordene Relikte früherer Zeiten, manche aber auch als für unseren heutigen Wissenschaftsbegriff essenziell erscheinen.

1.2 Das Vorhaben

Wenn die Wissenschaft über sich selbst nachdenkt, ist das wohl oder übel eine mit besonderen Schwierigkeiten behaftete Unternehmung. Die objektivierende Distanz zum untersuchten Gegenstand kann hier ja naturgemäß nicht gegeben sein. Nun könnte man versucht sein, zu entgegnen, die Philosophie falle gar nicht in diese Problemkategorie: Sie sei nicht im eigentlichen Sinne eine Wissenschaft, sondern vielmehr eine Metawissenschaft, die gewissermaßen von außen auf den Bereich des Wissenschaftlichen zu blicken vermöge. Und in der Tat existiert eine reiche Tradition philosophischer Ansätze, die implizit oder explizit diese Haltung einnimmt. Von Descartes' Versuch, den »Baum des Wissens« vom Cogito her zu errichten, über die Vorstellung Fichtes, die Philosophie sei als Lehre von den Wissenschaften zu konzipieren, bis hin zu den zeitgenössischen epistemologischen Debatten hat die Frage nach der Möglichkeit und der Fundierung wissenschaftlichen Wissens eine wichtige Rolle in der Philosophiegeschichte gespielt. Allein: In der institutionellen Praxis kommt der Philosophie nun einmal keine Son-

---

4   Vgl. Böhme 2006: 20–24.
5   Bayertz 2000: 304.

derstellung außerhalb des Wissenschaftsbetriebes zu – an den Universitäten und anderen Wissenschaftseinrichtungen ist sie eine Disziplin unter vielen. Im Übrigen ist es auch für den Philosophen schon allein deshalb reizvoll, für ein Mehr an wissenschaftlicher Freiheit zu plädieren, weil es das eigene Leben als Wissenschaftler angenehmer machte. Damit soll nicht gesagt sein, dass sich alle Wissenschaftler, die über die Freiheit ihres Berufes nachdenken, von der Verlockung des Eigennutzes verführen lassen. Und doch gilt es, auf eine Selbstverständlichkeit hinzuweisen, die, wie sich bei näherer Betrachtung der einschlägigen Literatur zu Fragen der Freiheit der Wissenschaft herausstellt, dann doch keine Selbstverständlichkeit ist: Hier soll kein Wissenschaftslobbyismus betrieben, keine Apologie maximaler Wissenschaftsfreiheit formuliert werden. Die Leitfrage nach der Freiheit der Wissenschaft ist offen zu stellen und nach bestem Wissen und im Geiste der Unparteilichkeit zu behandeln.

Ein Beitrag zur Sozialphilosophie der Wissenschaft

Die vorliegende Abhandlung versteht sich als philosophischer Beitrag. Will man sie innerhalb der disziplinären Verästelungen der Philosophie verorten, kann man eine Formulierung heranziehen, die von Paul Hoyningen-Huene stammt und die dem Verfasser als treffend erscheint:

> »Man kann es die Sozialphilosophie der Wissenschaft nennen. In ihr steht die Grundfrage zur Debatte, welche Rolle die Wissenschaft im Ganzen der Gesellschaft spielen soll. Viele solcher Fragen werden heute in der Wissenschaftspolitik diskutiert und dort auch tatsächlich entschieden. Im akademischen Bereich gibt es hierzu verhältnismäßig wenige Arbeiten.«[6]

Den Begriff der »Sozialphilosophie der Wissenschaft« wollen wir hier übernehmen, ihren Impetus, die Rolle der Wissenschaft innerhalb der Gesellschaft in normativer Hinsicht zum Thema zu machen, wollen wir uns aneignen. Gleichwohl hat Hoyningen-Huene diese Subdisziplin dem Überbegriff der Wissenschaftsethik zugeordnet. Im Kontext der vorliegenden Abhandlung mag diese Zuordnung zwar nicht falsch sein, sie lenkt aber vom eigentlichen Kern des Vorhabens ab. Die Ethik beschäftigt sich systematisch mit der Moralität menschlichen Handelns. Freilich geht es dort, wo Freiheit zum Thema wird, immer auch um ihre Grenzen, und es ist vielfach betont worden, dass die Grenzen der Wissenschaftsfreiheit – auch – moralischer Natur

---

6   Hoyningen-Huene 2009: 13.

zu sein hätten. Sozialphilosophie der Wissenschaft aber, wie sie hier betrieben wird, versteht sich in erster Linie als politische Philosophie. Die adäquate Ausgestaltung von Institutionen, die Freiheit als politisches Prinzip, der Zusammenhang von Moral und Politik, die Bedingungen persönlichen Glückes, bürgerlichen Engagements und politischer Willensbildung: All das ist Gegenstand dieser Teildisziplin der praktischen Philosophie – und betrifft ebenso den Gegenstand dieser Abhandlung.

Man könnte von einem Wechsel des Blickwinkels unter Beibehaltung desselben betrachteten Objektes sprechen: Ultimativ nämlich ist sowohl die wissenschaftsethische als auch die politische Herangehensweise auf die Frage ausgerichtet, wie Wissenschaftler handeln dürfen und sollen. Der wissenschaftsethische Standpunkt wäre, in unmittelbarer Weise Forderungen an dieses Handeln zu stellen: Richtig wäre es, würdest du, Wissenschaftler, dies oder jenes tun. Der politisch-philosophische Zugang ist struktureller und zunächst einmal weniger personal auf die Wissenschaftlerindividuen gerichtet. Welche Formen der Institutionalisierung von Wissensgewinnung sind für die Gesellschaft erstrebenswert? Wofür sollen Ressourcen bereitgestellt werden? Wie soll die Regulation der Wissenschaftseinrichtungen gehandhabt werden? Von der Beantwortung dieser Fragen hängen schließlich die Handlungsmöglichkeiten und Handlungsbedingungen der Wissenschaftler ab.

Methodologie

Vielleicht wird man in der Retrospektive über den Beginn des 21. Jahrhunderts einmal sagen, es sei die Zeit gewesen, als sich die Philosophie aus dem Lehnstuhl erhoben hat. Die neu begründete Disziplin der experimentellen Philosophie etwa schickt sich gerade an, die Intuitionen der Philosophen, mit denen in der Vergangenheit Theoriebildung betrieben worden ist, empirisch zu prüfen.[7] In der Bioethik sprechen wir seit einigen Jahren von einem »empirical turn«.[8] Auch scheint eine neue Diskussion über die Rolle der akademischen Philosophie im Hinblick auf die diskursive Praxis der außer-

---

7   Siehe dazu einführend Knobe 2007.
8   Siehe dazu etwa Borry & al. 2005.

akademischen Öffentlichkeit zu keimen.[9] Wenn wir nun also festhalten, dass die unter 1.1 skizzierte Leitfrage eine realitätsnahe Herangehensweise erfordert, dann scheinen im gegenwärtigen intellektuellen Klima gute Ausgangsbedingungen gegeben zu sein. Der Anforderung der Realitätsnähe soll wie folgt Rechnung getragen werden.

- Der vorzustellende Ansatz ist **pragmatisch** in dem Sinne, dass er auf Anwendbarkeit Wert legt. Eine Grundüberzeugung, auf der diese Abhandlung fußt, ist, dass es zwar bestimmte Eigenschaften gibt, die Wissenschaftsakteure verschiedener Epochen miteinander verbindet – jedoch keine in einem substanziellen Sinne überzeitliche Idee der Wissenschaft. Wissenschaftslandschaften verändern sich bedingt durch wissenschaftsexterne Faktoren wie den allgemeinen gesellschaftlichen Wandel, aber auch durch wissenschaftsinterne Prozesse. So ergibt sich die Antwort auf die normative Frage nach dem Ausmaß wissenschaftlicher Freiheit aus den jeweiligen historischen Bedingungen, nicht aus vermeintlich ehernen Gesetzen.

- Das Anwendbarkeitspostulat erfordert die Kenntnis der Welt, in der unsere Theorie Anwendung finden soll. Die Herangehensweise des Verfassers ist daher auch um die Integration der beiden Pole **Diskursanalyse** und davon abstrahierender **Theoriebildung** bemüht. Eine rein beobachtende Wiedergabe von Diskursen wäre, zumal diese oft mit unklaren Begrifflichkeiten angereichert sind, philosophisch unbefriedigend. Auch ein exklusiv-theoretischer Zugang würde dem Thema nicht gerecht werden, zumal die Wissenschaftsfreiheit ein Konzept ist, das in konkreten Gesellschaften praktiziert wird.

- Der Ansatz dieser Abhandlung ist **empirisch** in dem Sinne, dass er die Wissenschaftsfreiheit vor dem Hintergrund gegenwärtiger Wissenschaftspolitik behandelt. Damit soll nicht behauptet werden, unsere – letztlich normative – Leitfrage könne im wahrsten Sinne des Wortes »empirisch beantwortet« werden. Die Empirie soll uns vielmehr dabei helfen, viele der zur Disposition stehenden Begriffe und Diskussionen

---

9 So etwa in Brian Leiters Thesenpapier »The Paradoxes of Public Philosophy« (2014). Leiter ist in diesem Zusammenhang auch insofern von Bedeutung, als er mit seinem Blog *Leiter Reports* eine vielbeachtete internationale Philosophie-Plattform jenseits herkömmlicher akademischer Kommunikationswege geschaffen hat.

mit Leben zu füllen und auf diese Weise eine theoretische Reflexion
zu ermöglichen, die nicht ins Leere läuft. Konkret heißt dies, dass mit
Fällen gearbeitet werden soll, die in derselben oder einer vergleichbaren Weise tatsächlich vorkommen.

▫ Darüber hinaus ist der Ansatz insoweit **disziplinen- und kontextüber-
greifend**, als er Textmaterial aus verschiedenen wissenschaftlichen Fächern und darüber hinaus auch aus nicht fachwissenschaftlichen Kontexten heranzieht. Geschuldet ist dies schlicht den zur Disposition
stehenden Fragen: Wenn etwa von der Verantwortung der Wissenschaft die Rede ist, kann man nicht darüber hinwegsehen, dass die
wichtigsten Texte zu diesem Thema unter anderem juristische Texte,
Denkschriften von Wissenschaftsorganisationen oder in den Feuille-
tons geführte Debattenbeiträge sind.

▫ Der **geographische** Fokus dieser Abhandlung liegt auf Deutschland.
Zu begründen ist dies mit der besonderen Relevanz, die der Wissenschaftsfreiheit als einem Gut, dem explizit Verfassungsrang zugesprochen worden ist, hierzulande zukommt. Zugleich muss die Relevanz
der Schlussfolgerungen, die am Ende unserer Überlegungen stehen
werden, nicht auf Deutschland beschränkt bleiben. Denn auch das,
was unter dem Schlagwort der akademischen Freiheit an vielen Orten
auf der Welt diskutiert wird, entstammt einer Tradition, die eng an
das vielfach exportierte deutsche Universitätsmodell des 19. Jahrhunderts geknüpft ist. So stellt Metzger fest:

>»It was mainly from Germany that the world derived the notion that academic free-
>dom not only is relevant to a university, but is absolutely essential to it, the one grace
>it cannot lose without losing everything.«[10]

Auch im Hinblick auf die Suche nach einer zukunftsweisenden Konzeption
von Wissenschaftsfreiheit könnten, wie im Laufe der folgenden Kapitel zu
zeigen sein wird, von Deutschland wichtige Impulse ausgehen: Mehr als an-
derswo existiert in diesem Land mit seiner reichhaltigen Kulturstaatstraditi-
on eine Sensibilität für den Konnex zwischen der Freiheit der Wissenschaft
und allgemein-gesellschaftlichen Fragestellungen.

Metzger 1978: 94.

Struktur der Abhandlung

Es gilt als bewährte Praxis und dient der Klarheit, Sein und Sollen, beschreibende und wertende Abschnitte voneinander zu trennen. Der Versuch der empirisch adäquaten Deskription fungiert in unserem Zusammenhang als Mittel zu einem letztlich normativen Zweck: Im dritten und vierten Teil der Arbeit werden Vorschläge für eine Transformation der Wissenschaftslandschaft formuliert, die ihren Ausgang an jenen Punkten nehmen, die sich in der im ersten und zweiten Teil vorgenommenen Analyse als problematisch oder klärungsbedürftig erweisen.

Der Zugang zur Leitfrage erfolgt dann, indem zwei aufeinander aufbauende Überlegungen in den Blick genommen werden, die sich auf den Abwägungsprozess zwischen Chancen und Risiken einer freien Wissenschaft beziehen. Erstens: Welche Gesichtspunkte sind überhaupt zu berücksichtigen? Viele der einschlägigen Auseinandersetzungen mit dem Thema kreisen – auch historisch bedingt – um einige wenige Gravitationszentren wie die Frage nach der Freiheit des einzelnen Wissenschaftlers vor staatlicher Zensur. Doch wie frei Wissenschaft als Institution und soziale Praxis tatsächlich ist, bemisst sich an einer ganzen Reihe von Gesichtspunkten wissenschaftlicher Praxis, die es aufzuspüren und in unser Abwägungskalkül einzubeziehen gilt. Dazu dienen: das zweite Kapitel, das die Wissenschaftsfreiheitsdebatten unter der praxisnahen wissenschaftspolitischen Perspektive betrachtet; das dritte Kapitel, das sich mit philosophischen Argumenten auseinandersetzt; und schließlich das vierte Kapitel, das die zuvor exponierten Überlegungen zu einem Schema von Interessenkonflikten synthetisiert. Auf diese Weise soll die philosophische Debatte um die Wissenschaftsfreiheit zugleich systematisiert wie auch konkretisiert werden.

Angenommen, wir finden eine befriedigende Lösung für das eben genannte Problem; dann ergibt sich, zweitens, die Frage nach dem Kriterium der Abwägung. Im fünften Kapitel soll argumentiert werden, dass die langfristige Gesellschaftsdienlichkeit in diesem Zusammenhang als einzig akzeptabler Maßstab zu gelten hat. Ausgehend von der Überlegung, dass der Wissenschaft in unterschiedlichen Hinsichten Gesellschaftsdienlichkeit zugesprochen werden kann (und in manchen Hinsichten auch abgesprochen werden muss), werden sodann zwei wesensverschiedene Wissenschaftsideale entfaltet. Diese Ideale orientieren sich an den Leitmetaphern »Maschine« und »Spiel«. Das sechste Kapitel schließlich setzt dort an, wo es gilt, die freie

Wissenschaft zu begrenzen, weil von ihr Schäden auszugehen drohen. Der Versuch, die begrenzte Leistungsfähigkeit externer Wissenschaftsregulation durch die Forderung nach eigenverantwortlichem Handeln wissenschaftlicher Akteure zu kompensieren, soll dabei einer kritischen Evaluation unterzogen werden. Im siebten Kapitel werden die Überlegungen des dritten Teils auf ihre Anwendbarkeit hin untersucht. Das achte Kapitel fasst die Ergebnisse der Abhandlung zusammen.

Zunächst aber gilt es, im weiteren Verlauf dieses ersten Kapitels einige Vorbemerkungen zu machen. Sie dienen dazu, die zur Disposition stehenden Konzepte »Wissenschaft«, »Freiheit« und »Wissenschaftsfreiheit« historisch und analytisch zu umreißen. Dabei fassen die Statements, die 1.3 bis 1.7 einleiten, die Überlegungen des jeweils folgenden Abschnitts zusammen. Im Hintergrund steht der Versuch, ein realistisches Bild dessen zu zeichnen, was heute unter Wissenschaftsfreiheit verstanden wird – ein Bild, auf das wir im weiteren Fortgang der Argumentation zurückgreifen werden.

1.3   Die Genese der modernen Wissenschaftlerrolle

Wer die heutige Wissenschaft verstehen will, muss ihre Institutionalisierungs- und Professionalisierungsgeschichte mitbedenken.

Wissenschaftler sein: Das bedeutet heute, einen Beruf zu ergreifen, für den es erstens weitgehend genormte Ausbildungswege und Karrierestationen gibt und der zweitens die Gewinnung neuen Wissens zum Gegenstand hat. Diese Kombination ist recht neu. Zwar findet sich bereits im Altertum der Versuch, im Kollektiv ein tieferes Verständnis der Natur und des Menschen zu erlangen – man denke an die Schule der Pythagoreer oder die Akademie Platons. Doch diejenigen, die in diesem Sinne Wissenschaft betrieben, waren keine »Berufswissenschaftler«, sondern Freie, die aus unterschiedlichen Motiven agiert haben mögen, jedoch nicht zum Zwecke des Broterwerbs. Die erste nennenswerte Phase der Professionalisierung und Institutionalisierung wissenschaftlicher Aktivität vollzog sich im Mittelalter. Durch die Gründung von Universitäten entstand eine wissenschaftliche Berufsrolle: der Universitätsprofessor. Die Aufgaben eines Professors jedoch blieben lange Zeit auf die Lehre beschränkt.

Die Gelehrten und das Prestige der Potentaten

Die Ursprünge der Wissenschaftlerrolle im Sinne eines Berufs, der explizit auf Erkenntnisgewinnung ausgerichtet ist, liegen in der Frühen Neuzeit. Der Wissenschaftssoziologe Joseph Ben-David hat beschrieben, wie sich zwischen dem 15. und dem 17. Jahrhundert an verschiedenen Orten in Europa Personengruppen formierten, denen die Vision einer dynamischen und zukunftsgerichteten Gesellschaft gemein war. In den zunehmend erfolgreichen und gesellschaftlichen Rückhalt gewinnenden empirischen Naturwissenschaften fanden sie eine kognitive Struktur vor, die mit dieser Vision in hohem Maße kompatibel war. Der Mann der Stunde war nun nicht mehr der Buchgelehrte, sondern

> »a person viewing the state of knowledge in his time as something to be constantly improved on in the future rather than something to be brought up to the standards of a golden age in the past. This new scientific role was recognized and accepted as equal in dignity and superior in the scope of its applicability to that of the traditional philosopher, theologian, or literary man.«[11]

Die wichtigsten Impulse für diese Entwicklung gingen zunächst von den Höfen aus, die danach strebten, herausragende Köpfe für sich zu gewinnen. Am Hof etabliert, war es nicht mehr Hauptaufgabe des Gelehrten, bestehendes Wissen zu vermitteln, für ihn ging es fortan vielmehr darum, das Ansehen des Hofes zu mehren.[12] Die Medici in Florenz etwa konnten mit Stolz auf Galileo Galilei verweisen, mit dessen Fernrohr sich die Himmelskörper auf vormals ungekannte Weise beobachten ließen.[13]

Für den Gelehrten war die Tätigkeit am Hof zumeist eine reizvolle Angelegenheit: Er wurde dort mit praktischen Aufgaben betraut, konnte auf Sammlungen und Laboratorien zurückgreifen und sich gleichzeitig neuen intellektuellen Herausforderungen stellen. Während an den damals schulähnlich strukturierten Universitäten dogmatische Konflikte unerwünscht

---

11 Ben-David 1971: 170. Passend dazu dieser Aphorismus aus dem *Neuen Organon*: »So, wie die gegenwärtigen Wissenschaften für die Erfindung von wirklichen Werken nutzlos sind, so ist auch die jetzige Logik nutzlos für die Entdeckung wahrer Wissenschaft.« (Bacon 1990: 85)

12 Siehe dazu Moran 2006.

13 Am Beispiel von Galilei hat Biagioli zu zeigen versucht, wie die am Hof vorhandenen Ressourcen von den Gelehrten dazu genutzt wurden, »eine neue soziale und berufliche Identität für sich zu konstruieren« (1999: 14). Der Hof habe einen Beitrag zur »kognitiven Legitimation der neuen Wissenschaft« geleistet, indem er »einen Ort für die soziale Legitimation der Gelehrten bereitstellte« (10).

waren, waren sie an den Höfen durchaus als Mittel der Profilierung erwünscht. Zugleich aber war der Hof im Vergleich zur Universität auch ein ri-
sikoreicheres Pflaster: In dem Fall nämlich, dass der Potentat ihm seine
Gunst entzog oder verstarb und einen Nachfolger mit wenig Interesse an der
Wissenschaft fand, stand der Gelehrte bar jeder Unterstützung da. Im höfischen Kontext bekam die Idee vom besonderen Wert neuer Erkenntnisse
Aufwind.[14] Die Windstärke nahm weiter zu, als im 17. und 18. Jahrhundert
einer innovativen Art des Forschens die Bahn geebnet wurde, dessen ideellen Ursprünge sich in der englischen Gentleman-Wissenschaft der Frühmoderne verorten lassen.

Freie Amateure

Um dieses Phänomen zu verstehen, müssen wir uns vor Augen halten, dass
sich im späten 16. Jahrhundert eine Veränderung vollzog, die mit den Re-
formideen Francis Bacons einherging. Naturwissenschaft sollte das Studier-
zimmer der Gelehrten verlassen und in das Licht der Öffentlichkeit treten:
»The reformed man of science was supposed to live a *vita activa*, and reformed science was to be done in public places.«[15] In der zweiten Hälfte des 17.
Jahrhunderts waren in Europa die großen Akademien gegründet worden –
1660 die Royal Society in London, 1666 die Académie in Paris und 1700 die
Akademie in Berlin.

Die Royal Society war zunächst nicht mehr als eine Art Club, in dem
sich begüterte Gentlemen regelmäßig über neue wissenschaftliche Entwicklungen austauschten und ihre Einsichten niederschrieben. Die Mitglieder
stammten zum großen Teil aus dem Landadel, der nicht in die staatlichen
Verwaltungsprozesse eingebunden, zugleich aber finanziell unabhängig war
und seine Mußezeit mit anregenden Tätigkeiten füllen wollte. Hier waren
Amateure am Werk – und das ist angesichts der reichen amateurwissen-
schaftlichen Tradition Englands nicht abwertend gemeint. Von den Pflichten des Alltags befreit, konnten diese Forscher auf jene Fragen Antworten

14   Steven Shapin (1996: 65) hat darauf hingewiesen, dass sich der hohe programmati-
     sche Stellenwert, der dem Neuen im 17. Jahrhundert beigemessen wurde, durch kaum
     etwas so gut verdeutlichen lässt wie durch die Titel damals erschienener Werke: Kep-
     lers *Astronomia Nova*, Galileis *Discorsi e dimostrazioni matematiche, intorno à due nuo-
     ve scienze* oder Bacons Werke *Novum Organum Scientiarum* und *New Atlantis* sind nur
     einige Beispiele.
15   Shapin 2006: 189.

suchen, die sich aus den erforschten Gegenständen selbst und nicht aus politischen oder ökonomischen Sachzwängen ergaben. Es ist bemerkenswert, wie aus der selbsttätigen Zuwendung zur Wissenschaft eine ganz wesentliche Komponente eines Wissensideals hervorging, das sich bis weit in die Moderne hinein halten sollte: die Idee des interesselosen Forschens.

Es waren diese Entwicklungen, die zur Herausbildung einer Dichotomie wissenschaftlicher Rollenbilder führten: einerseits der lehrende Universitätsprofessor, andererseits der an der Akademie tätige Forscher. Diese Dichotomie sollte sich erst am Umbruch zum 19. Jahrhundert auflösen, als, ausgehend von Preußen, die Idee der Forschung in die Universitäten einzog und aus der »peaceful mediocrity«[16] einer altehrwürdigen Institution ein dynamisches, zukunftsorientiertes Unterfangen wurde. Zugleich fand in eben dieser Umbruchzeit in Frankreich zum ersten Mal eine staatlich geplante, breit angelegte Ausrichtung wissenschaftlicher Forschung auf die Praxis statt. Beginnen wir mit Zweitgenanntem.

Experten im Staatsdienst

Zur Zeit des Ancien Régime waren mit der Académie des sciences und weiteren Einrichtungen wie dem Jardin du roi oder dem von Ludwig XIV. gegründete Pariser Observatorium Stätten geschaffen worden, denen in doppelter Hinsicht wissenschaftshistorische Relevanz zukommt: Auf einer symbolischen Ebene stellten sie die gesellschaftliche Legitimation der Wissenschaft weithin sichtbar zur Schau; und auf einer praktischen Ebene boten sie befähigten Männern die Möglichkeit, einer Forschertätigkeit nachzugehen. Aber welche Männer waren das überhaupt? Roger Hahn, der die Lebensläufe von mehr als dreihundert Mitgliedern der Pariser Akademie eingehend studiert hat[17], weist darauf hin, dass es sich bei Akademiemitgliedern zwar in dem Sinne um eine Gemeinschaft handelte, als diese bestimmte intellektuelle Überzeugungen teilten. Eine im soziologischen Sinne homogene Gruppe dargestellt haben sie nicht.

Zu den wenigen Dingen, die die Akademiemitglieder verband, zählte die Tatsache, dass sie von anderen Mitgliedern in die Akademie gewählt wurden – eine Rekrutierungssituation also, die sich klar von der höfischen

---

16   Farrar 1975: 182.
17   Vgl. Hahn 1975.

Wissenschaft, die von der Gunst des Potentaten abhängig war, abhob. Kriterium dafür, gewählt zu werden, waren in Paris wissenschaftliche Leistungen, die Herkunft spielte – anders als in der Royal Society, wo auch begüterte, aber talentfreie Interessierte ihren Platz fanden – keine entscheidende Rolle. So kam es, dass in der Akademie regelmäßig Individuen mit sehr unterschiedlichen sozialen, religiösen und beruflichen Hintergründen zusammentrafen. Auch eine für alle Mitglieder ähnliche Einkommensbasis, die eine Art von Zusammengehörigkeitsgefühl hätte schaffen können, fehlte: In der Zeit vor der Revolution ließ sich, wenn überhaupt, schlecht und immer schlechter von den Akademiegehältern leben.[18]

Die Situation der Forschenden in Frankreich war damals nach wie vor mit zahlreichen Problemen verknüpft. Der Wissenschaftsbereich wurde durch den Staat gelenkt – was mit sich brachte, dass sich Ersterer einem hohen Maß an Unverständnis für seine Belange durch Zweiteren ausgesetzt sah. Vor allem aber war es die Tatsache, dass die Akademiemitglieder eben nicht hauptberufliche Wissenschaftler waren, sondern weiteren Tätigkeiten nachzugehen hatten, die sich als Hemmschuh für effektive Wissensproduktion herausstellte. Hahn kommt zu dem Schluss: »[T]he advancement of science remained a part-time activity [...] even for those who were trained by the most progressive educational system in the world.«[19] Während also in Frankreich durchaus die institutionellen Vorbedingungen gegeben waren, sollte es dort bis zu einer richtiggehenden Professionalisierung der Wissenschaft noch bis in die postrevolutionäre Zeit hinein dauern.[20]

Forschen und Lehren unter einem Dach

Im frühen 19. Jahrhundert verlor die Akademie ihr Primat in Sachen Forschung an die Universität. Diese beschränkte sich nicht mehr darauf, als gesichert geltendes Wissen zu vermitteln, sondern hatte sich dezidiert die Idee der Freiheit von Forschung und Lehre unter ein und demselben institutionellen Dach auf die Fahnen geschrieben. Die deutschen Universitäten im späten 18. Jahrhundert waren noch hochgradig konservative Einrichtungen gewesen, die vor allem darauf abzielten, das alte, etablierte Wissen mit

---

18   Vgl. Hahn 1975: 130–131.
19   Hahn 1975: 136.
20   Siehe dazu Crosland 1975.

höchstens marginalen Modifikationen immer wieder aufs Neue an den Studenten zu bringen.[21] Diese alte Form von Universität nun schien sich überlebt zu haben, aus der Stagnation wurde nach und nach ein veritabler Niedergang, der sich auch an handfesten Zahlen ablesen lies: Nicht nur, dass die finanzielle Situation der Universitäten – auch aufgrund mangelnder Unterstützung von staatlicher Seite – heikel war[22]; auch die Studentenzahlen fielen zusehends.[23] Die Universität, nach der katholischen Kirche die älteste europäische Institution, stand um 1800 bereits am Abgrund, als sich – zunächst nur an einigen preußischen Universitäten, später flächendeckend – eine bemerkenswerte Neuausrichtung vollzog.

Einerseits fanden diese Veränderungen vor dem Hintergrund von Neuhumanismus und Deutschem Idealismus, und, daraus hervorgehend, von einer neuen Institution der höheren Bildung statt. An den Universitäten – allen voran der 1810 gegründeten Berliner Universität, in der diese Ideale unter dem Einfluss Fichtes, Schleiermachers und Wilhelm von Humboldts zum ersten Mal institutionelle Form annahmen – sollte »in Einsamkeit und Freiheit« geforscht werden können. Das Modell der akademischen Selbstverwaltung durch professorale Kooperation wurde damals bewusst gestärkt; die Universität, die ja in Deutschland von Anbeginn an in der Tradition der korporativen Autonomie gestanden hatte, sollte sich dadurch weiterhin ihre Unabhängigkeit sichern und so dem Erkenntnisstreben humboldtschen Zuschnitts widmen können. Zu diesen Idealen haben sich auf der an-

---

21 Farrar (1975: 181) weist darauf hin, dass das Universitätssystem damals erstaunliche Ähnlichkeit zu den ebenfalls seit dem Mittelalter bestehenden zünftischen Karrierestrukturen aufwies: So, wie der Lehrling seine Lehrzeit bei einem Meister ableistete und mit dem Gesellenstück zu einem Abschluss brachte, so besuchte der Student die Vorlesungen des Professors und beendete sein Studium (insofern er dieses formal abzuschließen gedachte) mit einer wissenschaftlichen Abhandlung. Und wie bei den Lehrlingen, gestalteten sich auch bei den Studenten die Jahre des Lernens oft als Wanderjahre: Man zog von einem Ort zum nächsten, um bei unterschiedlichen Meistern respektive Professoren Kenntnisse zu erwerben.

22 Eulenburg bemerkt hierzu: »Die Finanzen der Universitäten [im 18. Jahrhundert] waren ja überhaupt elende gewesen. Die Deckung der Ausgaben durch Überweisung bestimmter Einnahmen aus Gefällen, Ausgaben, Erträgnissen war nicht genügend und wurde mit der Zeit immer prekärer. Denn diese Einnahmen waren nicht feste, sondern ihre Ergebnisse schwankten und gingen teilweise zurück.« (1904: 133-134)

23 Müller (1990: 66) zufolge entfielen gegen Ende des 18. Jahrhunderts durchschnittlich nur 120-150 Hochschüler auf eine deutsche Universität, wobei die vier größten Universitäten Halle, Jena, Göttingen und Leipzig zeitweise weniger als 1000 und einige Provinzuniversitäten gar unter 100 Studenten hatten.

deren Seite aber auch politische und sozialgeschichtliche Entwicklungen ge-
sellt, die den Wandel der Universitäten erst möglich machten.

Die philosophische Fakultät als Triebfeder

Die politische Großwetterlage im Jahr 1809, kurz vor der Gründung der Berliner Universität, war geprägt durch die Vorherrschaft Napoleons. Seit 1790
waren im neueroberten Machtbereich Frankreichs zahlreiche Universitäten
geschlossen worden; viele der in dem einen oder anderen Sinne zu Frankreich gehörigen Staaten hatten Elemente des französischen Bildungsmodells
übernommen. Preußen mit seinen reformierten Universitäten schlug gegenüber diesen Staaten bewusst einen Sonderweg ein.[24] Dieser Sonderwegstatus
tritt besonders klar zutage, wenn man auf die Rolle blickt, die die philosophische Fakultät[25] in den preußischen Universitäten innehatte. Sie sollte
nicht nur von der letzt- zur erstrangigen Fakultät werden, sondern auch
gleichsam als Sinnbild für die Universität überhaupt Geltung erlangen, die
nunmehr als Ort philosophisch begründeter wissenschaftlicher Bildung aufgefasst wurde. Die besondere Bedeutung, die diese Fakultät erlangte, war
schließlich nicht nur Ausdruck einer Abgrenzung gegenüber Frankreich,
sondern zugleich auch eine Abgrenzung gegen die deutsche Tradition, in
der die philosophische Fakultät bislang immer eine untergeordnete Rolle gespielt hatte.

Dass es im Zuge der Universitätsreformen zu einer Neuordnung der
philosophischen Fakultät kam, war vor allem der Konkurrenz zu anderen
Einrichtungen geschuldet. In den katholischen Staaten hatten die Jesuiten
als außerstaatliche Macht im Bildungssystem zunehmend an Einfluss gewonnen. Sie vermittelten auf ihren Gymnasien und in ihren Kollegien Inhalte, die auch an der philosophischen Fakultät gelehrt wurden, wodurch die
Fakultät in den katholischen Gebieten an Bedeutung verlor. Aber auch in

---

24   Vgl. Schubring 1991: 278–280.

25   Im ausgehenden 18. Jahrhundert enthielt die philosophische Fakultät Reste des mit-
     telalterlichen Fächerkanons der Sieben Freien Künste und der *studia humanitatis* der
     Renaissancezeit. Insbesondere innerhalb des Faches Philosophie, welches damals
     auch den Sektor der Naturphilosophie enthielt, nahmen die Spannungen zu. Wäh-
     rend die im Mittelalter so hoch gehaltene Metaphysik an Bedeutung verlor, nahm das
     Bedürfnis nach wissenschaftstheoretischer Reflexion über die Ordnung des Wissens
     zu. Auch ließ sich innerhalb der Naturphilosophie eine verstärkte Ausdifferenzierung
     (z. B. Chemie/Physik, Zoologie/Botanik) beobachten. Vgl. Weber 2002: 195.

den protestantischen, nicht-napoleonischen Territorien hatte die philosophische Fakultät mit erheblichen Schwierigkeiten zu kämpfen, zumal es auch dort hinsichtlich der Lehrinhalte Überschneidungen mit manchen Gymnasien gab. Um diesen Tendenzen standzuhalten, schickte sich die philosophische Fakultät an, sich durch methodologische Abgrenzung neu zu erfinden. Aus dieser Überlegung heraus entstand die Grenzziehung zwischen Sekundär- und Tertiärbereich, der zufolge die Gymnasien der Allgemeinbildung und der Propädeutik dienen sollen und die philosophische Fakultät der wissenschaftlichen Allgemeinbildung, aber auch der disziplinären Weiterentwicklung der in der Fakultät enthaltenen Wissenschaften.[26]

Mit der Neuformung der philosophischen Fakultät stellte sich auch die Frage nach ihrem universitätsinternen Rang aufs Neue. Schon 1798 hatte Immanuel Kant in seiner Schrift *Der Streit der Facultäten* deutlich gemacht, dass diese Fakultät eigentlich nur formal als »die untere« zu gelten habe. Sie habe nämlich als einzige »für die *Wahrheit* der Lehren, die sie aufnehmen, oder auch nur einräumen soll« zu stehen und sei insofern im Gegensatz zur medizinischen, juristischen und theologischen Fakultät »als frei und nur unter der Gesetzgebung der Vernunft, nicht der der Regierung stehend« zu denken.[27] Der philosophischen Fakultät komme die Aufgabe zu, die anderen Fakultäten zu kontrollieren und zu gestalten; sie wurde nun »zur institutionellen Mitte und zum eigentlichen Motor der Universität«[28].

Es ist kein Zufall, dass der Aufstieg der philosophischen Fakultät und der Wandel der preußischen Universitäten in die Zeit der preußischen Reformen fielen. Spätestens nach der Niederlage gegen Napoleon bei Jena und Auerstedt war eine Neugestaltung der Gesellschaftsverhältnisse unumgänglich geworden. Die in der Folge durchgeführten Stein-Hardenbergschen Reformen krempelten den alten Ständestaat grundlegend um. Von den Prinzipien der Freiheit, Gleichheit und der Beteiligung der Bürger am Staatsgeschehen bestimmt, setzten diese den gebildeten Staatsbürger voraus.[29] Vor diesem Hintergrund ist auch der preußische Sonderstatus in Sachen Universitäten zu verstehen. Das »neue« Preußen zeichnete sich nicht zuletzt durch eine gestraffte und systematisierte Verwaltung des Staatsapparates aus und

---

26 Vgl. Schubring 1991: 284.
27 Kant 1917: 27.
28 Mittelstraß 1994: 81.
29 Vgl. Brocke 1981: 62.

meldete daher auch Bedarf an einer neuen Art von Verwaltungsbeamten an, welche zu selbständigem Denken und Verantwortungsbewusstsein erzogen werden sollten. Die Verwaltungselite wurde in diesem Rahmen nicht nur einer fachlich-konkreten, sondern auch einer philosophisch-generalistischen Ausbildung unterzogen. Denn die Dynamisierung im Verwaltungsbereich forderte den Beamten zunehmend ab, flexibel reagieren und auf der Grundlage allgemeiner Prinzipien konkrete Situationen bewerten und meistern zu können: Bildung durch Wissenschaft war die Devise.

Die Kehrseite des Erfolgsmodells

Dies ist der politische und institutionengeschichtliche Nährboden, auf dem die Forschung an den Universitäten gedeihen konnte. Seit jener Zeit sind Forschung und Lehre in Deutschland eng miteinander verbunden. Diese Verbindung war im weiteren Verlauf des 19. Jahrhunderts der Grund dafür, dass das deutsche Universitätsmodell auf der ganzen Welt zunehmend als nachahmenswert galt. Die Effektivität des reformierten Systems rührte auch daher, dass die Distanz zwischen Lehrenden und Lernenden im Vergleich zur alten, von recht rigiden Autoritätsverhältnissen geprägten Universität verringert wurde. Den Studenten war es nun möglich, den Professoren – oft im wahrsten Sinne des Wortes – über die Schultern zu schauen. In den Naturwissenschaften passierte das im Labor und in experimentellen Vorlesungen, in den Geisteswissenschaften in den Seminaren, die ursprünglich nicht mehr als kleine Lesezirkel waren, in denen gemeinsam an Textinterpretationen gefeilt wurde. So sollte ein Lehrenden-Lernenden-Verhältnis reifen, in dem Kollegialität und gegenseitiger Respekt begünstigt und gefordert waren.

Spätestens zu Beginn des 20. Jahrhunderts war Wissenschaft als Erfolgsmodell weltumstürzenden Ausmaßes etabliert. Der Wissenschaftler galt vielen fortan als zentraler Agent und Sinnbild des (wissenschaftlich-technischen) Fortschritts. Es ist dieser Fortschritt, in dem ein übergreifender Intellektualisierungs- und Rationalisierungsprozess manifestiert, infolgedessen jenes Phänomen zutage tritt, das sich mit der berühmten Formulierung Max Webers als »Entzauberung der Welt« beschreiben lässt: »Nicht mehr, wie der Wilde [...], muß man zu magischen Mitteln greifen, um die Geister zu beherrschen oder zu erbitten. Sondern technische Mittel und Berechnung leisten das.«[30] Schon in diesen Worten schwingt eine gute Prise Skepsis gegenüber einem allzu gutgläubigen Fortschrittsfanatismus mit. Nun äußerte Weber diese Worte lange vor Hiroshima und Nagasaki, vor dem Kalten Krieg, vor der Umweltbewegung der 1970er und 1980er Jahre, vor der allgemeinen Gewahrwerdung der Grenzen des Wachstums, vor den großen Klimakonferenzen.

Es ist Fortschrittsernüchterung eingekehrt.[31] Und mit etwas Pathos ließe sich vielleicht sagen, dass es die Figur des Wissenschaftlers selbst ist, die heute als entzaubert gelten kann: Die Wissenschaft ist von einer Gelehrtenrepublik zu einer globalen Massenunternehmung geworden, in Milliardenhöhe finanziert und vielfach eingespannt für politische und ökonomische Zwecke – mit all jenen Implikationen für die Idee der Wissenschaftsfreiheit, die im Laufe dieser Abhandlung zu erörtern sein werden.

1.4 Was die Wissenschaft ausmacht

Der Primärzweck der Wissenschaft ist die methodisch kontrollierte Erzeugung von Erkenntnissen. Die normative Geltungskraft dieses Ziels wird stabilisiert durch ein von den Wissenschaftlern internalisiertes Ethos epistemischer Rationalität.

Erkenntnisgewinnung als Ziel

Die Institutionalisierungsgeschichte der Wissenschaft, die soeben in ihren Grundzügen dargelegt worden ist, enthält die wesentlichen Elemente des modernen Wissenschaftsideals: Die Wissenschaft ist offensiv auf Erkenntnisgewinnung ausgerichtet; ihre Lehre gliedert sich an die Forschung an. Wissenschaft ist auf die Kommunikation zwischen Wissenschaftlern, aber auch auf die im Wettbewerb konkurrierender Forschungsmeinungen freigesetzten Kräfte angewiesen. Inhaltliche Konflikte sind erwünscht. Zugleich verstehen sich Fachkollegen als Peers, die einer von äußeren Interessen abgegrenzten Sphäre angehören. Dieses Selbstverständnis kommt noch heute im Motto der Royal Society zum Ausdruck: »Nullius in verba«, lautet die

---

30 Weber 1995: 19.
31 Siehe hierzu auch Fenner 2010: 176.

Aufforderung. Man werde sich auf niemandes Wort – gemeint ist: auf keine außenstehende Autorität – verlassen. Stattdessen wolle man die Gültigkeit von Aussagen ausschließlich auf experimentellem Wege überprüfen.[32] Der Zugang zur wissenschaftlichen Sphäre ist meritokratisch geregelt, also von den erbrachten und zu erwartenden wissenschaftlichen Leistungen abhängig zu machen.

Diese Institutionalisierungsgeschichte zeigt uns, dass es in diachroner Hinsicht unangemessen wäre, von »der« Wissenschaft zu sprechen; wie Wissenschaft praktiziert wird, ist immer auch als Funktion der gesellschaftlichen Rahmenbedingungen zu verstehen. Das eben genannte klassische Wissenschaftsideal ist Ergebnis historischer Entwicklungen und wird auch in Zukunft einem Wandel unterworfen sein. Im Laufe dieser Abhandlung werden einige Entwicklungen besprochen werden, die andeuten, welche Modifikationen das Wissenschaftsideal des 21. Jahrhunderts erfahren könnte. Wie aber verhält es sich mit der synchronen Perspektive? Ist es überhaupt sinnvoll, in Bezug auf die Gegenwart von »der« Wissenschaft im Singular zu sprechen – oder stellt eine solche Redeweise eine unzulässige Verallgemeinerung dar?

Eine so geartete Kritik könnte zwei Stoßrichtungen haben. Die erste ist der Verweis darauf, dass es in verschiedenen Ländern unterschiedliche Wissenschaftstraditionen gibt; die USA, Frankreich oder Deutschland etwa unterscheiden sich im Hinblick auf ihre Wissenschaftssysteme ja durchaus voneinander. Zweitens könnte man darauf hinweisen, dass der deutsche Begriff »Wissenschaft« – im Gegensatz zum englischen Sprachraum, wo die Unterscheidung von »science« und den »humanities« geläufig ist – auf natur- wie geisteswissenschaftliche Fächer gleichermaßen anwendbar ist. Die Fachkulturen aber unterscheiden sich deutlich voneinander, schon allein deshalb, weil die jeweiligen Wissenschaftler andere Sozialisationen erfahren haben. Es reicht aus, die oft auf Teamwork basierende Forschungs- und Publikationsweise des Naturwissenschaftlers und das zum größten Teil auf der Arbeit an Texten beruhende Einzelkämpfertum des Geisteswissenschaftlers nebeneinander zu stellen, um diese Unterschiede augenfällig zu machen.

Wir wollen diesen Einwänden zu begegnen versuchen, indem wir eine Konzeption von Wissenschaft zum Gegenstand machen, die allgemein ge-

---

32   Vgl. Royal Society 2015.

nug ist, um grundsätzlich über Länder- und Disziplinengrenzen hinweg anwendbar zu sein. Wenn im Folgenden von »der« Wissenschaft die Rede ist, dann ist damit ein gesellschaftliches Subsystem gemeint, das sich im Rahmen von zu einem wesentlichen Teil öffentlich finanzierten Wissenschaftseinrichtungen vollzieht. Seine Funktion besteht darin, methodisch kontrolliert auf der Basis eines bestehenden Wissensbestandes neue Erkenntnisse zu generieren. Angelehnt ist diese Begriffsbestimmung an die Worte Robert K. Mertons, der schrieb: »Das institutionelle Ziel von Wissenschaft ist die Erweiterung abgesicherten Wissens.«[33]

Dies muss im Übrigen nicht bedeuten, dass die Wissenschaftler sich nicht auch anderen Aufgaben, insbesondere der Lehre, widmen können; doch mit Blick auf die Wissenschaft der Gegenwart ist faktisch von einem Primat der Forschung zu sprechen. Unter praktischen Gesichtspunkten ist dem schon deshalb so, weil sich Wissenschaftler – gerade im deutschsprachigen Raum – durch hervorragende Forschungen deutlich leichter Karrierevorteile verschaffen können als durch hervorragende Lehre.[34] Zurückzuführen ist diese Asymmetrie letztlich auf das fundamentale Konstruktionsprinzip Einheit von Forschung und Lehre: Die Hochschullehre ist (jedenfalls idealiter) auf vorangegangene Forschungsbemühungen angewiesen, jedoch kaum vice versa. So wird etwa in Wendts Kommentar zu der Passage in Artikel 5 des Grundgesetzes, in der es heißt: »Kunst und Wissenschaft, Forschung und Lehre sind frei«, festgestellt: »Wissenschaft äußert sich in Forschung oder Lehre (wobei die Lehre ihrerseits Forschung voraussetzt [...]).«[35]

Die Bedeutung der Forschung für die Wissenschaft lässt sich nicht zuletzt an den populären Vorstellungen davon ablesen, was ein Wissenschaftler sei: Wenn es ein Klischeebild des Wissenschaftlers gibt, dann jenes des in seine Forschertätigkeit versunkenen älteren Herren, der im weißen Kittel im Labor steht, mit komplizierten technischen Anordnungen hantiert und sich kurz vor einer neuen Entdeckung wähnt. Das Selbstverständnis der Wissenschaftsinstitutionen, wie es sich im 20. Jahrhundert verfestigt hat, lässt sich wohl nach wie vor am besten als das eines Ortes der Anhäufung von Erkenntnisfragmenten im Sinne des kuhnschen Konzeptes der »normalen

---

33 Merton 1985: 89.
34 Vgl. Kielmansegg 2012.
35 Wendt 2000: Rn. 100.

Wissenschaft« beschreiben. Unter normaler Wissenschaft verstand Kuhn
»Forschung, die fest auf einer oder mehreren wissenschaftlichen Leistungen
der Vergangenheit beruht, Leistungen, die von einer bestimmten wissenschaftlichen Gemeinschaft eine Zeitlang als Grundlagen für ihre weitere Arbeit anerkannt werden«[36]. Ein nach recht festen Schemata ablaufendes, bei
allen Bemühungen der Verfeinerung von Theorien im Wesentlichen doch
kumulatives Ansammeln also, das davon absieht, die paradigmatischen Vor-
annahmen, auf denen dieses Sammeln beruht, grundlegend in Zweifel zu
ziehen.

Was bedeutet institutionalisierte Erkenntnisproduktion? Zunächst
einmal ist sie ein sozialer Prozess. Welche Standards hier im Detail gelten,
hängt nicht unwesentlich davon ab, welche Standards die Angehörigen einer
Fachdisziplin faktisch festlegen und legitimieren. Wissenschaftlichkeit kann
insofern daran festgemacht werden, ob eine Erkenntnisbemühung im Rahmen und nach den Regeln einer Gemeinschaft zustande kommt, die nicht
nur sich selbst als Wissenschaft bezeichnet (wie es auch manche Pseudowis-
senschaften tun), sondern auch innerhalb einer weiter gefassten Gemeinschaft von Wissenschaftlern und darüber hinaus auch in außerwissenschaftlichen Kontexten Anerkennung findet.

Bei Fachrichtungen, die unter dem Dach von Universitäten und öffentlich finanzierten Forschungsinstituten ihren Platz haben, kann man zumindest in dem Sinne sicher davon ausgehen, dass es sich hierbei um Wissenschaft handelt, als sie diese Bezeichnung sozusagen von der Gesellschaft
verliehen bekommen haben. Was als Wissenschaft zu bezeichnen sei, hängt
damit zunächst einmal von dem pragmatischen Kriterium der öffentlichen
Anerkennung ab. Nun ist die Wissenschaftslandschaft mittlerweile so hete-
rogen, dass dieser pauschale Ansatz einer Resignation vor der Alltagssprache
gleichzukommen und innerhalb einer philosophischen Arbeit über zu wenig
analytische Trennschärfe zu verfügen scheint. Der Verfasser will dieses Problem aber nicht lösen, indem er von »echter« und »nicht echter« Wissenschaft spricht, sondern dadurch, dass er zwar bei der Zuerkennung des La-
bels »Wissenschaft« recht anspruchslos ist, dafür aber innerhalb des weiten
Feldes all der Wissenschaften Differenzierungen vornehmen wird, die im

---

36   Kuhn 1976: 25.

Hinblick auf seine Wissenschaftsfreiheitskonzeption von großer Bedeutung sein wird.

Eine solche soziologische Definition von Wissenschaft mag manchen Philosophen trotz allem als unzufriedenstellend erscheinen; sie könnten darauf verweisen, es gelte doch, ein Kriterium für Wissenschaftlichkeit zu finden, das nicht arbiträr-empirisch, sondern essentialistisch-überzeitlich ist. Insbesondere ist in der Vergangenheit immer wieder der Versuch unternommen worden, Wissenschaft als diejenige Unternehmung zu konzipieren, die allein uns zur Wahrheit zu führen vermag. Diese Vorstellung war nie ganz unangefochten, ist aber insbesondere in den zurückliegenden Jahrzehnten massiv unter Beschuss geraten. Ronald Dworkin beklagte sich einmal, »the very possibility of objective truth is now itself under challenge from an anti-truth-squad of relativists, subjectivists, neo-pragmatists, post-modernists, and similar critics«[37]. In der Tat währt ein langer Streit zwischen den Realisten, die die Existenz objektiver Wahrheiten postulieren, und der sozialkonstruktivistischen, relativistischen Linie, die die Existenz solcher Wahrheiten vehement bestreitet und demgegenüber auf die gesellschaftliche Bedingtheit jeglichen Wissens hinweist. Für die Relativisten ist die große Versprechung der Wissenschaft, einen objektiven Blick auf die Welt zu ermöglichen, eine bloße Fiktion. Wie mit diesem Antagonismus umgehen?

Eine Möglichkeit wäre, jede wissenschaftsphilosophische Untersuchung mit einer gründlichen Erörterung dieser Frage beginnen zu lassen – ein nicht sonderlich sinnhaftes Unterfangen, wenn man bedenkt, dass ganze Bücher zu füllen wären, würde man ernsthaft versuchen, alle in den letzten Jahrzehnten diskutierten Theorieströmungen darzulegen, die sich in der einen oder anderen Weise zur Frage der Wahrheit in Bezug setzen. Die Strategie, die hier gewählt wird, ist vielmehr, die Relativismusdebatte selbst zu relativieren. Unsere Arbeitshypothese lehnt sich denn auch an jene moderate Zwischenposition an, die Philip Kitcher entwickelt hat. Er lehnt beide Pole des eben beschriebenen Antagonismus ab; für ihn ist ein Wissenschaftler ein »artisan«, ein »worker capable of offering to the broader community something of genuine value«[38].

---

37 Dworkin 1996: 246.
38 Kitcher 2001: 4.

Für unsere Zwecke ist nicht die theoretische Frage entscheidend, ob so etwas wie Wahrheit existiert und welche ontologischen Eigenschaften ihr zukommen; wir können es vielmehr bei der pragmatischen Feststellung bewenden lassen, dass es sich bei der Hervorbringung von *Wissen* durch die Wissenschaft um ein empirisches Faktum handelt. Das Geschäft der Erkenntnisgewinnung existiert, und nur darauf kommt es hier an: Tagtäglich werden Theorien aufgestellt, Hypothesen geprüft, werden Papers veröffentlicht und rezipiert, wird Wissen generiert und zur Anwendung gebracht. Die Vorstellung, eine philosophisch zufriedenstellende Wissenschaftsdefinition habe notwendig um den Wahrheitsbegriff zu kreisen, erscheint dabei als wenig überzeugend. Dem ist nicht zuletzt deshalb so, weil beide Extreme, die radikal-realistische wie die sozialkonstruktivistische Position, für Alltag und Selbstverständnis insbesondere der Naturwissenschaften bis zum heutigen Tage größtenteils irrelevant geblieben sind.

Dies nun muss nicht zugleich bedeuten, dass das, was Wissenschaftlichkeit heute ausmacht, nicht auch an bestimmte feststehende Standards geknüpft ist. Die antike Unterscheidung zwischen Episteme und Doxa, zwischen wirklichem Wissen und bloßen Vorurteilen, ist keine bloße Schimäre, wie Benjamin Barber betont:

> »Wissen als Episteme bezeichnet Behauptungen, die durch Tatsachen, gute Begründungen und fundierte Argumente gestützt werden können. Dies bedeutet nicht, dass es eine vollkommene Wahrheit gäbe, es bedeutet aber, dass es gute und schlechte Argumente gibt – Behauptungen, die durch empirische Tatsachen verifiziert werden können oder auf logisch nachvollziehbaren Argumentationslinien beruhen, und Behauptungen, für die das nicht zutrifft.«[39]

Während man über das wissenschaftliche *Wissen* selbst mit einiger Plausibilität sagen kann, dass es sich einer beliebigen gesellschaftlichen Relativierung entzieht[40], gilt selbiges nicht für die *Praxis* der Wissenserzeugung. Anders gesagt: Es sind unterschiedliche gesellschaftliche Rahmenbedingungen möglich, unter denen methodisch kontrolliert Wissen erzeugt werden kann. Voraussetzung hierfür ist, dass jene normative Struktur zur Geltung kommen kann, die nun als »epistemische Rationalität« beschrieben werden kann.

---

39   Barber 2010.
40   Vgl. Weingart 2003: 7.

Das Ethos epistemischer Rationalität

Eine notwendige Bedingung für die hier zugrunde gelegte Behelfsdefinition von Wissenschaft, die mit dem eben beschriebenen Ziel der Erkenntnisgewinnung einhergeht, ist, dass wissenschaftliche Aktivitäten einem eigenen, auf epistemische Produktivität gerichteten Rationalitätskriterium folgen.[41] Ein guter Wissenschaftler im Sinne der epistemischen Rationalität wäre ein konkreter Wissenschaftler dann in dem Maße, in dem er durch sein Handeln zur Erzeugung neuen Wissens beiträgt, das wissenschaftlichen Standards genügt. Das muss nicht bedeuten, dass sich die Wissenschaftler als empirische Subjekte faktisch ausschließlich an diesem Kriterium orientieren. Wie andere Menschen werden sie von einer Vielzahl von Motiven geleitet. Eine Wissenschaft, von der man mit Fug und Recht behaupten kann, sie sei hochgradig epistemisch rational, wäre eine Wissenschaft, in der jedenfalls die meisten und wichtigsten Handlungen der Wissenschaftler von dem genannten Ethos bestimmt werden. Dies setzt freilich im Mindesten voraus, dass das Rationalitätskriterium epistemischer Produktivität als Ideal präsent sein und bei den Mitgliedern der Wissenschaftlergemeinschaft akzeptiert sein muss.

Ein Ethos ist nach einer Definition Julian Nida-Rümelins ein »grundsätzlich empirisch zugängliches, normatives Gefüge aus Rollenerwartungen, Gratifikationen und Sanktionen, handlungsleitenden Überzeugungen, Einstellungen, Dispositionen und Regeln, die die Interaktionen der betreffenden Referenzgruppe, in der dieses Ethos wirksam ist, leiten«[42]. Das Ethos der epistemischen Rationalität wäre dann ein normatives Gefüge, das die Handlungen von Wissenschaftlern leitet und seinerseits bestimmt wird durch die Zielsetzung, epistemisch hochqualitative Meinungen zu erzeugen. Welche konkreten Normen ergeben sich nun aus dieser Rationalitätsform? Dazu wäre weit mehr zu sagen, als dafür an dieser Stelle Raum ist. Uns bleibt zu-

---

41 Anstatt von einem Rationalitätskriterium könnte man auch von einem Leitwert sprechen. Siehe dazu Schimank, dem zufolge das Prinzip der funktionalen Differenzierung moderner Gesellschaften zu »etwa einem Dutzend Teilsystemen (Wirtschaft, Politik, Recht, Militär, Religion, Kunst, Wissenschaft, Journalismus, Bildung, Gesundheit, Sport, Intimbeziehungen)« geführt hat, in denen jeweils ein spezifischer Leitwert die »fraglose oberste Orientierung allen Handelns« bildet (2012: 114). Die wohl wirkmächtigste Beschreibung der Wissenschaft als gesellschaftliches Teilsystem findet sich bei Luhmann (etwa: 1990: 271–361).

42 Nida-Rümelin 2005: 836.

nächst nur, eher veranschaulichend als mit systematischer Gründlichkeit jene klassische Konzeption Robert Mertons zu nennen, die nach wie vor gerne
in diesem Zusammenhang ins Feld geführt wird. Seine vier Prinzipien[43] haben das Nachdenken über die normativen Grundlagen der Wissenschaft in
den letzten Jahrzehnten nachhaltig beeinflusst. Den englischen Anfangs-
buchstaben entsprechend werden sie Cudos-Prinzipien genannt: Kommunismus (»communitarianism«), Universalismus (»universalism«), Uneigennützigkeit (»disinterestedness«) und organisierter Skeptizismus (»organized
scepticism«).

- □ Der **Universalismus** findet Ausdruck in der Forderung, Forschungsergebnisse ausschließlich nach allgemeingültigen Kriterien zu beurteilen, Kriterien, die losgelöst sind vom sozialen Stand, der Herkunft
  oder Ethnie, der Religion und von sonstigen persönlichen Eigenschaften derjenigen Person, die diese Ergebnisse produziert hat.

- □ Wenn Merton von **Kommunismus** spricht, dann »nicht im engeren
  Sinne, sondern in der umfassenden Bedeutung des gemeinsamen Be-
  sitzes von Gütern«[44]. Wissenschaftliche Erkenntnisse sind das Ergebnis gemeinschaftlicher Zusammenarbeit. Ein Wissenschaftler muss
  die Früchte seiner Forschungsbemühungen anderen Wissenschaftlern
  zur freien Verfügung stellen. Dafür wird er im Erfolgsfall mit Anerkennung belohnt.

- □ **Uneigennützigkeit** bedeutet: Die Wissenschaftler sollen sich nicht
  vom Streben nach persönlichen Vorteilen leiten lassen, sondern sind
  dem Ziel der interesselosen Erkenntnissuche verpflichtet.

- □ Der **organisierte Skeptizismus** stellt sicher, dass Forschungsergebnisse
  nicht danach beurteilt werden, von wem sie stammen, sondern aus-
  nahms- und vorurteilslos von der Gemeinschaft der Wissenschaftler
  kritisch überprüft werden.

Die epistemische Rationalität ist ein Instrument. Ihr kommt die Funktion
zu, das gesellschaftliche Subsystem Wissenschaft, das mit der Hervorbringung neuer Erkenntnisse befasst ist, normativ auszuformen. Wichtig für den
weiteren Fortgang der Abhandlung ist es, festzuhalten, dass diese Form der

---

43   Formuliert in Merton 1973: 270–278 und Merton 1985: 89–99.
44   Merton 1985: 93.

Rationalität zwar beschreibt, was ein guter Wissenschaftler in einem gewissermaßen technischen Sinne ist. Und es existieren – wie zu einem späteren Zeitpunkt noch zu erläutern sein wird – auch Normen innerhalb dieser Rationalitätsform, die einen moralanalogen Charakter aufweisen und aus denen sich unter Umständen moralische Lektionen ziehen lassen. Keinesfalls aber macht die epistemische Rationalität allein aus Wissenschaftlern moralisch vorbildliche Menschen.

Das plakativste Beispiel sind die schändlichen Humanexperimente, die in der Zeit des Nationalsozialismus durchgeführt wurden. Sie waren ohne Zweifel moralisch verwerflich; zugleich waren manche von ihnen hinsichtlich ihres Erkenntniswertes durchaus ergiebig, auf der Grundlage mancher dieser Ergebnisse ist nach dem Krieg sogar weitere Forschung betrieben worden.[45] Weiterhin versetzt die epistemische Rationalität die Akteure nur bedingt in die Lage, herauszufinden, welche Forschungsfragen angegangen werden sollen. Gewiss mag es Forschungsansätze geben, die hinsichtlich ihres Erkenntnispotenzials fruchtbarer erscheinen; der epistemisch rationale Wissenschaftler würde sich dann für sie entscheiden. Angenommen aber, zwei Fragen wären, legte man die Ansprüche, die sich aus der epistemischen Rationalität ergeben, an sie an, exakt gleich attraktiv: dann hätte der Wissenschaftler, Buridans Esel gleich, keine Möglichkeit, mithilfe dieser Rationalitätsform alleine eine Entscheidung für die eine oder für die andere Option zu fällen.

Zu bedenken ist weiterhin, dass die Scientific Community aus empirischen Subjekten besteht, die einen bestimmten sozialen, kulturellen, politischen Hintergrund haben und zu einem gewissen Grad auch von anderen Motiven als jenen der epistemischen Rationalität geprägt werden. Dies bedeutet nun nicht nur, dass die Wissenschaftler keine vollkommenen Erkenntnisautomaten sind.[46] Es bedeutet auch, dass diese methodologischen Standards selbst in einer Weise festgelegt werden, die potenziell fehleranfällig ist. Denn es ist höchst unwahrscheinlich, dass wir immer über die absolut

---

45 Vgl. Rollin 2006: 26.
46 Zu bedenken wäre im Übrigen: Selbst wenn alle Wissenschaftler im Kontext ihrer beruflichen Tätigkeit ausschließlich von der epistemischen Rationalität geleitet würden, hätte die Erkenntnisfähigkeit der Wissenschaft – bedingt durch Faktoren wie die Beschränktheit von Ressourcen, aber auch durch die Faktizität naturgesetzlicher Strukturen – gewisse Grenzen.

besten Methoden verfügen, um den Ansprüchen der epistemischen Rationalität gerecht zu werden. Wie die wissenschaftlichen Inhalte selbst, ist auch diese metamethodologische Frage von der Wissenschaftlergemeinschaft beständig neu zu justieren.

1.5   Die freie Wissenschaft in historischer Perspektive

Die Wissenschaftsfreiheit ist in der Vergangenheit vor allem als Abwehrrecht verstanden worden.

Diese Abhandlung hat kein hervorgehobenes historisches, sondern vielmehr ein systematisches Interesse. Warum also sollten wir uns mit der Begriffsgeschichte der Wissenschaftsfreiheit beschäftigen? Als stichhaltig erweist sich hier ein Argument, das Michael Mandler ursprünglich auf die ökonomische Theorie gemünzt hat, aber auch in anderen begriffsanalytischen Zusammenhängen seine Gültigkeit hat: »[T]he need for historical analysis arises from the fact that the evaluation of ideas cannot be separated form their past usage.«[47] Dies gilt umso mehr, je stärker die gegenwärtig gebräuchliche Verwendung eines Begriffes spezifisch historisch geprägte Assoziationen hervorruft. Eine Vorstellung, die die Rede von der freien Wissenschaft für viele mit sich bringt, dürfte hierzulande zum Beispiel jenes des einsamen Gelehrten der Aufklärungszeit sein: Von staatlichen Zensurbestrebungen bedrängt, kämpft er für sein Recht auf freie Lehre und Publikmachung seiner Ansichten. Solche im kulturellen Gedächtnis verankerten Bedeutungen hat mitzubedenken, wer sich in der Gegenwart in die Debatte um die Freiheit der Wissenschaft einschaltet. Es gilt also zunächst, einige Eindrücke von der historischen Entwicklung der Idee der Wissenschaftsfreiheit zu gewinnen. Hinlänglich bekannt ist, dass die Wissenschaftsfreiheit Teil des Grundgesetzes ist. Zu Recht sagt aber Weber, dass die Begriffs- und Ideengeschichte der Wissenschaftsfreiheit nicht bloß ihre Statuten- oder Rechtsgeschichte, sondern auch ihre Kulturgeschichte berücksichtigen sollte. Dazu »müssten alle einschlägigen Wahrnehmungen, Wertungen und Praktiken gezählt werden, die *vor* der ausdrücklichen Formulierung der Idee und der

---

47   Mandler 1999: 13.

Rechtsfigur der Wissenschaftsfreiheit liegen bzw. genauer: diese erst ermöglichen und begleiten«[48].

Wenn wir auf 1.3 zurückblicken, erkennen wir, wie sich im Laufe der Wissenschaftsgeschichte gewisse Elemente der wissenschaftlichen Freiheit und Unabhängigkeit herausgebildet haben. Auf den ersten Blick läge es deshalb vielleicht nahe, sich der These zu verschreiben, die Geschichte der Wissenschaft müsse als Geschichte der Freiheit erzählt werden: je freiheitlicher die Wissenschaft, je freiheitlicher mithin die Gesellschaft, in der die Wissenschaft eingebettet ist, desto größer der wissenschaftliche Erfolg. Dies wäre eine teleologische Rekonstruktion vom Endpunkt, sprich: von einer Gegenwart (respektive jüngeren Vergangenheit) her, in der in der Tat verhältnismäßig erfolgreiche (jedenfalls im quantitativen Sinne des Forschungsoutputs) und verhältnismäßig freie Wissenschaftssysteme in Gesellschaften auftreten, die ihrerseits freiheitlich-demokratisch strukturiert sind. Die Notwendigkeit dieses Gedanken allerdings ist nur eine scheinbare. Die Wissenschaft nämlich ist, wie der Historiker Notker Hammerstein betont,

> »– historisch – nicht auf Freiheit in unserem Sinne, also politische, gar demokratische Freiheit angewiesen. Viele, ja sehr viele Beispiele belegen das, zeigen, dass Wissenschaften in unterschiedlichsten Herrschaftsverhältnissen und -systemen existierten, besser: betrieben und vervollkommt werden konnten.«[49]

Es mögen Zusammenhänge zwischen freier Wissenschaft und demokratischen Gesellschaftsordnungen bestehen; im Laufe dieser Abhandlung werden wir noch ausführlicher auf diesen Punkt zurückkommen. Beide in eine »doppelte Erfolgsgeschichte« zu packen, wäre indes historisch zu naiv gedacht.

Eine weitere Schwierigkeit, auf die es hinzuweisen gilt: Ist jedes historische Zusammentreffen von Wissenschaft und Freiheit auch eine Instanz von »Wissenschaftsfreiheit«? Die Antwort hängt davon ab, wie eng oder weit man den Begriff fasst. Ist mit »Wissenschaftsfreiheit« an nicht mehr gedacht als an die abstrakte Feststellung, dass Freiheit in der einen oder anderen Form die Ausübung wissenschaftlicher Tätigkeiten befördere, dann ließe sich die Spur der Wissenschaftsfreiheit bis zu den Anfängen der Wissenschaft (jedenfalls der abendländischen) selbst verfolgen. So wäre es beispielsweise nicht unberechtigt, würde man in Anlehnung an den histori-

---

48 Weber 2008: 40.
49 Hammerstein 2008: 17.

schen Materialismus die Frage stellen, ob Thales auch dann zur Gründer-
figur der Naturphilosophie geworden wäre, wäre er nicht einer vornehmen
Familie entstammt, sodass er die Möglichkeit hatte, seinen theoretischen Interessen nachzugehen.[50]

Solche Rekurse auf weit zurückliegende Epochen mögen die These
bekräftigen, dass zur Wissenschaftsfreiheit, allgemein gesprochen, eine angemessene Ausstattung an Ressourcen gehört. Darüber hinaus ist ihre Aussa-
gekraft in Bezug auf unsere Leitfrage aber begrenzt, zu fremd und andersar-
tig ist doch die Wissenschaft antiker Gesellschaften. Dies gilt im Übrigen
auch für jenes Doppelargument des Aristoteles, das man in historischer Perspektive als den Grundstein des Nachdenkens über Wissenschaftsfreiheit
bezeichnen könnte. Für Aristoteles hat diese Freiheit zum einen eine politische Bedeutung: Die Wissenschaft ist dann und nur dann frei, wenn sie keinen Zweck hat, der außerhalb ihrer selbst liegt, wenn sie also nicht im
Dienste einer übergeordneten Sache steht. Zweitens wohnt der Wissenschaftsfreiheit eine anthropologische Komponente inne: Die Befriedigung
intellektueller Neugier auf dem Wege der Wissenssuche ist für Aristoteles
glücksstiftend. Die wissenschaftlichen Betätigung wird damit zum Ausdruck
menschlicher Würde.[51]

Die Autonomie der Universitäten

Wollen wir den Begriff der Wissenschaft etwas enger fassen – was ihn für
unseren Zusammenhang ergiebiger macht –, so können wir ihn als Phänomen begreifen, das an die oben ausgeführte Institutionalisierungsgeschichte der Wissenschaftlerrolle geknüpft ist. Startpunkt wäre dann die
Einrichtung der Universität im Mittelalter. Die wichtigste Sammlung
deutschsprachiger Forschungsliteratur zur Wissenschaftsfreiheit der jüngeren Zeit stützt diese Herangehensweise: Der von den Historikern Rainer A.
Müller und Rainer Christoph Schwinges herausgegebene Sammelband *Wissenschaftsfreiheit in Vergangenheit und Gegenwart* von 2008 enthält Beiträge,
die bei der mittelalterlichen *libertas scholastica* anheben, um dann über die
libertas philosophandi und die Lehrfreiheit zur Frage nach der Freiheit der

---

50   Diogenes Laertius berichtet, Thales habe in Milet das Bürgerrecht besessen und habe
     »aus einem glänzenden Hause« gestammt (1807: 30).
51   Vgl. Höffe 2006: 49.

Wissenschaft in der kommunistischen Diktatur der DDR und der gegenwärtigen Bundesrepublik zu gelangen.

Wenn man auf die Begrifflichkeiten schaut, könnte man geneigt sein, die Geschichte des Freiheitsgedankens innerhalb der institutionalisierten Wissenschaft in der Tat sehr früh beginnen zu lassen, nämlich im Jahr 1220. Papst Honorius III. forderte seinerzeit in einer Bulle die »scholastische Freiheit« ein. Hintergrund war die Auseinandersetzung zwischen der Universität und der Stadt Bologna. Letztere wollte die Studenten daran hindern, sich per Treueschwur zu den Statuten der Universität zu bekennen. Der Papst aber stellte sich mit seiner Freiheitsforderung auf die Seite der Studenten.[52] Dass sich die katholische Kirche in dieser Richtung betätigte, dürfte Machtkalkülen geschuldet gewesen sein; jedenfalls sollte es nicht darüber hinwegtäuschen, dass diese Form akademischer Freiheit eigentlich aus einer Abwendung von kirchlich-dogmatischen Strukturen hervorgegangen ist. Die Idee der *libertas scholastica*, sagt Schwinges, sei bereits im französischen und italienischen Schulmilieu des 12. Jahrhunderts vorgeprägt worden, als die ersten Universitäten infolge der Loslösung von den Kloster- und Stiftsschulen im Entstehen begriffen waren. Um einzelne Lehrer herum hätten sich, von den Zwängen der kirchlichen Anstalten befreit, als lockere Verbände organisierte Lehr- und Lerngemeinschaften gebildet.[53]

Man sollte sich hüten, allzu stolz auf eine seit dem Mittelalter ungebrochene Tradition der Geistesfreiheit zu verweisen und in der scholastischen Freiheit die unmittelbare Vorläuferin unserer heutigen Wissenschaftsfreiheit zu sehen. Eine solche Schlussfolgerung nämlich wäre historisch höchstens teilweise adäquat. Mit Entstehung der Universitäten, die ihrerseits eine Reihe von Privilegien einforderten, gingen Konflikte einher, wie auch in den oben genannten Beispielen deutlich wird. So war die scholastische Freiheit der Universität zuallervörderst ein politisches Kampfmittel. Zunächst, sagt Schwinges, sei es dabei »schlicht um verschiedene Interessen, um das Durchsetzen der schulischen bzw. magistralen Interessen gegenüber anderslautenden der örtlichen Gewalten«[54] gegangen.

---

52 Vgl. Hoye 2010: 23.
53 Vgl. Schwinges 2008: 3–4.
54 Schwinges 2008: 5.

Im Laufe des Mittelalters entstanden an vielen Orten Europas als korporative Einheiten organisierte Universitäten. Dieser Gesichtspunkt ist nicht ohne Bedeutung für das gegenwärtige Verständnis von Wissenschaftsfreiheit. Die universitäre Autonomie ist, jedenfalls in Teilen, bis heute erhalten geblieben: In Deutschland etwa sind die meisten Universitäten zwar als öffentlich-rechtliche Körperschaften den Bundesländern unterstellt, genießen jedoch – anders als gewöhnliche staatliche Behörden – das Recht zur Selbstverwaltung. Es fehlte hier allerdings noch eine ganze wesentliche Bedeutungskomponente. Damalige Universitätsprofessoren durften ihre Lehrinhalte nicht nach eigenem Belieben auswählen oder entscheiden, welche Kurse sie abhielten. Am Übergang vom Mittelalter zur Neuzeit nahmen die staatlichen Kontrollen der universitären Lehre sogar zu.[55]

Die Denkfreiheit als Kind der Neuzeit

Erst im 17. Jahrhundert gewann die Idee an Boden, dass Gelehrte unbedingt über das Recht verfügen sollten, Meinungen frei herauszubilden und zu vermitteln – die Idee der *libertas philosophandi*.[56] Hier liegt der eigentliche Anfangspunkt dessen, was wir als die philosophische Idee einer freien Wissenschaft begreifen können. Dies wird im Übrigen auch daran ersichtlich werden, dass sich alle Wissenschaftsfreiheitsargumente, die in dieser Abhandlung zur Sprache kommen, frühestens auf solche Bedeutungen von Wissenschaftsfreiheit berufen, die in der Zeit der Frühaufklärung entstanden sind. Soweit wir wissen, findet der Ausdruck *libertas philosophandi* das erste Mal in Tommaso Campanellas Verteidigungsschrift für Galilei von 1622 Verwendung. Campanella verwies dort darauf, dass die »libertas Philosophandi plus viget in Christianismo, quam in caeteris nationibus«, dass also die Freiheit zu Philosophieren der Christenheit in höherem Maße zueigen sei als anderen Nationen.[57]

---

55   Vgl. Ridder-Symoens 2008: 229.
56   Vgl. Özmen 2012: 111.
57   Aus der *Apologia pro Galileo*, zitiert nach Sutton 1953: 311. Das lateinische Zitat ist bei Sutton kursiv gedruckt.

Von zentraler Bedeutung sollte die Denk- oder Philosophier-Freiheit[58] für Baruch de Spinoza werden, der sich wegen seiner – insbesondere religionskritischen – Ansichten zeitlebens mit Repressionen konfrontiert sah. Im Jahr 1656 hatte ihn die jüdische Gemeinde Amsterdams verbannt, und auch die Tatsache, dass er sich in der Auseinandersetzung zwischen radikalen und gemäßigten Calvinisten für Toleranz aussprach, führte zu Anfeindungen gegen ihn.[59] In seiner anonym erschienenen politischen Kampfschrift von 1670, dem *Theologisch-politischen Traktat*, ging es Spinoza darum, zu zeigen, »daß es in einem freien Staate jedem erlaubt ist, zu denken, was er will, und zu sagen, was [er] denkt«[60]. Diese Freiheit sei »ganz unerläßlich [...] zur Förderung der Künste und Wissenschaften«. Diese nämlich könne man »nur dann mit gutem Erfolg pflegen, wenn man ein freies und in keiner Weise voreingenommenes Urteil hat«[61].

Dieser Verweis auf die Wissenschaftler ist wohlgemerkt eher beiläufiger Natur; bei Spinoza stand weniger die Freiheit der Wissenschaftler im Besonderen, als vielmehr die Denk- und Meinungsfreiheit im Allgemeinen im Mittelpunkt. Ähnliches ist im Übrigen von John Stuart Mill zu sagen, dem Verfasser der knapp zweihundert Jahre später erschienen Streitschrift *On Liberty*, deren Argumente in dieser Abhandlung noch eine wichtige Rolle spielen werden. Bei Spinoza wie bei Mill ging es vorwiegend darum, zu begründen, weshalb und in welchem Umfang das Individuum vor staatlichen und religiösen Eingriffen zu schützen sei. Mill geht von der Überzeugung aus: »Over himself, over his own body and mind, the individual is sover-

---

58 Auf eine weiterführende historische Analyse solcher Begriffe soll hier verzichtet werden, zumal sich hinsichtlich der Begriffsverwendung über die Jahrhunderte hinweg ein sehr heterogenes Bild ergibt, das im Detail nachzuvollziehen an dieser Stelle zu ausufernd wäre. So schreibt Zenker in seiner Abhandlung über die Denkfreiheit: »Das semantische Feld des Begriffs *Denkfreiheit* umfaßt ›Unterbegriffe‹ wie *Meinungsfreiheit (libertas sentiendi)* und *Freiheit zum Abweichen von Meinungen (libertas dissentiendi)*, *Redefreiheit (libertas dicendi)* und *Lehrfreiheit (libertas philosophandi* oder *academica)*, *Gewissensfreiheit (libertas conscientiae)* und *Glaubensfreiheit (libertas credendi)*. Die frühneuzeitliche lateinische Terminologie, in der *Denkfreiheit* sowohl mit *libertas philosophandi* als auch mit *libertas cogitandi* übersetzt wurde, erweist sich infolge der Verflechtung des umrissenen Begriffsfeldes als uneinheitlich. Auch die genannten ›Unterbegriffe‹ waren nicht klar definiert.« (2012: 11)

59 Vgl. Zenker 2012: 93.

60 Spinoza 1976: 299.

61 Spinoza 1976: 304.

eign.«[62] Jeder mündige Bürger ist zunächst einmal als Herr seiner selbst zu begreifen; zwanghafte Eingriffe von außen bedürfen, so sie denn überhaupt gerechtfertigt sein sollen, einer guten Begründung.

In der Zeit nach Spinoza kam es, wie Müller schildert, zu eindringlichen Appellen, die nicht nur die Forderung enthielten, das Leben sei vernunftgemäß auszugestalten, sondern die »speziell für Wissenschaft und Wissenschaftler eine Befreiung von staatlich-kirchlicher Bevormundung, das Recht auf Selbstbestimmung und weitgehende Freiheiten in Forschung und Lehre forderten«[63]. Zur Aufklärung, schrieb Immanuel Kant in seinem wirkmächtigen Essay »Was ist Aufklärung?«, sei nichts weiter erforderlich als die Freiheit, »von seiner Vernunft in allen Stücken *öffentlichen Gebrauch* zu machen«[64]. Gemeint ist damit jener Gebrauch der Vernunft, »den jemand als *Gelehrter* von ihr vor dem ganzen Publicum der *Leserwelt* macht«[65]. Einige Jahre später, im Jahr 1811, forderte J. G. Fichte in seiner Berliner Rektoratsrede:

> »Das gegenwärtige Zeitalter soll seine frei errungene Bildung ohne Rückhalt mittheilen dem künftigen, damit dieses auf jene fortbauen könne; es darf drum dem Lehrer durchaus keine Grenze der Mittheilung gesetzt werden, noch irgend ein möglicher Gegenstand ihm bezeichnet und ausgenommen, über den er nicht frei denke, und das frei gedachte nicht mit derselben Unbegrenztheit dem dazu nur gehörig vorbereiteten Lehrlinge der Universität mittheile.«[66]

An diesen Aussagen ist die Doppelfunktion gut abzulesen, die der Freiheit des Universitätsgelehrten zugedacht wurde. Sie richtete sich nach innen und nach außen, bezog sich auf den Gelehrten als Intellektuellen, der den öffentlichen Diskurs prägt und so zum Wohle der Allgemeinheit beiträgt, und als Wissenschaftler, der zum epistemischen Fortschritt seines Faches beiträgt, indem er, Lehrfreiheit genießend, seine Erkenntnisse an Peers und den studentischen Wissenschaftlernachwuchs weitervermittelt.

Wissenschaftsfreiheit als Grundrecht

Die engste sinnvolle historische Begrenzung des Begriffs der Wissenschaftsfreiheit nimmt vor, wer sich ausschließlich auf seine Tradition als Grund-

---

62   Mill 1998: 14.
63   Müller 2008: 58.
64   Kant 1923: 36.
65   Kant 1923: 37.
66   Fichte 2005: 359.

recht konzentriert: Erstmals 1848 in einer deutschen Verfassung erschienen[67], gelangte es schließlich über die Weimarer Verfassung bis ins gegenwärtig gültige Grundgesetz.[68] Artikel 5 des Grundgesetzes lautet:

> (1) Jeder hat das Recht, seine Meinung in Wort, Schrift und Bild frei zu äußern und zu verbreiten und sich aus allgemein zugänglichen Quellen ungehindert zu unterrichten. Die Pressefreiheit und die Freiheit der Berichterstattung durch Rundfunk und Film werden gewährleistet. Eine Zensur findet nicht statt.
>
> (2) Diese Rechte finden ihre Schranken in den Vorschriften der allgemeinen Gesetze, den gesetzlichen Bestimmungen zum Schutze der Jugend und in dem Recht der persönlichen Ehre.
>
> (3) Kunst und Wissenschaft, Forschung und Lehre sind frei. Die Freiheit der Lehre entbindet nicht von der Treue zur Verfassung.

Dieser Formulierungskontext lässt wesentliche Rückschlüsse auf die Natur des Grundrechtes der Wissenschaftsfreiheit zu. Einerseits nämlich, in Absatz 1, wird die Wissenschaftsfreiheit in die Nähe der Freiheit der Meinungsäußerung gerückt. Ebenso aber wird die Wissenschaft, in Absatz 3, in einem Atemzug mit der Kunst genannt, einer Domäne also, der aufgrund ihrer spezifischen Gesetzmäßigkeiten besondere Freiheiten zuzusprechen sind. Die Wissenschaftsfreiheit wird als Instanz eines übergeordneten, allgemeinen Prinzips vorstellig, zugleich aber gerade in ihrer Besonderheit hervorgehoben. Einer Definition des Bundesverfassungsgerichts zufolge besteht die Wissenschaftsfreiheit im Schutz der »auf wissenschaftlicher Eigengesetzlichkeit beruhenden Prozesse, Verhaltensweisen und Entscheidungen beim Auffinden von Erkenntnissen, ihrer Deutung und Weitergabe«[69].

Verfassungstexte sind naturgemäß knapp und allgemein formuliert und bedürfen der Interpretation; für die Wissenschaftsfreiheit im Grundgesetz scheint dies umso mehr zu gelten. Es ist hier nicht der Ort, sich ausführlich in solchen juristischen Interpretationen zu ergehen – auf einen Punkt ist dann aber doch hinzuweisen, zumal dieser für den weiteren Fortgang der Abhandlung nicht unerheblich sein dürfte. Unter der Wissenschaftsfreiheit ein bloßes Individualfreiheitsrecht zu verstehen, wäre unangemessen, wie Schlink überzeugend argumentiert. Erstens, weil sie, würde

---

67 § 152 der Paulskirchenverfassung lautete: »Die Wissenschaft und ihre Lehre sind frei.« Der Paragraph wurde ohne besondere Diskussion angenommen. (Aus: Janzarik 2008: 209.)

68 Wie aus dem Ideal ein Verfassungsprinzip wurde, schildert Müller 2001. Siehe dazu ferner vom Bruch 2008 und Janzarik 2008.

69 BVerfG 47, 327: 367.

man sie als individuelles Freiheitsrecht deuten, gar nicht hätte formuliert werden müssen. Für diesen Zweck hätten die übrigen Freiheitsrechte – insbesondere Artikel 5 Absatz 1 und Artikel 12 – ausgereicht. Und zweitens, weil die Wissenschaftsfreiheit in Deutschland traditionell immer mit Blick auf die im Staatsdienst stehenden Forschenden und Lehrenden verstanden worden ist.[70]

Das Grundrecht auf Wissenschaftsfreiheit ist vorbehaltlos gewährt. Eingeschränkt werden kann es nur bei einer Kollision mit anderen verfassungsrechtlichen Positionen, etwa mit der staatlichen Schutzpflicht für die Rechtsgüter von Leben und körperlicher Unversehrtheit (Artikel 2 Absatz 2 GG).[71] Das Grundrecht ist aufgrund seiner Explizitheit und seiner spezifischen, auf Aufklärung und deutschen Idealismus zurückgehenden Begründungstradition in dieser Form einzigartig. Sein Grundgedanke aber ist – jedenfalls implizit – auch in anderen Verfassungen präsent[72] und hat auch auf der Ebene internationalen Rechts einen Niederschlag gefunden. Die Verfassungsrichterin Susanne Baer erläutert:

> »›Die Forschung ist frei‹ und: ›Die akademische Freiheit wird geachtet‹ lautet die aktuellere, im Jahr 2000 formulierte europäische Variation auf das Thema [der Wissenschaftsfreiheit] in Art. 13 der Europäischen Grundrechtecharta. Die ältere Europäische Menschenrechtskonvention des Europarates, die EMRK von 1957, nennt die Wissenschaft nicht, meint sie aber als Teil der Meinungsfreiheit mit. Auf der Ebene der Vereinten Nationen ist Wissenschaft ein Aspekt der kulturellen Rechte, die in einem der großen Pakte – in Art. 15 Abs. 1 a, c IPwskR – weltweit garantiert werden.«[73]

1.6 Formale und materiale Freiheiten

Eine praxisrelevante Abhandlung zur Wissenschaftsfreiheit darf sich nicht auf die Betrachtung lediglich formaler Freiheiten beschränken; sie hat darüber hinaus in Betracht zu ziehen, wie frei die Wissenschaft in materialer Hinsicht ist.

Freiheit ist ein zentraler Begriff der praktischen Philosophie. In der Ethik fragen wir beispielsweise nach der Möglichkeit freier Willensentscheidun-

---

70 Vgl. Schlink 1971: 249.
71 Vgl. Trute 2015: 107.
72 Siehe etwa Herbst 2008 zur Situation in den USA und Schulte 2008 zu jener in Frankreich.
73 Baer 2015: XIII. Siehe auch Döhler & Nemitz 2000.

gen, in der politischen Philosophie ist der Grad an Liberalität, der unterschiedlichen Bereichen der Gesellschaft zugesprochen wird, ein wesentliches Differenzierungskriterium der großen Theorieströmungen. Der Freiheitsbegriff ist vielgestaltig; seine Konnotationen variieren je nach theoretischem Kontext. Wir wollen uns hier auf einen Aspekt beschränken, der im Hinblick auf unsere Leitfrage von besonderer Bedeutung ist: die Unterscheidung von negativer (oder: formaler) Freiheit einerseits und positiver (oder: materialer) Freiheit andererseits. Eine ganze Reihe von Denkern seit Kant hat sich an dieser Dichotomie abgearbeitet.[74] Für die jüngere Zeit dürfte sich Isaiah Berlins Essay »Zwei Freiheitsbegriffe« als am einflussreichsten erwiesen haben. Negative Freiheit heißt bei Berlin: Niemand greift in das Handeln einer Person ein, niemand übt von außen Zwang aus.[75] Positive Freiheit hingegen leite sich aus dem Wunsch ab, Herr seiner selbst zu sein. Sie entspreche der Haltung:

> »Ich will das Werkzeug meiner eigenen, nicht fremder Willensakte sein. Ich will Subjekt, nicht Objekt sein; will von Gründen, von bewußten Absichten, die zu mir gehören, bewegt werden, nicht von Ursachen, die gleichsam von außen auf mich einwirken.«[76]

Es ist auf den ersten Blick nicht unbedingt klar, inwiefern zwischen den beiden Konzepten ein relevanter Unterschied bestehen sollte. Bedeutet nicht beides letztlich, tun zu können, was man tun möchte?

Amartya Sen, dessen Beiträge zu Wohlfahrtsökonomie, Armutsbekämpfung und wirtschaftlich-sozialer Entwicklung große Anerkennung gefunden haben, hat die Unterscheidung beider Freiheitskonzepte anhand des folgenden Beispiels anschaulicher gemacht: Nehmen wir an, eine Person ist arm und leidet Hunger, weil die Reallöhne in ihrem Land sehr niedrig sind und die Arbeitslosenquote sehr hoch ist. Nehmen wir weiterhin an, sie wird nicht vom Staat aktiv davon abgehalten, gut bezahlte Arbeit anzunehmen. Mit anderen Worten: In dem hypothetischen Fall, dass sie eine hervorragend vergütete Arbeitsstelle fände, dürfte sie ungehindert die Früchte ihrer Arbeit einstreichen. Nach Sen ließe sich dann festhalten: Während die negative Freiheit dieser Person in keiner Weise beeinträchtigt wird, ist ihre posi-

---

74 Vgl. Cater 2012: § o.
75 Vgl. Berlin 2006: 201–202.
76 Berlin 2006: 211.

tive Freiheit eindeutig eingeschränkt durch die äußeren Umstände.[77] Während sich in einem funktionierenden Rechtsstaat die Existenz negativer Freiheiten einfach an der Existenz entsprechender Freiheitsrechte ablesen lässt, liegt der Fall bei der positiven Freiheit schwieriger. Letztlich handelt es sich hierbei um eine empirische Frage des Abgleichs von negativen Freiheiten und den faktischen Möglichkeiten, diese Freiheiten mit Leben zu füllen.[78]

Was hat das mit unserem Thema zu tun? Gehen wir von der folgenden Beobachtung aus, die sich unwillkürlich aufdrängt, wenn man versucht, der Idee der freien Wissenschaft eine zeitgemäße Interpretation abzuringen:

> »A right to scientific inquiry can potentially have both ›positive‹ and ›negative‹ aspects to it; claims to the means to pursue scientific endeavours, and claims to be left alone to do it.«[79]

Wie noch an vielen Stellen dieser Abhandlung deutlich werden wird, ist eines unserer zentralen Themen das Verhältnis der Wissenschaft zu wissenschaftsexternen Größen. Das Zitat nun macht zwei durchaus wesensverschiedene Ansprüche augenfällig, die die Wissenschaft in freiheitlicher Absicht an solche externen Größen richtet. Erstens: Helft uns; stattet uns mit Mitteln aus, damit wir Wissenschaft betreiben können. Zweitens: Lasst uns in Ruhe; haltet uns nicht auf, wenn wir Wissenschaft betreiben wollen. Der Blick auf die Geschichte der Idee der Wissenschaftsfreiheit macht deutlich, weshalb es wichtig ist, beide Lesarten zu berücksichtigen. Ohne Zweifel nämlich entstammt diese Idee, wie bereits angedeutet, der Tradition eines Abwehrrechtes. Dies liegt offensichtlich daran, dass die negative Freiheit die basalere Freiheitsform ist, für die es zuerst zu streiten galt. Mag sie auch in einem formal-theoretischen Sinne nicht Voraussetzung für die positive Freiheit sein, so hat die Erfahrung doch gezeigt: Dort, wo ein Zweig der Wissenschaft durch Zensurmaßnahmen aktiv eingeschränkt wird, wo also negative Freiheit fehlt, hat es wenig Sinn, über positiven Freiheiten auch nur zu sprechen. Vice versa kommt es indes durchaus vor, dass Zweige der Wissenschaft zwar frei wären, Forschungsmeinungen zu publizieren, jedoch jene Unterstützung fehlt, die notwendig wäre, um überhaupt zu diesen Meinungen zu gelangen.

---

77 Vgl. Sen 1988: 272–273.
78 Siehe dazu auch Alexy 1994: 458–459 sowie Habermas 1994: 485–486.
79 Coggon 2012: 175.

In Deutschland und mit Deutschland vergleichbaren Ländern scheinen die Kämpfe um die negative Freiheit im Moment weitgehend ausgefochten, die Frage nach der positiven Freiheit scheint verstärkt Gegenstand des Interesses zu werden. Diese Tendenz zeichnet sich für die im Grundgesetz formulierten Grundrechte im Allgemeinen ab; Babke etwa spricht von der »Fortentwicklung der herrschenden Grundrechtsinterpretation in den vergangenen Jahrzehnten von der sog. negativen Interpretation der Grundrechte als individueller Abwehrrechte zur sog. positiven Interpretation als staatlicher Gewährleistungsrechte«[80]. Im Hinblick auf das Grundrecht der Wissenschaftsfreiheit im Besonderen hat das Bundesverfassungsgericht erst kürzlich betont:

> »Art. 5 Abs. 3 Satz 1 GG enthält neben einem individuellen Freiheitsrecht eine objektive, das Verhältnis von Wissenschaft, Forschung und Lehre zum Staat regelnde, wertentscheidende Grundsatznorm. Der Staat muss danach für funktionsfähige Institutionen eines freien universitären Wissenschaftsbetriebs sorgen und durch geeignete organisatorische Maßnahmen sicherstellen, dass das individuelle Grundrecht der freien wissenschaftlichen Betätigung so weit unangetastet bleibt, wie das unter Berücksichtigung der anderen legitimen Aufgaben der Wissenschaftseinrichtungen und der Grundrechte der verschiedenen Beteiligten möglich ist [...].«[81]

Es handelt sich dabei nicht um eine gänzlich neuartige Forderung. Immerhin impliziert die in Deutschland zwei Jahrhunderte zurückreichende Tradition des Kulturstaates auch eine staatlich betriebene Wissenschaftspflege.[82] Was aber unter den gegenwärtigen Bedingungen geeignete Maßnahmen seien, um für jene funktionsfähigen Institutionen eines freien Wissenschaftsbetriebes zu sorgen, von denen im oben stehenden Zitat die Rede ist – dies scheint eine Debatte zu sein, die erst noch ausgefochten werden muss.

Wenn sich der Fokus nun verstärkt in Richtung der positiven Aspekte der Wissenschaftsfreiheit verschiebt, ist auch die Frage aufs Neue zu stellen, wer die Freiheits*inhaber* sind. Cater weist in diesem Zusammenhang auf einen betonenswerten Zusammenhang hin: Während die negative Freiheit üblicherweise einzelnen Individuen zugesprochen werde, sei es nicht unüblich, die positive Freiheit ganzen Gemeinschaften oder Individuen, insofern sie Teil einer solchen Gemeinschaft sind, zuzusprechen.[83] Das ist ein wichti-

---

80 Babke 2010: 9.
81 BVerfG 1 BvR 3217/07: 55.
82 Vgl. vom Bruch 2008: 69 sowie Kirchhof 1995: 29.
83 Vgl. Cater 2012: § 0.

ger Punkt im Hinblick auf unser Thema. Die Wissenschaftsfreiheit in einem
negativen Sinne nämlich ist so konstruiert, dass sie jedem Bürger zukommt,
der in dem Sinne wissenschaftlich tätig ist, dass er jenen »ernsthafte[n]
planmäßige[n] Versuch zur Ermittlung der Wahrheit«[84] unternimmt, von
dem das Bundesverfassungsgericht in seiner – sehr allgemeinen – Wissen-
schaftlichkeitsdefinition spricht. Zusätzlich auch Wissenschaftsfreiheit in
einem positiven Sinne ist hingegen sinnvollerweise nur demjenigen zuzusprechen, der seinerseits auch im professionellen Kontext wissenschaftlicher
Institutionen agiert. Zwar ist auch hier letztlich von Einzelpersonen als Frei-
heitsinhaber auszugehen: Es ist der individuelle Wissenschaftler, der die
Freiheit genießt, eine Forschungshypothese zu publizieren, ein Experiment
durchzuführen, eine Meinung in einer Vorlesung zu vertreten usw. Doch
geht es hier um das Individuum, *insofern es Teil einer Gruppe ist*, nämlich insofern es im Rahmen einer Wissenschaftseinrichtung tätig ist.

   Torsten Wilholt hat in Zweifel gezogen, dass die Unterscheidung positiver und negativer Freiheiten in Bezug auf die Wissenschaft (konkret: in Bezug auf die Freiheit wissenschaftlicher Forschung) fruchtbar sei. Der Raum
der Freiheiten habe viele Dimensionen und fließende Übergänge, als scharfe
Dichotomie tauge das Konzept deshalb nicht.[85] Diese Abhandlung soll demgegenüber deutlich machen, dass es sich durchaus lohnt, die Wissenschaftsfreiheit auch mit der Brille des Positiv-negativ-Schemas in den Blick zu
nehmen. Richtig ist zweifelsohne, dass negative und positive Aspekte der
Wissenschaftsfreiheit in der Praxis miteinander verknüpft sind. Die Forderung etwa, die Wissenschaftler sollten methodologisch frei sein, bedeutet
zunächst einmal nicht mehr, als zu sagen: Sie sollten die Freiheit haben, ungehindert aus dem Pool unterschiedlicher realisierbarer Methoden jene aus-
zuwählen, die ihnen als am geeignetsten erscheinen. In einem materialen
Sinne verstanden, sind die Bedingungen der Möglichkeit zur Methodenwahl
jedoch an einen Ressourcenaspekt geknüpft: Wissenschaft braucht Zeit und
Geld, und beides ist nicht unbegrenzt vorhanden. Um die Parallele zu Sens
Beispiel zu ziehen: Ebenso wenig, wie es Sinn hat, dem hungernden Arbeits-
losen in einem maroden Wirtschaftssystem zu empfehlen, er solle sich eben
einen gutbezahlten Job suchen, hat die Behauptung Substanz, ein Wissen-

---

84   BVerfG 47, 327: 367.
85   Vgl. Wilholt 2012a: 35–38 sowie MacCallum 1967.

schaftler könne sich frei für beliebige Methoden entscheiden, wenn für alle diejenigen, die ihm als angemessen erscheinen, keine Mittel bereitstehen.[86]

1.7 Grundbedeutungen von Wissenschaftsfreiheit

Die Freiheit der Wissenschaft erstreckt sich auf unterschiedliche Dimensionen von Forschung und Lehre.

Was bedeutet Wissenschaftsfreiheit heute? In Anbetracht ihrer reichhaltigen Begriffsgeschichte und ihrer je nach Bedeutungskontext variierenden Verwendungsweise erscheint der Versuch, den folgenden Kapiteln nun eine konzise Definition der Wissenschaftsfreiheit voranzustellen, zum Scheitern verurteilt. Hier soll deshalb ein anderer, etwas provisorischerer Weg eingeschlagen und zunächst ohne Anspruch auf definitorische Letztgültigkeit die landläufige Vorstellung dessen beschrieben werden, was die Grundidee der Wissenschaftsfreiheit sei. Die Wissenschaftler haben demnach den gesellschaftlichen Auftrag, nach Kräften danach zu streben, Erkenntnisse freizulegen. Welche Erkenntnisse dies im Detail sein sollen, woran und wie geforscht wird, aber auch wie die Lehre und allgemein die Wissenschaftseinrichtungen auszugestalten seien – all das überlassen wir über weite Strecken den Einzelwissenschaftlern oder Wissenschaftlerkollektiven. Wir vertrauen ihnen, wir messen ihnen Autorität bei, wir glauben, dass jemand, der als Wissenschaftler tätig ist, über eine hohe intrinsische Motivation verfügt, und wir wissen, dass uns Wissenschaftler, was ihre Kompetenz und Redlichkeit angeht, in der Regel nicht enttäuschen. Wie realistisch diese Vorstellungen sind und was sie im Detail mit sich bringen, wird Gegenstand der nun folgenden Kapitel sein. Zunächst gilt es, das, was unter Wissenschaftsfreiheit heute verstanden wird, noch etwas genauer zu differenzieren.

Wie oben beschrieben, soll es uns hier im Besonderen um die Freiheit jener gehen, die im akademischen Feld, an Universitäten also und anderen Wissenschaftseinrichtungen, tätig sind. Worin besteht dann der Unterschied zwischen einer in diesem Sinne verstandenen Wissenschaftsfreiheit und der nicht selten in Wissenschaftsfreiheitsdebatten ins Feld geführten

---

86 Vgl. auch Wilholt 2012a: 35.

akademischen Freiheit? Die Antwort fällt nicht leicht, zumal die Verwendungsweise des Ausdrucks »akademische Freiheit« sich durch große Uneinheitlichkeit auszeichnet. Manche Autoren verwenden ihn in derselben Weise wie andere den Ausdruck »Wissenschaftsfreiheit«.[87] Andere haben eine spezifischere Vorstellung im Sinn. Unter ihnen dürfte wohl jene Auffassung am häufigsten anzutreffen sein, der Diskurs um die akademische Freiheit kreise in erster Linie um die angelsächsischen Länder, insbesondere um die USA. Dort nämlich scheine es, sagt etwa Kaube, »vor allem um das Rederecht an Hochschulen und die Frage zu gehen, ob freie Rede durch politisch korrekte Ethik-Kampagnen eingeschränkt wird«. Thema seien hier eher »die Freiheitsverluste, die der Wissenschaft durch ihre mikropolitischen Binnenverhältnisse, den Streit der funktionalen und dysfunktionalen Gruppen um Organisationsmacht und limitierte Ausstattungen, ›kulturelle Hegemonie‹ und ›Politisierung‹ drohen«[88].

In dieser Abhandlung wird es durchaus auch um Gesichtspunkte gehen, die laut der obigen Beschreibung die Debatte um die akademische Freiheit ausmachen – aber eben nicht nur um sie. Die Wissenschaftsfreiheit, wie sie hier verstanden werden soll, lässt sich zunächst einmal in zwei Teilkomplexe dividieren: jene Aspekte, die die Freiheit der Forschung, und jene, die die Freiheit der Lehre betreffen. Die Forschungsfreiheit nun hat ihrerseits verschiedene Komponenten. Geht es nach der wohl wichtigsten deutschsprachigen Publikation der jüngeren Zeit zu diesem Thema – Torsten Wilholts *Die Freiheit der Forschung: Begründungen und Begrenzungen* –, dann sollten wir mindestens die drei folgenden Komponenten berücksichtigen.

Wilholt unterscheidet zunächst die **Freiheit der Ziele** von der **Freiheit der Mittel**. Die Freiheit der Ziele stellt nach Wilholt den engsten Sinn jener Freiheit dar, »wissenschaftliche Untersuchungen nach frei gewählten Zielen einleiten und durchführen zu können, ohne dabei behindert zu werden«[89]. Die Freiheit der Mittel ist dann die »konsequente Fortsetzung der Idee von der Freiheit der Ziele, um diese nicht zu einer bloßen Formalberechtigung verkommen zu lassen«[90]. Aus den auf dieses Zitat folgenden Passagen geht dann hervor, dass die Wissenschaft nach Wilholt in dem Maße über Mittel-

---

87 So etwa Helmholtz 1878, Smend 1928 oder Stichweh 1987.
88 Kaube 1998: 31.
89 Wilholt 2012a: 33.
90 Wilholt 2012a: 34.

freiheit verfügt, in dem ihr (insbesondere öffentliche) finanzielle Ressourcen zur Ausführung von Forschungsprojekten zur Verfügung gestellt werden. Wenn wir die eben genannte Beschreibung der Freiheit der Ziele betrachten, können wir eine weitere Zweiteilung vornehmen: in den Aspekt der frei gewählten Ziele selbst und in die ungehinderte Durchführung der entsprechenden Vorhaben andererseits. So ergeben sich zwei Formen von Forschungsfreiheit, nämlich die Zielfreiheit im engeren Sinne, also die Freiheit, sich Erkenntnisziele setzen zu dürfen, und zum anderen das, was Wilholt **methodologische Freiheit** nennt: »die Freiheit von Forschern und Forschungsgruppen, *gegeben eine bestimmte Fragestellung*, über spezifische methodische Herangehensweisen an diese Fragestellung möglichst unabhängig entscheiden zu dürfen«[91].

Betrachten wir die wissenschaftliche Lehre, so lassen sich auch hier unterschiedliche Freiheitsformen unterscheiden. Was unter **Lehrfreiheit** zu verstehen ist, wird, auch mit Blick auf die unter 1.5 entfalteten Ausführungen, keiner ausführlichen Erläuterung bedürfen. Sie ist die Freiheit, als Wissenschaftler seine Lehrmeinung ungehindert kundzutun. Die **Lernfreiheit** ist das Pendant der Lehrfreiheit. Sie entstammt freilich einer Zeit, als die Idee, Lehrende und Lernende seien einer gemeinsamen Sache verpflichtet, noch virulenter – und aufgrund geringerer Studentenzahlen auch weit realistischer – war. Golücke erläutert den Entstehungskontext der Lernfreiheit so:

> »Die Eigenverantwortlichkeit und damit der Zwang des Einzelstudenten und der Gesamtstudentenschaft zur Erringung der Mündigkeit wurden durch die Reformen Wilhelm von Humboldts auf den fachlich-wissenschaftlichen Teil des Studiums [...] ausgedehnt, indem Professor und Student gemeinsam schöpferisch-wissenschaftlicher Tätigkeit nachgehen sollten.«[92]

Inwieweit dieses Konzept in der Praxis der Hochschullehre des 21. Jahrhunderts noch Anklang findet oder finden sollte, müsste an anderer Stelle geklärt werden; in dieser Abhandlung wird es jedenfalls eine untergeordnete Rolle spielen.

Zu ergänzen ist schließlich die Freiheitsform der **Publikationsfreiheit**. Ihr kommt gewissermaßen eine Mittelstellung zwischen Forschung und Lehre zu: Einerseits können wissenschaftliche Schriften dabei helfen, die

---

91 Wilholt 2012a: 95.
92 Golücke 2011: 233.

Lehre des Verfassers zu verbreiten. Zudem ist die Publikationsfreiheit mit
der Lehrfreiheit insofern eng verwandt, als beide auch als akademischer
Sonderfall des allgemeineren Prinzips gedeutet werden können, jeder Bürger solle seine Meinung frei in Schrift und Wort äußern dürfen. Dass wir die
Publikationsfreiheit dennoch besser zu den Forschungsfreiheiten, mithin als
Teilaspekt der methodologischen Freiheit, zählen sollten, kann man mit der
zentralen Funktion wissenschaftlicher Veröffentlichungen begründen: Sie
sind Kommunikationsmittel, die Forschungsergebnisse der kollegialen Kritik überantworten, und zählen letztlich zum methodologischen Handwerkszeug des Wissenschaftlers. (Man könnte die drei bei Wilholt genannten Aspekte als Forschungsfreiheit in einem engeren und diese zusammen mit der
Publikationsfreiheit als Forschungsfreiheit in einem weiter gefassten Sinne
bezeichnen.) Aus alledem ergibt sich das folgende provisorische Schema:

Forschung	methodologische Freiheit
	Freiheit der Mittel
	Freiheit der Ziele
	Publikationsfreiheit
Lehre	Lehrfreiheit
	Lernfreiheit

Zweiter Teil. Bestandsaufnahme

2 Grundzüge der öffentlichen Debatte

Die Frage nach der Freiheit der Wissenschaft steht im Zentrum vieler gegenwärtiger wissenschaftspolitischer Debatten. Betrachtet man Wissenschaftspolitik in normativ-idealisierender Weise als den Versuch, institutionalisierte wissenschaftliche Aktivitäten mit politischen Mitteln in einer gesellschaftsdienlichen Weise zu gestalten, dann drängt sich für die nun folgenden Überlegungen dieser Leitgedanke auf: Entscheidungen darüber, welche Freiheiten der Wissenschaft gewährt werden sollen, müssen Gegenstand einer Abwägung sein, die nicht bloß die Interessen von Wissenschaftlern berücksichtigt, sondern auch die Belange jener Mitglieder der Gesellschaft, die sich *außerhalb* des Wissenschaftskosmos befinden und von solchen Entscheidungen betroffen sind. Dieser Gedanke wird zu einem späteren Zeitpunkt näher zu spezifizieren sein; für den Moment ist wichtig, dass wir uns den Abwägungscharakter vor Augen führen, der mit der Bildung einer Wissenschaftsfreiheitstheorie einhergeht. Ihm entsprechend liegt es nahe, zunächst zu eruieren, wer von einer freien Wissenschaft profitiert und wer sich von ihr bedroht sieht.

Die globale wissenschaftliche Praxis und die sie begleitende Gesetzgebung bilden freilich eine schier unüberschaubare Gemengelage regionaler und fachspezifischer Besonderheiten. Sie allesamt en detail zu berücksichtigen, ist nicht möglich. Diesem Problem soll zum einen dadurch begegnet werden, dass, wenn es darum geht, Beispiele anzuführen, der Blick auf Deutschland verengt wird; dort, wo Phänomene aus anderen Ländern herangezogen werden, geschieht dies unter der Maßgabe, dass sich relevante Parallelen zu Deutschland ausmachen lassen. Die nun folgenden Schlaglichter sind in zwei Diskursstränge gegliedert: Wissenschaftsfreiheit wird einerseits als unverzichtbare Grundlage der adäquaten Ausübung des Wissenschaftlerberufes, andererseits als Gefahren bergendes Konzept wahrgenommen. Beginnen wir mit Ersterem.

2.1   Bedrohte Freiheiten

Es folgen drei Thesen, die Aspekte innerhalb des Meinungsspektrums jener aufgreifen, die ein Mehr an Freiheiten einfordern oder vor Freiheitsverlusten der Wissenschaft warnen. Dabei handelt es sich freilich eher um eine Auswahl aktueller Debattenkomplexe als um eine vollumfängliche Darstellung bestehender Freiheitsgrenzen, an die die Wissenschaft stoßen kann. Eine solche Darstellung nämlich müsste mindestens drei weitere Gesichtspunkte berücksichtigen. Erstens die physischen, zweitens die allgemeinen juristischen Grenzen, die für die Akteure der Wissenschaft – wie auch für alle anderen Bürger respektive Personen – gelten: Eine Wissenschaftlerin ist bei der Suche nach den Gesetzmäßigkeiten der Natur an eben diese Gesetzmäßigkeiten gebunden; und sie darf, beispiels- und trivialerweise, bei der Ausübung ihres Berufes hierzulande keinen Menschen töten, ihn seines Eigentums berauben u. dgl. m. Der dritte Punkt, den es in einer solchen Übersicht der praktischen Grenzen der Wissenschaftsfreiheit anzusprechen gälte: Auf der wissenschaftsinternen Ebene üben die intellektuellen Bedingungen der Theoriebildung gewisse Zwänge auf den individuellen Wissenschaftler aus. Wissenschaftler werden geprägt durch Schulen, Traditionen, Theorierichtungen, Paradigmen; ihr Denken wird vorstrukturiert durch den fachlichen, aber auch zwischenmenschlichen Einfluss der Wissenschaftlerkollegen. Auch in einem hochgradig funktionalen Wissenschaftssystem werden sich Faktoren wie Gruppendruck, Profilierungszwang oder an der wissenschaftsintern-sozialen Erwünschtheit orientiertes Forschen und Publizieren nicht ausmerzen lassen. Dass diese Aspekte in den Debatten um die Wissenschaftsfreiheit indes selten diskutiert werden, mag auch daran liegen, dass das Bewusstsein vorherrscht, sie seien weniger Übel, die es auszumerzen gilt, als vielmehr in Kauf zu nehmende negative Nebeneffekte eines in Summe durchaus sinnhaften Wissenschaftsethos.[93]

---

[93]   In diesem Sinne könnte man beispielsweise den Drang zur Selbstdarstellung vieler Wissenschaftler und, allgemein, die starke Orientierung an den Peers auch als ein Zeichen dafür deuten, dass das Instrument der wechselseitigen Kollegen-Kritik intakt ist: Sensibilität für die Meinung der anderen führt demnach nur in zweiter Linie zu Eitelkeit – in erster Linie ist sie Symptom einer Unterordnung unter die Qualitätssicherungsmechanismen der Wissenschaft. Dieser Gedanke wird in 4.3.2 weiter entfaltet.

2.1.1 Zwänge der Wissenschaftskarriere

Erste These: Eine freie Ausübung des Wissenschaftlerberufes erfordert Handlungsspielräume. Wenn demgegenüber karrierebedingte Einschränkungen überhandnehmen, leidet die Fähigkeit zur Wissensproduktion.

Der institutionalisierten Wissenschaft ist der gesellschaftliche Auftrag einbeschrieben, wissenschaftliche Erkenntnisse zu erzeugen. Welche Voraussetzungen im Detail erfüllt sein müssen, damit dieses Vorhaben gelingen kann, ist Gegenstand der Erkenntnistheorie und der Methodologie der jeweiligen Forschungsbereiche; dass auch ein hohes Maß an Schaffenskraft und Kreativität aufseiten der Wissenschaftler zu diesen Voraussetzungen zählen, dürfte kaum zu bestreiten sein. Zwar kennt auch die Wissenschaft Formen von Routine, doch unter allen nicht-künstlerischen ist sie wohl jener Beruf, in dem sich durch bloßes Abarbeiten standardisierter Vorgänge allein am wenigsten Substantielles erreichen lässt. Die relevanten wissenschaftlichen Fragen auch nur zu identifizieren, kann ein Akt der Innovation sein, sie zu beantworten ein mühsamer Fußmarsch in eine Terra incognita, der Pioniergeist erfordert.

Die empirischen Wissenschaften sind geprägt durch das Experiment, die nicht-empirischen durch die Reflexion. Beides erfordert die Möglichkeit, auszuprobieren, Risiken einzugehen – und zu scheitern.[94] Doch ob der intellektuelle Mut, der notwendig ist, um diese Möglichkeit auszuschöpfen, kultiviert wird, hängt von den institutionellen Rahmenbedingungen ab. Sind die Voraussetzungen für wissenschaftliche Kreativität heute gegeben? Die große Anzahl der im Wissenschaftssektor Beschäftigten, die kaum zu überblickende Masse neuen Wissens, die täglich generiert wird, die wissenschaftspolitischen Bestrebungen der jüngeren Zeit, Universitäten stärker wie Wirtschaftsunternehmen und weniger wie Gelehrtengemeinschaften zu organisieren: Viele Phänomene deuten darauf hin, dass der Wissenschaftlerberuf im Wandel begriffen ist. Ein wesentlicher Aspekt dieses Wandels sind erhöhte Anforderungen an den Wissenschaftler, was die Dokumentation und Vergleichbarmachung seiner Leistungen betrifft. Dabei handelt es sich um ein globales Phänomen. Es ist zu beobachten, dass die nationalen Wis-

---

94 Christoph Hoffmann hat in seinem Essay *Die Arbeit der Wissenschaften* (2013) die hohe Bedeutung des – von der Wissenschaftsforschung gerne übergangenen – Aspekts der Möglichkeit wissenschaftlichen Scheiterns expliziert.

senschaftspolitiken mit Reformen reagieren, die, wie es Hornbostel und Simon formulieren,

> »auf die Governance-Instrumente und die institutionellen Settings ausgerichtet sind: verstärkter Wettbewerb zwischen den Orten der Erkenntnisproduktion, Profilbildung und (vertikale) Ausdifferenzierung der Hochschullandschaft, Rechenschaftslegung und Entwicklung der Instrumente der Qualitätskontrolle und Qualitätssicherung«[95].

Eine Konzeption von Wissenschaft als einer Veranstaltung, bei der eine kleine Elite besonders geeigneter Frauen und Männer, von »weltlichen« Zwängen weitgehend befreit, mit gleichsam mönchischer Konzentration dem Erkenntnisstreben nachgeht, erscheint vor diesem Hintergrund heute mehr denn je als unrealistisch. Die Wissenschaftslandschaft ist, könnte man sagen, zu einem fabrikartigen Unterfangen herangewachsen. Die Metapher ist nicht nur deshalb passend, weil die Fabrik ein Ort ist, der auf dem Glauben errichtet wurde, dass sich Arbeitsprozesse bis ins Detail hinein steuern lassen, sondern auch deshalb, weil auf die dort beschäftigten Arbeiter beständiger Produktivitätsdruck ausgeübt wird. Das Institut für Forschungsinformation und Qualitätssicherung hat 2010 eine repräsentative Befragung von mehr als 3000 Wissenschaftlerinnen und Wissenschaftlern aller Fachbereiche durchgeführt. In der Befragung ging es um die Haltung der Wissenschaftler zum Thema Drittmittel, aber auch um ihre Arbeitsbedingungen im Allgemeinen. Dieser Befragung lässt sich ein beachtliches Unbehagen vieler Wissenschaftler entnehmen:

> »61 Prozent der Wissenschaftlerinnen und Wissenschaftler halten den Zwang Drittmittel einzuwerben für zu hoch oder viel zu hoch, den Publikationsdruck empfinden 48 Prozent und die durch Evaluationen hervorgerufenen Leistungsanforderungen 38 Prozent als zu hoch. Und auch den Antragsaufwand für Drittmittelprojekte halten 58 Prozent im Verhältnis zum Ertrag für zu hoch [...].«[96]

Wer geneigt ist, einzuwenden, solche persönlichen Befindlichkeiten seien kein aussagekräftiger Indikator zur objektiven Bewertung der Situation der Wissenschaftler (zumal es ja alles andere als eine Seltenheit ist, dass eine Berufsgruppe ihren Unmut über die eigene Lage äußert), mag die folgende Übersicht aufschlussreich finden. Sie basiert auf den Antworten 1084 befragter Professoren im Jahr 2016 und schlüsselt deren wissenschaftlichen Arbeitsalltag auf.

---

95   Hornbostel & Simon 2012: 242.
96   Böhmer & al. 2011: 185.

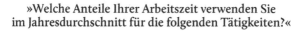

»Welche Anteile Ihrer Arbeitszeit verwenden Sie
im Jahresdurchschnitt für die folgenden Tätigkeiten?«

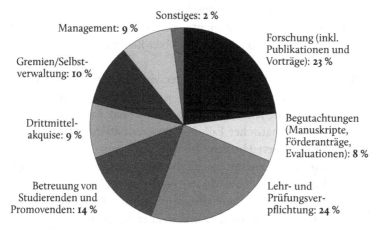

Mittelwerte; Quelle: DZHW-Wissenschaftlerbefragung 2016

Abbildung 1.[97]

Ein nicht unwesentlicher Teil der Aufgaben, mit denen sich Wissenschaftler
heute konfrontiert sehen, stehen nicht oder nur indirekt mit dem in Verbindung, was seit dem 19. Jahrhundert als Kerngehalt der Wissenschaft gilt, die
Forschung und die Lehre.[98] Die Forschungstätigkeit im engeren Sinne etwa
macht weniger als ein Viertel der Gesamtzeit aus. Im Wochenverlauf bedeutet das: Angenommen, eine Wissenschaftlerin arbeitet sechs Tage die Woche

---

97 Die für die Abbildung verwendeten, bei Fertigstellung dieses Buches noch nicht im
Rahmen einer zitierfähigen Publikation zugänglichen Prozentangaben sind dem Verfasser dankenswerterweise von Jörg Neufeld, dem Projektleiter der Wissenschaftlerbefragung des Deutschen Zentrums für Hochschul- und Wissenschaftsforschung, zur
Verfügung gestellt worden. Die Werte ergeben in Summe nicht 100, weil sie einzeln
gerundet wurden.

98 Siehe dazu auch den »*Nature* Salary Survey«, demzufolge mehr als 60 Prozent der befragten Wissenschaftler den Eindruck haben, dass der zeitliche Umfang ihrer administrativen Aufgaben in den vergangenen fünf Jahren gestiegen ist (vgl. Maher & Sureda Anfres 2016: 445).

je zehn Stunden (eine Annahme, die nicht realitätsfern sein dürfte[99]); dann ist sie nur am Montag und am Dienstag Vormittag in unmittelbarer Weise mit der Generierung neuen wissenschaftlichen Wissens befasst. Die Posten »Drittmittelakquise«, »Management«, »Gremien/Selbstverwaltung« zeigen demgegenüber, wie breit das Aufgabengebiet heutiger Wissenschaftler gefächert ist.[100]

Wenn wir über die Freiheiten sprechen, die der Wissenschaftlerberuf bietet, sollten wir einen weiteren Aspekt nicht übergehen, der mit der Struktur des wissenschaftlichen Karrierewegs zu tun hat. Die Professur wird gemeinhin als paradigmatischer Fall des Wissenschaftlerdaseins wahrgenommen. In einer gewissen Hinsicht ist dies auch zutreffend: Im deutschen System sind fast alle Karrierewege auf die Professur als Endziel hingeordnet, alternative Wege gibt es kaum. Mit der Professur sind mit Abstand die größten Freiheiten verbunden. Die Professorin oder der Professor, mit Geldmitteln und Mitarbeitern ausgestattet und in aller Regel abgesichert durch eine Verbeamtung auf Lebenszeit, profitiert von einem günstigen Verhältnis recht großer Ressourcen und recht geringer Abhängigkeiten. Indes: Der Professor ist zwar insofern der Wissenschaftler »schlechthin«, als es erst der Professorenstatus ermöglicht, alle Früchte der Wissenschaftsfreiheit zu kosten. Aber er ist es insofern gerade *nicht*, als er schlicht in der Unterzahl ist. Auf eine Professur kommen heute in Deutschland etwa fünf Mittelbaustellen[101], die ihrerseits großen Anteil an der wissenschaftlichen Produktion haben.

Daraus könnte man zweierlei folgern: Erstens, dass der Konkurrenzkampf auf dem Weg zur Professur schon aufgrund des zahlenmäßigen Ungleichgewichts derart groß, der Trichter, durch den sich ambitionierte Jungwissenschaftler sich zwängen müssen, derart eng ist, dass die Situation strate-

---

99   Im Rahmen einer Wissenschaftlerbefragung des Deutschen Hochschulverbands gaben 42 Prozent der befragten Wissenschaftler an, ihr Arbeitspensum liege bei 51 bis 60 Stunden pro Woche. Viele haben ein höheres Pensum, beinahe jeder Dritte arbeitet zwischen 61 und 70 Stunden, mehr als jeder Zehnte kommt auf über 70 Stunden, wie Bönisch 2010 berichtet.

100 Brosi & Welpe (2014: 546) unterscheiden in Bezug auf die Berufsrollen heutiger Professoren vier wesentliche Kategorien: Forscher, Lehrer, Führungskraft, Wissenschaftsmanager.

101 An den deutschen Hochschulen lag der Anteil der Professoren am gesamten hauptberuflichen wissenschaftlichen und künstlerischen Personal im Jahr 2015 bei 19 Prozent. Insgesamt gab es 46.310 Professoren. Vgl. Statistisches Bundesamt 2016: 98.

gisch-karrieristisches Denken und Handeln selbst bei jenen hervorrufen muss, die eigentlich am liebsten »einfach nur forschen« möchten. Es gibt viele, die glauben, dass diese Karrierezwänge ein solches Ausmaß erreicht haben, dass sie, anstatt motivierend zu wirken oder wenigstens zur Selektion der Leistungsfähigsten beizutragen, vielmehr einen Hemmschuh für effektive Wissensproduktion darstellen. Die Studie *Generation 35plus* etwa, die sich mit der Karrieresituation und den Karriereaussichten von Hochqualifizierten und Führungskräften in Deutschland auseinandergesetzt hat, kommt, was die Wissenschaft betrifft, zu diesem Ergebnis:

> »Der verschärfte Wettbewerb einer drastisch gesteigerten Zahl von NachwuchswissenschaftlerInnen um eine gleichbleibend niedrige Zahl von Professuren untergräbt nicht nur die Attraktivität des wissenschaftlichen Berufswegs in Deutschland und die Chancengerechtigkeit von Männern und Frauen, sondern auch die Innovations- und Wettbewerbsfähigkeit des deutschen Wissenschaftssystems.«[102]

Zweitens lässt sich folgern, dass sich die Rede von der Wissenschaftsfreiheit zwar abstrakt auf alle Wissenschaftler bezieht, Freiheitsspielräume aber in Gänze lediglich für die recht kleine Gruppe von Professoren bietet. Die Sphäre der Nachwuchswissenschaftler vom Doktoranden bis zum Privatdozenten hingegen ist geprägt durch die Zwänge des akademischen Überlebenskampfes. Rein numerisch ist es also der Mittelbauwissenschaftler, der die Wissenschaft ausmacht. Dieser aber ist in seiner Freiheit beschränkt: zum einen, weil er *keine Professur innehat* (wodurch es ihm an den Ressourcen mangelt, um die formale Freiheit vollumfänglich nutzen zu können), und zum anderen, weil er in aller Regel eine Professur innehaben *möchte* (und den entsprechenden Karrierezwängen ausgesetzt ist).[103]

Die realen Möglichkeiten der Ausübung von Wissenschaftsfreiheit hängen von vielen Parametern ab. Grundsätzlich sind sie, trivialerweise, beschränkt durch die Tatsache, dass die Ressourcen, die für wissenschaftliche

---

102   Funken & al. 2013: 50.

103   Bemerkenswert ist andererseits der Trend, dass die Professoren ihre Freiheit zunehmend weniger dazu nutzen, Forschung selbst durchzuführen, und sich stattdessen um die Anträge für Forschungsvorhaben zu kümmern – die eigentliche Forschung erledigt dann der Nachwuchs. Anstatt von der Einheit von Forschung und Lehre könne man mittlerweile fast von der Einheit von »Forschungsmanagement und Lehre« sprechen, merkte die DFG-Generalsekretärin einmal an (Dzwonnek 2014: 94).

Aktivitäten bereitgestellt werden können, nicht beliebig groß sein können.[104]
Mit Blick auf die Praxis sind indes weitere Abstufungen der realen Wissenschaftsfreiheit vorzunehmen. Diese ist, wie oben angedeutet, auch davon
abhängig, auf welcher Stufe der wissenschaftlichen Karriereleiter sich eine
Person befindet. Ein damit verwandter, aber doch eigenständiger Gesichtspunkt ist die Tatsache, dass die freie Wahl des Erkenntnisziels auch deshalb
in gewisser Hinsicht ein Recht auf tönernen Füßen ist, weil die Verfolgung
bestimmter Erkenntnisziele oft an ganz bestimmte Personalstellen an ganz
bestimmten Instituten, in ganz bestimmten Laboren usw. gebunden ist.

Zweifelsohne existiert nach wie vor der Fall des Wissenschaftlers, der
weitgehend zwanglos zu seinen Forschungsgegenständen kommt: Was ihn
im Studium bewegt und interessiert hat, vertieft er in seiner Abschlussar-
beit, er weitet die Fragestellung im Rahmen seiner Dissertation aus und entwickelt davon ausgehend thematisch verwandte Forschungsinteressen. Aber
ist dies tatsächlich das Standardszenario der Wissenschaft? Ist die Antwort
auf die Frage, welchen Forschungsthemen man de facto nachgehen kann,
nicht häufig sehr stark eingeschränkt durch die Tatsache, dass sie sich nicht
mit Zettel, Buch und Stift am Küchentisch erledigen lassen – wie es vielleicht bei einzelnen Mathematikern oder Philosophen der Fall ist –, sondern
dass auf Ressourcen wie technisches Gerät und Geldmittel zurückzugreifen
ist, welche ihrerseits an Stellen geknüpft sind, die in nur sehr beschränkter
Zahl vorhanden sind? Konkret: Was nützt dem experimentellen Hirnfor-
scher die formelle Freiheit, beliebigen Erkenntniszielen nachzugehen, wenn
er keine Hirnforscherstelle, keinen Zugang zu Computertomographen und
Laborsoftware hat?

2.1.2 Gesellschaftlich-politische Einflussnahme

*Zweite These: Die Wissenschaft muss mehr sein als eine Wissenslieferantin im
Dienste gesellschaftlicher Projekte.*

Die Beziehungen zwischen der politischen Sphäre – der Sphäre der politischen Institutionen, aber auch all jener Kräfte, die innerhalb und außerhalb
dieser Institutionen Gesellschaft gestalten wollen: der Parteien, politischen

---

104 Zur Begrenztheit der öffentlichen Ressourcen als Aspekt der Forschungsfreiheits-
debatte siehe Wilholt 2012a: 33–42. Siehe auch die Erörterung dieses Aspekts in 3.1.1.

Stiftungen, Nichtregierungsorganisationen, Initiativen, politisch aktiven Individuen – und der institutionalisierten Wissenschaft sind überaus vielschichtig. Wo sich, wie in Deutschland, die Wissenschaftseinrichtungen zum großen Teil aus Mitteln speisen, die aus den Kassen der Länder oder des Bundes stammen, wo Professoren verbeamtet werden und dem öffentlichen Dienstherrn in besonderer Weise verpflichtet sind, da ist der Konnex zwischen dem Politischen und der Wissenschaft unübersehbar. Es lassen sich weitere Verbindungslinien zwischen den beiden Sphären ausmachen, die subtiler scheinen, jedoch im Hinblick auf die Frage nach der tatsächlichen Freiheit der Wissenschaft um nichts weniger von Belang sind. Nachfolgend ein Beispiel.

Im August 2013 veröffentlichte die Universität Kassel eine Pressemitteilung, die unter der Überschrift »Zufriedenheit im Job ist beste Gesundheitsvorsorge« die Ergebnisse einer Studie zum Thema Arbeitsbelastung vorstellen sollte. Im Text der Mitteilung wurde die für die Studie verantwortliche Soziologieprofessorin Kerstin Jürgens mit der Warnung zitiert, ein Großteil der befragten Beschäftigten leide »vor allem unter standardisierten Abläufen und entfremdeter Arbeit«. Wichtig sei es dementsprechend, sicherzustellen, »dass die Arbeitsqualität stimmt«, den Beschäftigen solle »Zeit und Kraft für ausreichenden Freizeitausgleich bleiben«[105]. Erarbeitet wurden die Resultate im Rahmen eines von der Hans-Böckler-Stiftung geförderten Projekts – von jener Stiftung also, die als Förderwerk des Deutschen Gewerkschaftsbundes ein herausgehobenes Interesse daran haben dürfte, auf »Entfremdung« in der Arbeitswelt hinzuweisen und die Verbesserung von Arbeitsbedingungen anzumahnen.

Selbst wenn die Durchführung der Studie nun, wie zu vermuten ist, im technisch-methodischen Sinne einwandfrei vonstatten ging, selbst wenn nirgends wissenschaftliches Fehlverhalten im landläufigen Sinne auszumachen ist: Es bleibt ein fader Beigeschmack. Wie groß, möchte man fragen, war die Wahrscheinlichkeit, dass am Ende der Untersuchungen ein Resultat steht, das – beispielsweise – eindeutig der Gruppe der Arbeit*geber* in die Karten spielt, ihr etwa Argumente dafür liefert, Arbeitszeiten zu verlängern? Wohl recht gering, allein schon bedingt durch die Fragestellung, die sich auf *Probleme* in der Arbeitswelt richtet. Die Intention dieser und vergleichbarer

---

105 Universität Kassel 2013.

Kooperations- und Auftragsstudien scheint nur mittelbar eine aufs Epistemische fokussierte, primär aber eine recht unmittelbar politisch-lobbyisti-
sche zu sein. Anders gesagt: Der Pfad der Erkenntnisgewinnung wird hier
durchaus beschritten, aber es ist ein schmaler Pfad, von dem abzuweichen
nicht vorgesehen ist. Es fällt schwer, eine Wissenschaft am Werk zu sehen,
die dem Ideal unabhängigen Erkenntnisstrebens verpflichtet ist, wenn der
angestrebte Wissensoutput sich auf jenen Wissensbedarf verengt, den gesellschaftlich-politische Kräfte in die Wissenschaft hineintragen.

Nun soll es hier nicht nur darum gehen, den Einfluss politischer Stiftungen im Speziellen zu problematisieren. In der Tat zu sprechen ist aber
über die allgemeine Tendenz zur Politisierung der Wissenschaft: dass nämlich, wie Wilholt es formuliert, »die Festlegung der Tagesordnung der Wissenschaften nicht den Selbststeuerungsmechanismen der wissenschaftlich-
en Disziplinen« überlassen wird, um stattdessen »über die Förderung von
Forschungsprojekten gezielt nach der Maßgabe bestimmter sozialer und politischer Werte zu entscheiden«[106]. Bedenklich ist hieran noch nicht unbedingt der Gedanke, dass soziale und politische Werte überhaupt eine Rolle
im Hinblick auf die Ausgestaltung wissenschaftlicher Agenden spielen; die
Crux liegt im »gezielt«. Wer garantiert, möchte man fragen, dass die Wissenschaft nicht (partiell) zum bloßen Instrument solcher punktueller Eingriffe im Dienste von Machtinteressen verkommt?

Zumal der Wissenschaft diese Grenzziehung zwischen vertretbaren
und nicht mehr vertretbaren Beeinflussungen nicht immer aus eigener Kraft
gelingt, wie es offenbar im folgenden Beispiel der Fall war: Auf den wachsen-
den öffentlichen Druck infolge bekannt gewordener Missbrauchsfälle rea-
gierend, hatte sich die katholische Kirche in Deutschland im Jahr 2011 dazu
bereit erklärt, in Kooperation mit dem Kriminologischen Forschungsinstitut
Niedersachsen (KFN) ein umfangreiches Forschungsprojekt zu sexuellen
Übergriffen Kirchenangehöriger seit Beginn der Nachkriegszeit zu lancieren.
Doch im Januar 2013 wurde das Projekt vorzeitig für beendet erklärt. Glaubt
man dem Direktor des KFN, Christian Pfeiffer, dann scheiterte das Projekt
»an den Zensur- und Kontrollwünschen der Kirche«[107]. Diese recht offensive
Formulierung zeugt in der Tat von Selbstbewusstsein aufseiten der Wissen-

---

106   Wilholt 2012a: 28.
107   Vgl. Preuß 2013.

schaft; kaum etwas wissen wir hingegen über jene Fälle, in denen derartige Kooperationen trotz Bedenken nicht beendet und Konflikte nicht nach außen kommuniziert worden sind.

Die Abhängigkeiten, die aus dem Wissenschafts-Gesellschafts-Konnex erwachsen können, treten dort am deutlichsten zutage, wo Wissenschaftler als Experten gefragt sind. Beide Seiten bedürfen einander: der Experte, weil er durch die Tatsache, dass nach außen hin sichtbar nach seiner Expertise verlangt wird, einen Reputationsgewinn erfährt; die politischen Akteure, weil sie ihren Wissensbedarf stillen, aber auch, weil sie durch die geliehene Strahlkraft wissenschaftlichen Sachverstandes die eigene Glaubwürdigkeit – und so die eigene Machtposition – stärken können. Man denke an die Zeit, als in Deutschland nach der Nuklearkatastrophe von Fukushima Anfang 2011 eine Reihe von Wissenschaftlern im Zentrum des öffentlichen Interesses stand. Ob – wie manche behaupteten[108] – als Feigenblatt für eine ohnehin bereits im Vorfeld beschlossene politische Volte, nämlich das Bekenntnis der ursprünglich atomenergiefreundlichen Regierungsparteien zum Atomausstieg, oder als durchaus wirkmächtige Politikberater, sei dahingestellt: Jedenfalls galt es für die »Ethik-Kommission Sichere Energieversorgung«, einer Kommission unter anderem mit dem Präsidenten der Deutschen Forschungsgemeinschaft an der Spitze und mit einer Professorenmehrheit unter den Mitgliedern, unter enormem Zeitdruck zu erörtern, welche Schlüsse für die zukünftige Energieversorgung Deutschlands zu ziehen seien.[109]

Ein weiteres Beispiel: Nachdem den Kontrolleuren der Organisation für das Verbot chemischer Waffen (OPCW) während des Syrien-Konflikts eine entscheidende politische Rolle zugekommen war – sie überwachten den Abbau von Giftgas-Produktionsstätten –, erhielt die Organisation nicht weniger als einen Friedensnobelpreis.[110] Aus der Sicht der Wissenschaft zunächst eine begrüßenswerte Botschaft, ein Symbol für die eigene friedensstiftende Gestaltungsmacht. Allein: Man zögert, von einer wahrhaft freien Wissenschaft zu sprechen, wenn das Ergebnis wissenschaftlicher Untersuchungen unmittelbar mit der Frage »Wird Krieg sein?« oder etwa nach der zukünftigen Energieversorgung eines ganzen Landes verquickt ist. Gerade

---

108 Siehe etwa Gillmann 2011.
109 Der Abschlussbericht der Kommission: Bundesregierung 2011.
110 Vgl. Friedrichs 2013.

dann, wenn viel auf dem Spiel steht, drohen gesellschaftlich-politische Interessen die epistemischen zu überlagern; aus dem Wissenschaftler wird im ungünstigsten Falle – bewusst oder halbbewusst – ein politischer Agent.

Nun könnte man sagen: Wenn politisch-gesellschaftliche Anliegen auf direktem Wege in die Wissenschaft getragen werden, dann werden immerhin die Interessen von Bürgern vertreten. Angenommen, die politischen Kräfte, die an der Wissenschaft zerren, sind in ihrer jeweiligen Stärke ausgewogen beziehungsweise entsprechen im Groben dem tatsächlichen demokratischen Kräfteverhältnis – was gäbe es dann noch einzuwenden? Der wichtigste Einwand dürfte folgender sein: Politische Akteure agieren nicht nur parteilich für die eigene Sache, ihr Fokus richtet sich zumeist auch aufs Tagespolitische, aufs Kurzfristige. Den Forschungsagenden der einzelnen wissenschaftlichen Disziplinen steht es nicht gut zu Gesicht, wenn sie nicht mehr sind als der kumulierte unmittelbare Wissensbedarf, der mit all den kleineren und größeren gesellschaftlichen Projekten einhergeht. Allein schon, weil dies unverhältnismäßig stark zulasten auf lange Zeit anzulegender Forschungsprojekte geht. Allgemeiner gesagt: Es gibt Forschungsvorhaben, deren gesellschaftlicher Nutzen nicht unmittelbar einsichtig ist, die aber dennoch von Belang sind. Entweder, weil sich ihr Nutzen erst zu einem späteren Zeitpunkt herausstellt (so, wie wir Einsteins Relativitätstheorie das Funktionieren von GPS-Systemen zu verdanken haben[III]). Oder weil der tatsächliche gesellschaftliche Nutzen sehr schwer zu quantifizieren ist (ein Forschungsbeitrag zum Verständnis römischer Dichtung könnte seine inspirierende Wirkung in den Köpfen unzähliger Lateinlehrer und in der Folge auch in jenen ihrer Schüler entfalten, aber wie sollte man diese Wirkungen greifbar machen?).

Je mehr die Wissenschaft politisiert wird, desto mehr wird sie zum bloßen Spielball. Was Forschungsvorhaben betrifft, mag es sein, dass das, was auf den ersten Blick als gesellschaftsdienlich erscheint, meistens auch in der einen oder anderen Weise gesellschaftsdienlich ist. Aber zugleich gilt: Wenn nur jenen Projekten Unterstützung zuteil wird, die unmittelbar als gesellschaftsdienlich erscheinen, könnte dies auf lange Sicht zulasten der

---

III   Zur Erläuterung dieses Zusammenhangs siehe den Essay des Physikers Clifford M. Will (2014).

Vielfalt von Forschungsansätzen gehen und so die epistemische Leistungsfähigkeit der Wissenschaft insgesamt herabsetzen.[112]

2.1.3 Einflussnahme durch die Wirtschaft

Dritte These: Wenn die Abhängigkeiten der Wissenschaft von profitorientierten Unternehmen zu groß werden, drohen Integritäts- und Freiheitsverluste.

Der Prozess der wissenschaftlichen Erkenntnisproduktion wird an unterschiedlichen Stellen durch wissenschaftsexterne Größen bestimmt: erstens bedingt durch die Tatsache, dass der Staat einen organisatorisch-administrativen Rahmen für die institutionalisierte Wissenschaft vorgibt, zweitens durch Abhängigkeitsbeziehungen zwischen der Wissenschaft und unterschiedlichen gesellschaftlichen und politischen Kräften. Beide Aspekte sind im vorhergehenden Abschnitt angerissen worden. Ein weiterer Gesichtspunkt, der nun zur Sprache kommen soll, ist der Einfluss der Wirtschaft. Welche Rolle dieser in der gegenwärtigen Wissenschaftslandschaft zukommt, hat der ehemalige Bundesverfassungsrichter Dieter Grimm, der sich eingehend mit potenziellen Bedrohungen der Wissenschaftsfreiheit befasst hat, so zusammengefasst:

> »[D]as Vordringen des ökonomischen Denkens in der Wissenschaft hat zwei Wurzeln. Zum einen ist Forschung in vielen Bereichen so teuer geworden, daß sie mit den normalen Mitteln eines Lehrstuhls, eines Instituts oder einer Fakultät, mit der Normalausstattung nicht mehr zu bewältigen ist. [...] Die zweite Tendenz ist, daß die Wissenschaft von der Industrie zunehmend aufgefordert wird, sie solle sich selbst als ein Unternehmen verstehen und wie ein Unternehmen führen.«[113]

Den zweitgenannten Aspekt betreffend, schildert der Soziologe Richard Münch, welche Konsequenzen die Ökonomisierung für das Selbstverständnis der Hochschulen hat. In wenigen Schlagworten: Flächendeckendes Qualitätsmanagement führt zur Standardisierung und Kennziffernsteuerung des Wissenschaftsbetriebs; das Paradigma der unternehmerischen Universität entlässt diese in eine relative Freiheit von staatlicher Kontrolle, macht zugleich aber die eigenständige Einwerbung von Geldern zur Conditio sine qua non; die Logik der Wissensproduktion schließlich droht von ei-

---

112 Für ein aufschlussreiches Streitgespräch zur Frage, inwieweit gesellschaftliche Kräfte
     Einfluss auf die Forschungsförderung nehmen dürfen sollten, siehe Stock & Schnei-
     dewind 2014.
113 Grimm 2002.

ner Logik der unmittelbaren ökonomischen Verwertung überlagert zu werden.[114] Diese Phänomene, die ihren Niederschlag auch in den unter 2.1.1 geschilderten Veränderungen finden, sind letztlich Konsequenzen eines einfachen Grundproblems: Forschung kostet Geld. Wenn Geld aus der Wirtschaft in die Wissenschaft fließt, dann in Erwartung von – kurz- oder langfristigen – Vorteilen für den Geldgeber. Vorteile, die sich in Euro und Cent beziffern lassen.

Die Summen, die die Privatwirtschaft etwa in Deutschland für Forschung und Entwicklung ausgibt, liegen im zweistelligen Milliardenbereich.[115] Die Wissenschaftseinrichtungen sind in vielen Fachdisziplinen zu einem begehrten Kooperationspartner geworden. Einer Befragung des Stifterverbandes zufolge investieren Unternehmen und unternehmensnahe Stiftungen etwa 1,7 Milliarden Euro in Forschung, die an deutschen Hochschulen betrieben wird.[116] Nun mögen solche Wirtschafts-Wissenschafts-Kooperationen im Einzelfall durchaus Win-win-Konstellationen darstellen (der Wissenschaftler erhält Geldmittel zu Forschungszwecken, das auftraggebende Unternehmen nutzbringendes Wissen). Wenn man jedoch das große Bild der Wissenschaftslandschaft zeichnet, finden sich gute Gründe, weshalb der zunehmende Wirtschaftseinfluss bedenklich erscheint. So könnte die Kommerzialisierung der Wissenschaft die Tendenz befördern, dass kurzfristiges, antipluralistisches Denken Einzug in die Planung der Forschungsagenden hält. Wenn wir im vorhergehenden Abschnitt den Gedanken formuliert haben, dass es Forschungsvorhaben gibt, deren gesellschaftlicher Nutzen nicht unmittelbar einsichtig ist, die aber dennoch wichtig und fördernswert sind, so gilt dies auch hier.[117]

Die Wissenschaft droht, in nicht gekanntem Ausmaß instrumentalisiert, mithin gar korrumpiert zu werden. Die Wochenzeitung *Die Zeit* fragte

---

114   Vgl. Münch 2009.
115   Die Forschungsaufwendungen deutscher Konzerne im Inland sind von 26,8 (2005) auf 33,6 Mrd. Euro (2011) gestiegen. (Ausland: 11,4 Mrd. in 2005, 14,8 Mrd. in 2011.) Vgl. Stifterverband 2015b: 9.
116   Vgl. Stifterverband 2013: 21.
117   Im Hinblick auf besonders stark von der Kommerzialisierung betroffene Forschungsbereiche werden laut Carrier 2013 oft zwei weitere Kritikpunkte laut: Die Forschung geschehe, erstens, intransparent hinter verschlossenen Labortüren; und sie unterliege, zweitens, aufgrund ihrer pragmatischen Ausrichtung auf Anwendbarkeit und unmittelbaren praktischen Nutzen der Gefahr der methodologischen Nachlässigkeit.

in einer Titelgeschichte: »Unternehmen bestellen Studien, bezahlen Professoren und finanzieren ganze Institute. Wie unabhängig ist die deutsche Forschung?« Die Autoren schildern unter anderem, wie der Weltkonzern Google um die Unterstützung deutscher Juristen in einem Urheberrechtsstreit warb: Das Unternehmen begab sich – letztlich erfolgreich – auf die Suche nach einer Person, der qua Wissenschaftlerstatus der Ruf der Unparteilichkeit anhaftete. Diese hatte ein Gutachten zu erstellen, dessen Konklusion und sogar dessen Argumentation vonseiten des Auftraggebers bereits vorgegeben waren. »Die wissenschaftliche Studie ist längst zu einem Produkt geworden. Sie kann bei Bedarf gekauft und verkauft werden wie auf einem Markt«[118], spitzen die Autoren zu, um schließlich weitere aktuelle Beispiele für die Ökonomisierung der Wissenschaft ins Feld zu führen. Von Hörsälen ist die Rede, deren Errichtung nur durch Sponsoring möglich geworden ist und die nun nach Banken oder Lebensmitteldiscountern benannt sind, von den großen Energiekonzernen, die zusammen über mehr als 30 Stiftungsprofessuren an deutschen Hochschulen verfügen (insgesamt liegt die Zahl der Stiftungsprofessuren hierzulande bei etwa 1000[119]), von einem Professor für Lebensmittelchemie, der die Firma Tchibo für Geld beriet und zugleich Leiter einer Studie mit dem Resultat war, Kaffee sei gesundheitsfördernd, eine Studie, mit der Tchibo wiederum für die eigenen Produkte warb.

Das Interesse, Einfluss auf den wissenschaftlichen Erkenntnisgewinnungsprozess zu nehmen, ist unter den Wirtschaftszweigen naturgemäß nicht gleichmäßig verteilt. Es gibt Branchen, in denen von einzelnen (vermeintlichen) Forschungsergebnissen oder -ergebniskomplexen besonders viel abhängt. Mit Blick auf einige dieser Branchen ist bereits gezeigt worden, wie sich der Wirtschaftseinfluss in einer einseitigen Verzerrung der Studienergebnisse niederschlagen kann.[120] Bekelman & al. etwa kommen im Rahmen einer Überblicksstudie zu finanziellen Interessenkonflikten in den Lebenswissenschaften zu dem Ergebnis: »Financial relationships among industry, scientific investigators, and academic institutions are widespread. Conflicts of interest arising from these ties can influence biomedical re-

---

118 Kohlenberg & Musharbash 2013: 14.
119 Vgl. Stifterverband 2015a.
120 Die nachfolgenden Beispiele sind Bes-Rastrollo & al. 2013 entlehnt, siehe hier insbesondere die einleitende Aufzählung.

search in important ways.«[121] Und Barnes & al. schildern ein Gebaren von Tabakkonzernen, das nicht anders als gezielt korrumpierend genannt werden kann. Unter anderem habe die Tabakindustrie wissenschaftliche Studien finanziert, die zum Ziel gehabt hätten, Forschungsergebnisse, die auf gesundheitsschädigende Auswirkungen des Passivrauchens hindeuten, zu antizipieren und in diesen Fällen vermeintlich wissenschaftlich fundierte Gegenargumente zu liefern.[122]

Zu Verzerrungen infolge von Interessenkonflikten kommt es offenbar auch in der Energiewirtschaft. Im Zusammenhang mit der Diskussion um die Folgen des Klimawandels hat die Kernenergie in manchen Ländern eine Renaissance als potenzielle Zukunftstechnologie erlebt: Atomkraftwerke stellten, so eine in diesem Zusammenhang bisweilen ins Feld geführte Argumentation, eine alles in allem kostengünstige Möglichkeit dar, auf emissionsarme Weise Strom zu produzieren. Eine Auswertung von 30 internationalen ökonomischen Analysen zu diesem Thema kommt indes zu dem Schluss, dass industriefinanzierte wissenschaftliche Studien, die diese Argumentationslinie unterstützen, systematisch die Kosten für Atomstrom kleinrechnen – diese seien um das Sechsfache zu gering angesetzt.[123] Von der Frage nach der Zukunft der Atomkraft hängen Milliardensummen ab. Dies dürfte auch der Grund sein, weshalb es in Deutschland zu folgendem besonders skurril anmutenden Fall gekommen ist, von dem Kohlenberg und Musharbash berichten:

> »2009 erteilte [dem Wirtschaftsprofessor Joachim Schwalbach] das Deutsche Atomforum, ein Lobbyverband zur Förderung der Kernenergie, den Auftrag, eine Studie zu erstellen, die den Nutzen des Atomstroms für die Gesellschaft darstellen sollte. Als Honorar wurden 135 000 Euro vereinbart [...]. Das Geld sollte nicht an die Universität, sondern an die Kommunikationsagentur von Schwalbachs Frau überwiesen werden [...]. Die Arbeit wurde nie fertiggestellt – offenbar weil ein erster Zwischenbericht zur Studie selbst den Auftraggebern als zu gefällig erschien. In Schwalbachs Text fehlten noch wesentliche Teile der Untersuchung, ihr Ergebnis aber stand schon fest. ›Die Gesellschaftsrendite der Kernenergie ist so hoch, dass es zu einer Verlängerung der Restlaufzeiten der Kernkraftwerke keine volkswirtschaftlich zu rechtfertigende Alternative gibt‹, schrieb Schwalbach [...].«[124]

---

121 Bekelman & al. 2003: 454.
122 Vgl. Barnes & al. 1995. Zum Versuch der Tabakindustrie, systematisch Einfluss auf die Forschung zu nehmen, siehe auch Grüning & Schönfeld 2007.
123 Vgl. Shrader-Frechette 2011.
124 Kohlenberg & Musharbash 2013: 14.

Ähnliche Phänomene lassen sich auch im Bereich der Nahrungsmittelindustrie ausmachen: Wes Brot ich ess, des Lied ich sing – hier scheint das Prinzip bisweilen im wahrsten Wortsinne Geltung zu haben. So gibt es Belege dafür, dass Industrieinteressen wissenschaftliche Forschung dahingehend beeinflussen, dass der Zusammenhang zwischen Übergewicht und dem Genuss von zuckerhaltigen Getränken verschleiert worden ist.[125] Mit Blick auf die Pharmaindustrie ergab eine Analyse industriefinanzierter Studien: »Systematic bias favours products which are made by the company funding the research.«[126] Was die Erdölwirtschaft betrifft, könnte man den Fall des in den USA tätigen Astrophysikers Wei-Hock Soon ins Feld führen. Er zeichnete für Studien im Wert von über einer Million Dollar verantwortlich, die eine Verbindung zwischen dem Ausstoß von Kohlenstoffdioxid und der globalen Erwärmung negierten. Dass er dabei von der Ölindustrie finanziert worden war, hielt er geheim.[127]

Man kann diese Beispiele als Belege für Fehlentwicklungen in gewissen Wissenschaftssparten sehen, man kann sie allerdings auch in den größeren Kontext der Frage nach dem Selbstverständnis der Wissenschaftler einordnen. In einem Abgesang auf die »intellektuelle Leidenschaft« und Bezug nehmend auf die für die Reputation eines Wissenschaftlers zunehmende Bedeutung der Fähigkeit, Drittmittel einzuwerben, konstatierte der Literaturwissenschaftler Hans Ulrich Gumbrecht, die »Drittmittel-Trächtigkeit von zu verfolgenden Fragen und Themen« sei heute »als Motivation an die Stelle ihrer intellektuellen Faszination getreten«. Möglicherweise stehe gar das Ende einer im Mittelalter beginnenden Epoche bevor, »die mit einer Explosion intellektueller Leidenschaft in der Vorgeschichte der Universität als Institution eingesetzt hatte«[128]. Derartige Weltuntergangsprognosen mögen überzogen wirken, und doch beinhalten sie einen bedenkenswerten Kern: Eine zunehmend kommerzialisierte Wissenschaft dürfte langfristig nicht zu haben sein ohne eine Umprägung der Berufsrolle des Wissenschaftlers, im

---

125 Vgl. Bes-Rastrollo & al. 2013.
126 Lexchin & al. 2003: 1167. Problematisch sind im Übrigen nicht nur einseitige Ergebnisse, sondern auch um die Nichtpublikation von Resultaten, die nicht ins Bild passen. Siehe dazu etwa Frömmel 2014, der darauf hinweist, es liege »die Vermutung nahe, dass viele Studien mit negativen Ergebnissen einfach nicht publiziert werden, wenn Pharmafirmen dahinterstehen«.
127 Vgl. Hartmann 2015.
128 Gumbrecht 2013.

Zuge derer die Wissenschaft an Glaubwürdigkeit und epistemischer Leistungsfähigkeit einbüßen könnte.

2.2   Risiken einer freien Wissenschaft

Welcher Schaden kann wem durch eine freie Wissenschaft entstehen? Die in der Literatur vorgefundenen Antworten enthalten mit Vorliebe Verweise auf spezifische Schreckensszenarien, auf Kernwaffen, Grippeviren, Gentechnik[129], kurz: auf jene Risiken, die die Menschen in besonderer Weise emotionalisieren und von denen besonders viele potenziell betroffen sein könnten. Hier soll indes skizzenhaft gezeigt werden, dass das Spektrum der möglichen Antworten auf die Leitfrage dieses Absatzes breiter ist als möglicherweise vermutet. Wenn dabei von Schadensrisiken die Rede ist, dann zunächst ohne zu reflektieren, welche systematischen Konsequenzen aus solchen Risiken folgen. Für den Verfassungsjuristen scheint die Angelegenheit ja vergleichsweise einfach: Er wird darauf verweisen, dass die Wissenschaftsfreiheit in Deutschland nur nach einer Abwägung mit anderen Rechtsgütern von Verfassungsrang beschränkt werden kann. Doch auch diese Maßgabe bedarf der Interpretation, diese ihrerseits einer Reflexion dessen, was »Risiken durch die freie Wissenschaft« überhaupt sein könnten. Der nachfolgende Abschnitt ist entsprechend ein Stück weit grundsätzlicher gehalten als bei der juristischen Herangehensweise üblich, zumal er Schadensrisiken der Wissenschaftsfreiheit zur Darstellung bringt, dabei aber die Frage, ob diese

---

129   Vor dem Hintergrund jüngerer Entwicklungen dürfte der Begriff der »Gentechnik« mit Vorsicht genießen zu sein. Dass er unter Umständen nicht mehr akkurat die wissenschaftliche Realität wiedergibt, deutet Hacker 2015 an.

Risiken[130] als Gründe für die Einschränkung der Wissenschaftsfreiheit gelten könnten, erst einmal ausblendet.[131]

Der Grundgedanke dieser Sammlung möglicher Risiken lässt sich so beschreiben: Wenn die Tatsache, dass es Wissenschaftsfreiheit in der Welt gibt, in einer relevanten Weise kausal daran beteiligt ist, dass einer bestimmten außerwissenschaftlichen Personengruppe ein Nachteil entsteht, der dieser Gruppe in einer Welt nicht entstanden wäre, in der die Wissenschaft in einem bestimmten Sinne weniger frei (und stattdessen zum Beispiel stärker staatlich reglementiert) wäre – dann kann man von einem Schaden durch Wissenschaftsfreiheit sprechen. Diese Betrachtung von realweltlichen Phänomenen unter Abgleich mit kontrafaktischen Nicht-Wissenschaftsfreiheits-Szenarien mag ungewöhnlich erscheinen. Eine Berechtigung gewinnt sie aber, wenn man das, was zu Beginn dieses zweiten Kapitels angedeutet worden ist, ernst nimmt: dass wissenschaftsspezifische Sonderfreiheiten für aus Steuermitteln finanzierte, professionell und institutionell betriebene Wissenschaft – und nur um diese geht es hier – sich vor dem Hintergrund einer Abwägung ihrer gesellschaftlichen Vor- und Nachteile legitimieren muss.

Die Konstellationen, die nun beschrieben werden, folgen ein und demselben Schema. Sie ergeben sich aus einer Spannung zwischen den Interessen von Wissenschaftlern und jenen bestimmter anderer Gruppen: den Interessen wissenschaftsexterner Einzelpersonen; der Studierenden; der Auftraggeber von Forschung; der Gesellschaft im Allgemeinen bzw. eines nicht näher zu spezifizierenden, in jedem Fall aber sehr großen Personenkreises. Nicht immer sind die Interessen der Wissenschaftler dabei deckungsgleich mit den Interessen von *guten* Wissenschaftlern, »gut« im Sinne von »den Imperativen der epistemischen Rationalität gemäß handelnd«. Denn die Wissenschaftsfreiheit ist ein wirkungsvoller, aber unvollkomme-

---

130 Die Begriffe »Risiko« und »Gefahr« werden in der vorliegenden Abhandlung bisweilen im Wechsel verwendet. Freilich sind sie keine Synonyme. Mit Gethmann ließe sich die begriffliche Differenz so explizieren, »dass mit dem Ausdruck ›Gefahr‹ auf eine dem Menschen vorgegebene (naturhafte oder soziale) Situation referiert wird, die *situativ* nicht als gefährlich wahrgenommen wird. Das ›Risiko‹ geht demgegenüber von einer menschlichen Handlung – Ausführung oder Unterlassung – aus und bezeichnet *situationsdistanziert* den *möglichen Schaden*, der von einer solchen Handlung ausgeht« (2015: 53).

131 Siehe hierzu das sechste Kapitel.

ner Steuerungsmechanismus für die Wissenschaft. Wenn Wissenschaftler
die ihnen gewährten Sonderfreiheiten ausschöpfen, bringt dies mit Sicherheit Vorteile für sie selbst mit sich, und es mag alles in allem auch aus ge-
samtgesellschaftlicher Perspektive mehr Gutes als Schlechtes mit sich bringen. Nicht einsichtig ist aber, weshalb das Steuerungsprinzip Wissenschaftsfreiheit *ausschließlich Gutes* und *keinerlei Nachteile* implizieren sollte. Wissenschaftler sind weder Allwissende noch Heilige; institutionelle wissenschaftliche Freiheiten werden, einmal etabliert, in der Praxis wohl oder übel
entgegen ihrem wissenschaftsfunktionalen Zweck gebraucht, bisweilen sogar missbraucht werden. Dies spricht nicht per se gegen solche Freiheiten,
doch ihre zu erwartende Anwendung ist begründungstheoretisch keine irre-
levante Tatsache: Was nützt eine gut gemeinte Wissenschaftsfreiheit, die im
alltäglichen Gebrauch das Gegenteil von dem bewirkt, was sie eigentlich be-
wirken soll?

2.2.1 Für Studierende

Vor dem Hintergrund der Vielzahl an Ausprägungen, die die öffentliche Debatte um die Forschungsfreiheit annimmt, wird gerne übersehen, dass auch
der akademischen Lehre im Hinblick auf die Frage nach der Wissenschaftsfreiheit eine nicht unwesentliche Rolle zukommt.[132] In der Form, wie sie in
Deutschland und vielen anderen Ländern praktiziert wird, stellt sie ein be-
merkenswertes Reservat der Freiheit dar. Grundsätzlich lässt sie sich als eine
Einrichtung beschreiben, die unmittelbar zwei unterschiedliche Gruppen
von Personen betrifft: die Hochschullehrerinnen und -lehrer einerseits, ihre
Studentinnen und Studenten andererseits. In gewisser Weise könnte man
sagen, dass Letztere den Ersteren ausgeliefert sind; dieses Ausgeliefertsein
mag freilich nicht so weit gehen wie jenes des Schülers, der sich seinen Lehrer nicht aussuchen kann, zumal der Student leichter Veranstaltungen oder
gar die Hochschule wechseln kann. Doch wenn man das Studenten-Dozen-
ten-Verhältnis en gros beschreibt, muss man konstatieren: Die Dozenten
können ihre Lehrveranstaltungen im Wesentlichen planen und durchfüh-

---

132   Bemerkenswert ist in diesem Zusammenhang im Übrigen, dass die Lehrfreiheit auch
        im juristischen Wissenschaftsfreiheitsdiskurs ein Schattendasein führt, wie Kaufhold
        in ihrer Dissertation (2006) deutlich macht.

ren, wie sie es für richtig halten[133]; das Wohl der Studierenden mag dabei bisweilen oder gar häufig im Vordergrund stehen, eine Garantie dafür gibt es nicht.

Für die Lehrfreiheit mag vieles sprechen. Neben der allgemeinen Feststellung, dass es sich als segensreich erwiesen hat, freie Rede dort zu gewähren, wo nicht gewichtige andere Gründe dagegen sprechen, scheint überdies offensichtlich, weshalb man den Hochschullehrern ihre Lehrinhalte nicht vorschreiben sollte: Was über komplexe wissenschaftliche Themen zu sagen sei, das lässt sich von außen schwerlich beurteilen. Zudem gilt: je stärker die externe Kontrolle, desto größer auch die Gefahr, dass die Lehre zu einer blutleeren Veranstaltung verkommt und schlussendlich nur noch im Abarbeiten gewisser standardisierter Schemata besteht. Wenn in Deutschland, wie es in einem Grundgesetzkommentar heißt, die Lehrfreiheit »das Recht zur Einseitigkeit, zur Akzentuierung und zur pointierten Positionierung«[134] mit einschließt – dann dient diese Möglichkeit nicht nur der freien Meinungsäußerung, sondern eben auch der wissenschaftlichen Exzellenz. Auf der anderen Seite birgt die Lehrfreiheit aber gewisse Risiken; nachfolgend zur Illustration vier Szenarien.

Szenario 1: Der Dozent predigt seine persönliche Weltanschauung

Zu denken wäre hier an einen Konstellation, bei der der Dozent seine Machtposition nutzt, um unter dem Vorwand vermeintlicher wissenschaftlicher Objektivität persönliche Wertanschauungen zu verbreiten. Das Problem ist altbekannt; Max Weber ließ sich schon 1913 über die Unerträglichkeit der »Professoren-Prophetie« aus:

> »Es ist doch ein beispielloser Zustand, wenn zahlreiche staatlich beglaubigte Propheten nicht auf den Gassen oder in den Kirchen oder sonst in der Öffentlichkeit, oder, wenn privatim, dann in persönlich ausgelesenen Glaubenskonvertikeln, die sich als solche bekennen, predigen, sondern in der angeblich objektiven, unkontrollierbaren, diskussionslosen und also vor allem Widerspruch sorgsam geschützten Stille des vom Staat privilegierten Hörsaals *im Namen der Wissenschaft* maßgebende Katbederentscheidungen über Weltanschauungsfragen zum Besten zu geben sich herausnehmen.«[135]

---

133 Unbenommen bleibt die Tatsache, dass an staatlichen deutschen Hochschulen tätige Professoren in aller Regel Beamte sind, die von ihren Dienstherren etwa dazu verpflichtet werden können, bestimmte Lehrveranstaltungen durchzuführen.

134 Bethge 2011: 350.

135 Weber 2013: 36.

Szenario 2: Der Dozent vertritt ohne sachlichen Grund eine wissenschaftliche Nischenmeinung

Diesen Aspekt als Risiko für die Studierenden zu apostrophieren, mag dem wissenschaftstheoretisch versierten Leser als problematisch erscheinen, zumal der intellektuelle Mut, eine randständige Meinung zu vertreten, ja grundsätzlich eher als innovationsfördernde Wissenschaftlertugend denn als -laster anzusehen ist. Ein Beispiel soll illustrieren, wann derlei dennoch problematisch sein könnte. Was wäre etwa, wenn ein Professor sich aus einer persönlichen Aversion gegenüber einem Kollegen, der zur selben Frage forscht, dazu entschließt, trotz fachlicher Zweifel einer abseitigen Forschungsmeinung das Wort zu reden, einer Meinung, deren bestechendste Eigenschaft darin besteht, dass sie jener seines Intimfeindes diametral entgegengesetzt ist? Kein undenkbares Szenario. Die Leidtragende wären auch hier die Studierenden, insbesondere jene, die sich wünschen, einen Überblick über den State of the Art im jeweiligen Forschungsgebiet vermittelt zu bekommen.

Szenario 3: Lehrinhalte werden, bedingt durch die Organisation und Struktur der Lehrveranstaltungen, auf ineffektive Weise vermittelt

Lehrfreiheit beinhaltet nicht nur die inhaltliche Gestaltungsfreiheit des individuellen Lehrenden, sondern auch die Freiheit von Wissenschaftlerkollektiven wie Lehrstühlen oder Instituten, Form und Organisation von Lehrveranstaltungen nach eigenem Dafürhalten zu gestalten. Nicht immer werden dabei die Bedürfnisse der Studierenden vollumfänglich berücksichtigt. Man denke an die Vorlesung, eine akademische Lehrform mit einer fast tausendjährigen Tradition an den Universitäten: Ob sie ein mit Blick auf den Lernerfolg probates Mittel darstellt, daran sind aus heutiger Sicht Zweifel anzumelden. Eine umfangreiche Metastudie deutet darauf hin, dass Frontalunterricht, wie er im Rahmen solcher akademischer Vorlesungen stattfindet, mit deutlich schlechteren Leistungen der Studierenden korreliert ist: Undergraduate-Studierende naturwissenschaftlich-technischer Fachbereiche unterliegen demnach einem um das Eineinhalbfache erhöhtem Risiko, durchzufallen, wenn sie einen Kurs besuchen, der im Modus der Vorlesung und nicht in jenem »aktiven Lernens« durchgeführt wird.[136] Der Physik-

---

136   Vgl. Freeman & al. 2014.

didaktiker Eric Mazur, der an der Harvard-Universität forscht, sagte der Zeitschrift *Science*, vor dem Hintergrund dieser Daten sei es »almost unethical to be lecturing«[137].

Szenario 4: Der Dozent gibt sich wenig Mühe

Das frappierendere Problem dürfte heute indes nicht jene Wissenschaftler darstellen, die, wie in Szenario 1 dargestellt, mit der Verve des Propheten zu indoktrinieren suchen, sondern jene, die das eigene Lehrdeputat mit Minimalaufwand absolvieren. Dies mag im Einzelfall etwas mit persönlichen Präferenzen oder Haltungen der Wissenschaftlerin oder des Wissenschaftlers zu tun haben, hat aber im Großen und Ganzen vor allem strukturelle Gründe. Was etwa das deutsche Wissenschaftssystem betrifft, spricht Kielmansegg von einer »Institutionalisierung der Geringschätzung der Lehre«. Den dahinterstehenden Mechanismus erklärt er so:

> »Die akademische Welt ist eine Welt des Kampfes um Reputation. In zwei Varianten gibt es Reputation: als Anerkennung durch die Zunftgenossen und als Wahrnehmung durch die Öffentlichkeit. [...] Weder die Zunftgenossen noch die Öffentlichkeit interessieren sich für die Lehre. Für die Lehre interessieren sich nur die Studierenden. Und wenn den Professoren ihr Ansehen bei den Studierenden auch nicht gleichgültig ist, der Kampf um Reputation, die zählt, zwingt, so sehen es die meisten, zu klaren Prioritäten. [...] Zeit und Energie, die in die Lehre investiert werden, stehen für den Reputationswettbewerb nicht mehr zur Verfügung.«[138]

2.2.2 Für einzelne Wissenschaftsexterne

Wir wollen den Blick nun auf eine Gruppe lenken, von der man sagen kann, dass sie nicht im engeren Sinne Teil der Wissenschaft ist: auf all jene, die als Wissenschaftsexterne in die wissenschaftliche Erkenntnisproduktion involviert sind und die sich als distinkte Individuen[139] identifizieren lassen. Nachfolgend vier Szenarien.

---

137 Bajak 2014. Die Frage der Veranstaltungsform ist freilich nur ein Beispiel für mögliche strukturelle Probleme der Lehre. Ein vergleichbares Argument ließe sich beispielsweise auch hinsichtlich der Art der Leistungsnachweise machen, siehe hierzu Reed 2014.

138 Kielmansegg 2012.

139 Im Gegensatz dazu stehen Risiken, die nicht einer klar umrissenen Betroffenengruppe zugeordnet werden können und die an späterer Stelle behandelt werden.

Szenario 1: Unbeteiligte kommen zu Schaden

Die Technische Universität Braunschweig genießt für ihre Forschungen im Bereich der Luft- und Raumfahrttechnik internationales Renommee. Als eine Arbeitsgruppe der Universität im Sommer 2014 eine Höhenforschungsrakete von einem Modellflugplatz aus abheben lässt, verläuft das Experiment nicht nach Plan: Anstatt von Fallschirmen gebremst zu Boden zu gleiten, stürzt die Rakete, deren Start behördlich genehmigt worden ist, aufgrund eines technischen Defekts über einem nahegelegenen Wohngebiet ab und schlägt in einem Wohnhaus ein.[140] Auch wenn der resultierende Sachschaden seinerzeit überschaubar war und niemand verletzt wurde, zeigt dieses Beispiel, wie wissenschaftsexterne Einzelpersonen von den Folgen wissenschaftlicher Erkenntnisgewinnung betroffen sein können, schlicht deshalb, weil sich wissenschaftliche Forschung nicht immer in einem hermetisch abgeschirmten Rahmen abspielt.[141]

Szenario 2: Personen werden zu Experimenten genötigt

In manchen wissenschaftlichen Disziplinen – in der biomedizinischen Forschung, aber auch in der Soziologie oder der Psychologie – sind (oder wären) Humanexperimente ein für die Gewinnung gewisser Erkenntnisse unumgängliches Mittel. Doch was, wenn eine Person – durch die Vorspiegelung falscher Tatsachen oder durch schiere Gewalt – dazu gebracht wird, an einem Experiment teilzunehmen, dessen Wirkungen seelische oder körperliche Beeinträchtigungen bei ihr hervorrufen? Der im Anschluss an den Nürnberger Ärzteprozess formulierte Nürnberger Kodex von 1947 stellte den Versuch dar, derlei für immer zu ächten. Er beginnt mit den Worten:

> »Die *freiwillige Zustimmung* der Versuchsperson ist unbedingt erforderlich. Das heißt, daß die betreffende Person im juristischen Sinne fähig sein muß, ihre Einwilligung zu geben; daß sie in der Lage sein muß, unbeeinflußt durch Gewalt, Betrug, List, Druck, Vortäuschung oder irgendeine andere Form der Überredung oder des Zwanges, von ihrem Urteilsvermögen Gebrauch zu machen; daß sie das betreffende Gebiet in sei-

---

140 So geschildert von Evers 2014.

141 Der Vorfall scheint auch heute noch innerhalb der deutschen Wissenschaftslandschaft in aller Munde zu sein. Welchen Schock er bei den involvierten Studierenden und Wissenschaftlern auslöste und wie unvorbereitet er sie traf, schilderte die Projektverantwortliche Elisabeth Hoffmann von der TU Braunschweig im Rahmen der Veranstaltung »Gefühlte Wissenschaft« am 7. Dezember 2016 auf dem Forum Wissenschaftskommunikation in Bielefeld.

nen Einzelheiten hinreichend kennen und verstehen muß, um eine verständige und *informierte Entscheidung* treffen zu können.«[142]

Den im Nürnberger Ärzteprozess angeklagten Medizinern waren 15 Arten von an Menschen durchgeführten Experimenten vorgeworfen worden, darunter Unterdruck-, Unterkühlungs- und Giftversuche sowie Versuche mit unterschiedlichen Krankheiten.[143] Doch man muss nicht unbedingt diesen exorbitanten Sündenfall unmenschlicher Forschung ins Feld führen, um sich das Grundproblem zu vergegenwärtigen. Ein gewiss um ein Vielfaches harmloseres, aber dennoch nicht gänzlich unproblematisches aktuelles Beispiel: Für eine Studie, die von firmeneigenen, aber auch an Universitäten angestellten Forschern durchgeführt und in den *Proceedings of the National Academy of Sciences* veröffentlicht wurde, manipulierte der Facebook-Konzern Anfang 2012 bei mehr als einer halben Million Nutzern seines sozialen Netzwerks Nachrichten – man wollte herausfinden, welchen Einfluss das Netzwerk auf die Gefühle der Probanden hatte. Ein Aufsatz in der Zeitschrift *The Atlantic* machte auf die Studie aufmerksam und sorgte für eine öffentliche Diskussion[144]; schließlich hatte es sich hier um Forschung an Personen gehandelt, die nicht eingewilligt hatten – und von denen sicherlich einige, hätten sie von dem Experiment erfahren, ihre Zustimmung zur Teilnahme verweigert hätten.

Szenario 3: Personen stimmen zu – und werden geschädigt

In vielen Ländern ist die Forschung am Menschen durch Gesetze, Kodizes, Vorschriften geregelt. Das »möglicherweise wichtigste Einzeldokument«[145], das als Vorbild für die Kodifizierung der Beschränkung von Humanexperimenten gelten kann, ist neben dem oben erwähnten Nürnberger Kodex die Erklärung des Weltärztebundes von 1964 (»Deklaration von Helsinki«). Nun kann aber, aus prinzipiellen Gründen, nicht vollumfänglich sicherge-

---

142   Zitiert nach IPPNW Nürnberg-Fürth-Erlangen 2014. Hervorhebung durch den Verfasser.

143   Vgl. Bartens 2010.

144   Die Verfasserin der Facebook-Studie, Susan Fiske, wird dort mit den Sätzen zitiert: »[...] the level of outrage that appears to be happening suggests that maybe it shouldn't have been done ... I'm still thinking about it and I'm a little creeped out, too.« (LaFrance 2014)

145   Malpas 2002: 36. Zur Geschichte der Entwicklung internationaler Kodizes und Richtlinien siehe Loue 2000: 32–38.

stellt werden, dass ein Proband bei einem Experiment nicht zu Schaden kommt. Zu denken wäre etwa an eine Person, die – nachdem sie pflichtgemäß aufgeklärt wurde – freiwillig an einem psychologischen Experiment teilnimmt, durch das sie auf ein (dem Experimentator unbekanntes) Kindheitstrauma zurückgeworfen wird, das in ihr in der Folge schwere psychische Störungen auslöst. Es dürfte hier schwer fallen, dem Wissenschaftler Vorwürfe zu machen, und doch ist hier einer wissenschaftsexternen Person ein Schaden entstanden.[146]

Szenario 4: Tierversuche

Was für einzelne Menschen gilt, gilt im Grundsatz auch für Tiere (auch wenn bei diesen trivialerweise das Kriterium der Einwilligung nach erfolgter Aufklärung wegfällt): Sie können an an ihnen durchgeführten Experimenten Schaden nehmen, etwa, indem sie während des Experiments Schmerzen empfinden. Leiden müssen »fast alle« der Versuchstiere, von denen es gegenwärtig mehr als drei Millionen in Deutschland gibt, wie Asendorpf konstatiert. An der Hälfte der Versuchstiere würden Arzneien und Chemikalien erprobt, die andere Hälfte zur Grundlagenforschung genutzt.[147] In Deutschland gilt:

> »Alle Versuchsvorhaben bedürfen grundsätzlich einer Genehmigung der zuständigen Behörde [...]. Eine Genehmigung darf nur erteilt werden, wenn der Antragsteller wissenschaftlich begründet dargelegt hat, dass der verfolgte Zweck nicht durch andere Methoden oder Verfahren erreicht werden kann. Außerdem muss der Tierversuch ethisch vertretbar sein.«[148]

Doch die Frage, welche Tierversuche im Detail ethisch zulässig sein sollten, wird in der Öffentlichkeit heftig diskutiert.[149] Erschwert werden solche Diskussionen indes nicht nur die hohe Emotionalität insbesondere der Tierversuchsgegner, sondern auch durch die Komplexität einer Reihe fundamentaler philosophischer Probleme, deren Klärung bis auf Weiteres aussteht, etwa: Haben Tiere Rechte? Sollten unterschiedliche Tiere unterschiedliche

---

146   Dem Verfasser ist ein vergleichbarer Fall bekannt.
147   Asendorpf 2014.
148   BMEL 2013.
149   Bemerkenswert in diesem Zusammenhang etwa der Fall des Neurophysiologen Andreas Kreiter, der in einer groß angelegten Kampagne von Tierversuchsgegnern durch ganzseitige Zeitungsanzeigen öffentlich angeprangert wurde. Für eine Rekonstruktion siehe Hartmer 2014. Ebenso bemerkenswert der Fall Nikos Logothetis, geschildert in Zinkant 2015.

Rechte haben – und falls ja, was wäre hierfür das ausschlaggebende Kriterium? Und wie lassen sich menschliche Zwecke gegen tierisches Leid abwägen?

2.2.3 Für die Geld- und Auftraggeber von Forschung

Wissenschaftsexterne können nicht nur dann geschädigt werden, wenn sie unmittelbar körperliche oder seelische Beeinträchtigungen davontragen: Es soll hier um jenen Schaden gehen, der dem *Auftraggeber* wissenschaftlicher Forschung entsteht, wenn die Wissenschaft mit den ihr zur Erkenntnisgewinnung zur Verfügung gestellten Mitteln ineffizient[150] umgeht. Zu denken wäre an eine Reihe von Szenarien, die nicht nur »Auftragsforschung« im engeren Sinne beinhaltet, sondern auch den selten explizit ausformulierten allgemeinen Auftrag, der vonseiten der Gesellschaft an die Wissenschaft ergeht: neues Wissen zu generieren. Nachfolgend vier Skizzen aktueller Problemkomplexe.

Problemkomplex 1: Meritokratie-Defizite

Es verdichten sich die Anzeichen, dass sich die globale Arbeit der Wissenschaften in vielerlei Hinsicht nicht maximal-effizient vollzieht. Eines der grundlegenden Probleme in diesem Zusammenhang ist die Tatsache, dass die Wissenschaft de facto in geringerem Maße eine Meritokratie darstellt, als sie dies idealerweise tun sollte.[151] Angenommen, erstens, dass jene Wissenschaftskonzeption am erfolgreichsten ist, bei der diejenigen, deren intellektuell-fachliche Fähigkeiten am ehesten für eine wissenschaftliche Karrie-

---

150 Es ist zu ergänzen, dass es sich in unserem Zusammenhang um einen weit gefassten Effizienz-Begriff handelt. Unter einer effizienten Wissenschaft in diesem Sinne wäre eine Wissenschaft zu verstehen, die mit den ihr zur Verfügung gestellten Mitteln in einer Weise umgeht, die *auf lange Sicht* möglichst große Erkenntnisfortschritte zeitigt. Zu ihrem Portfolio können durchaus auch Projekte gehören, die mit einem gewissen Risiko des Scheiterns verbunden sind. Es ist wichtig, dies zu betonen, weil in der Wissenschaftspolitik auch ein eng gefasster Effizienz-Begriff kursiert. In Anlehnung an Himmelrath 2014 wäre eine effiziente Wissenschaft in diesem engen Sinne als eine sehr zurückhaltend-konservative Unternehmung zu beschreiben, die sich durch Risikoaversion, Sparsamkeit und Anwendungsorientierung auszeichnet.

151 Dem liegt die weitgehend unbestrittene Annahme Robert Mertons zugrunde, gute Wissenschaft habe universalistisch zu sein, aus der sich implizit die Forderung nach der Meritokratie ableiten lässt, denn »truth-claims, whatever their source, are to be subjected to *preestablished impersonal criteria*« (Merton 1973: 270).

re sprechen, am ehesten auch tatsächlich in der Wissenschaft zum Zug kommen. Angenommen, zweitens, es findet auf dem Weg zur Professur eine starke soziale Selektion statt, sodass bevorzugt jene zur Professur gelangen, deren Familien die notwendige finanzielle Unterstützung bieten können, um die langandauernden Dürreperioden und Risiken abzufedern, die mit der prekären Lebensphase vor der Professur einhergehen.[152] Oder dass, um ein zweites Beispiel zu nennen, häufig Wissenschaftler auf der Strecke bleiben, weil sie trotz fachlicher Exzellenz gewisse gruppendynamisch-soziale Kriterien nicht erfüllen.[153] Dann ließe sich in der Tat von einer für die Produktivität der Wissenschaft schädlichen Konstellation sprechen.

Problemkomplex 2: Überkommene Publikationskultur

Sind Zeitschriftenaufsätze wirklich das beste Mittel, um Forschungsergebnisse zu kommunizieren? Nehmen wir den Anspruch zum Maßstab, dass ein Wissenschaftler, um sich in die Forschungsdebatten seines Fachgebiets einklinken zu können, alle neuen Publikationen innerhalb dieses Gebietes kennen sollte, so stellen wir ihn vor eine eigentlich nicht zu überspringende Hürde. Denn zwar sind durch die fortschreitende Spezialisierung der Wissenschaften die Grenzen derjenigen Bereiche, innerhalb derer ein einzelner Forscher sattelfest sein muss, heute enger; doch diese Entwicklung ist, auf der anderen Seite, durch ein rapides Wachstum der Zahl der Publikationen mehr als wettgemacht worden.[154] Die Folge: Vieles wird publiziert, um praktisch ungelesen zu bleiben. Es lässt sich darüber hinaus eine Reihe weiterer Krisensymptome der wissenschaftlichen Publikationskultur ausmachen; der vielleicht wichtigste ist die Befürchtung, aus dem Zusammenspiel eines erhöhten Publikationsdrucks und überkommener Qualitätssicherungsmaß-

---

152   Möller 2014 legt diese Annahme nahe. Die Soziologin Angela Graf, die eine Studie zu Sozialprofil und Werdegängen der deutschen Wissenschaftselite vorgelegt hat, weist auf die erheblichen Schwierigkeiten hin, denen »Personen ohne das entsprechende finanzielle Polster im Rücken« (2015: 82) gegenüberstehen, die eine wissenschaftliche Karriere anstreben.

153   Für einen aktuellen – polemisch gefärbten – Beitrag zu derlei Problemen siehe Overhoff 2014.

154   Bornmann & Mutz kommen in einer Analyse (2015) zu der Einschätzung, die wissenschaftliche Publikationsrate wachse jährlich um 8 bis 9 Prozent.

nahmen könne ein Qualitätsverlust wissenschaftlichen Outputs resultieren.[155]

Problemkomplex 3: Akademische Vorträge

Was sich von der schriftlichen Wissenschaftskommunikation sagen lässt, das lässt sich möglicherweise auch für die formellen, ritualisierten Formen des mündlichen Austausches konstatieren; eine Debatte darüber scheint jedenfalls angebrochen zu sein. Der Philosoph und Literaturwissenschaftler Eric Jarosinski erlangte mit den geistreich-lakonischen Bemerkungen seiner Twitter-Figur @*NeinQuarterly* große Bekanntheit, man kann in ihm eine Art öffentlichkeitswirksame Symbolfigur für die Verjüngung der globalen intellektuellen Debattenkultur sehen. Er macht deutlich, dass seine Twitter-Karriere ein Resultat des Eindrucks gewesen sei, mit den Beschränkungen der akademischen Welt nicht mehr zurecht zu kommen: »There are so many rituals of academic life [...] that rob [...] the esprit that it might have otherwise.« Die Art und Weise, wie in der Wissenschaft kommuniziert werde, bereite ihm Sorge; ein besonders frappierendes Beispiel seien akademische Vorträge.

> »I'm not the only one whose attention span is not very long. Yet we continue to deliver talks – texts that were meant to be read, not listened to. There's just a fundamental dishonesty with ourselves about that. Why don't we leave the security of a finished text [...] and in fact take some more risks?«[156]

Anschlussfragen würden aus reiner Höflichkeit gestellt, Verständnis nur vorgetäuscht: Solche Vorträge erschienen ihm als bloße rituelle Zusammenkünfte ohne besonderen kommunikativen Gehalt.

Problemkomplex 4: Forschung und ihre Relevanz

Der vierte Aspekt ist der gewiss komplexeste und womöglich auch der wissenschaftspolitisch heikelste. Standen bei den vorhergehenden Gesichtspunkten eher technische Fragen zur Disposition (»Wie optimieren wir die

---

155 Verwiesen sei exemplarisch auf Bauerlein & al. 2010, die von einer »avalanche of low-quality research« sprechen. Sie konstatieren: »the amout of redundant, inconsequential, and outright poor research has swelled in recent decades«. Zu den kritischen Aspekten wissenschaftlichen Publizierens in Zeiten des Internets siehe auch Himpsl 2013; zu den Mängeln institutionalisierter wissenschaftlicher Qualitätssicherungsmaßnahmen siehe Müller-Jung 2013.

156 Jarosinski 2014: 3:30–6:00.

Kommunikation?«), so führt uns die Frage nach der Relevanz von Forschung zu einer grundlegenden Diskussion darüber, was gute Wissenschaft sei. Für unsere Zwecke ist es ausreichend, es vorerst bei der Feststellung bewenden zu lassen: Es gibt keine Garantie dafür, dass Wissenschaftler, die bei der Wahl ihres Forschungsgegenstandes weitgehend frei sind, stets jene Gegen- stände wählen, deren Erforschung von herausragender gesellschaftlicher oder auch innerdisziplinärer Relevanz sind. Denn es ist nicht unwahrschein- lich, dass zwischen der Selbst- und der Außenbeurteilung der Bedeutung von Forschungstätigkeiten und -ergebnissen eine Lücke klafft, zumal die Wissenschaft, die sich ihre Agenden selbst gibt, immer Gefahr läuft, zu je- nem Reich der Egoismen zu werden, in dem »jeder meint, daß nur sein Fach Unterstützung und Beförderung verdiene«[157], wie Wilhelm von Humboldt einmal bemerkte.

2.2.4 Für die Allgemeinheit

Nachdem der vorhergehende Abschnitt Szenarien zum Gegenstand hatte, bei denen die Wissenschaft im Hinblick auf die Schadensrisiken mangelnder Effizienz problematisiert wurde, soll es nun wieder um Szenarien gehen, die – im Gegenteil – gerade dadurch ihre kritische Note erhalten, dass die Wissenschaft erfolgreich, sprich: produktiv ist. Es soll um Konstellationen gehen, bei denen wissenschaftliche Erkenntnisse öffentlich gemacht und ge- nutzt werden und diese Tatsache kausal maßgeblich beteiligt ist an der Her- vorbringung negativer Konsequenzen oder jedenfalls an der Erhöhung des Risikos, dass bestimmte negative Konsequenzen eintreten, von denen sehr viele Menschen betroffen sein können.

Es ist bemerkenswert, dass sich Debatten, die das Schlagwort »Wis- senschaftsfreiheit« in ihrem Zentrum haben, in der jüngeren Zeit zum aller- größten Teil auf die hier zu besprechende Facette beziehen, auf Risiken nämlich, die sich aus der Anwendung von Forschung ergeben. Insbesondere Risiken, die an Schreckensvisionen und -bilder geknüpft sind, haben die Ängste zu kanalisieren vermocht: Die Atombomben, die im August 1945 über Hiroshima und Nagasaki detonierten und ein ungekanntes Maß an Zerstörung zur Folge hatten, sind gewissermaßen der Prototyp dieses Phä-

---

157   Zitiert nach Schelsky 1971: 119.

nomens. Das Manhattan-Projekt, welches der Entwicklung der Kernwaffen-technologie vorausgegangen war, hat auf eindringliche Weise gezeigt, wie ein Produkt aus Wissenschaftlerhänden der Welt seinen furchterregenden Stempel aufdrücken kann.

Die auf den wissenschaftsinduzierten Fortschritt gerichtete Skepsis, die das Wissenschaftsverständnis seit spätestens der Mitte des vergangenen Jahrhunderts mitgeprägt hat, basiert ganz allgemein formuliert auf dieser Befürchtung: Der Mensch könnte, erstens, in absehbarer Zeit über zuvor ungekannte Techniken und Handlungsmöglichkeiten verfügen. Diese neuen Möglichkeiten gäbe es nicht ohne die moderne Wissenschaft, welche die notwendigen Erkenntnisse, die Grundlage dieser Möglichkeiten sind, her-vorbringt. Menschen empfinden, zweitens, ein Unbehagen beim Gedanken an eine Welt, in der es an der Tagesordnung ist, dass eben jene Möglichkei-ten auch tatsächlich ausgeschöpft werden. Zumal die Folgen in der Tat tief-greifend sein können; unter Umständen steht nicht weniger zur Disposition als das Selbstverständnis des Menschen. Dies vermag auch zu erklären, wes-halb die kontroversesten Diskussionslinien – neben der Frage nach der zivi-len Forschung für militärische Zwecke[158] – heute mit Blick auf die Lebens-wissenschaften verlaufen. Insbesondere das Konzept des Human Enhance-ment, also die »körperliche, kognitive, psychische und genetische Verän-derung des Menschen in verbessernder Absicht«[159], sorgt für Debattenstoff.

In jüngerer Zeit stand vor allem die biowissenschaftliche Hochsicher-heitsforschung im Zentrum wissenschaftsethischer Debatten. An dieser For-schung wird in besonderem Maße die sogenannte Dual-Use-Problematik sichtbar: Die neuen Erkenntnisse haben die Eigenschaft, sowohl zum Nut-zen als auch zum Schaden der Menschheit verwendet werden zu können. Man spricht in diesem Zusammenhang auch von »DURC«-Forschung (für »Dual Use Research of Concern«). Dieser Begriff bezeichnet, wie einer Stel-lungnahme des Deutschen Ethikrats zu Fragen der Biosicherheit zu ent-nehmen ist,

---

158 Zur Diskussion um die Vertretbarkeit an deutschen Hochschulen durchgeführter Mi-litärforschung siehe Greiner 2013 und insbesondere die aufschlussreiche Übersicht bei Schulze von Glasser 2014.

159 Özmen 2013: 259. Zu den ethischen Aspekten des Human Enhancement siehe auch Allhoff & al. 2011.

»Forschungsarbeiten, [...] bei denen anzunehmen ist, dass sie Wissen, Produkte oder
Technologien hervorbringen, die direkt von Dritten missbraucht werden könnten,
um das Leben oder die Gesundheit von Menschen, die Umwelt oder andere Rechtsgüter zu schädigen. Bei ihnen auch als biologische Agenzien bezeichneten For-
schungsobjekten handelt es sich um Mikroorganismen, Toxine und andere biologische Stoffe, die lebenswichtige physiologische Funktionen schädigen können. Biologische Agenzien in diesem Sinne haben grundsätzlich das Potenzial, als Massenvernichtungswaffen eingesetzt zu werden, und können sich zum Teil auch durch Infekti-
on weltweit verbreiten, selbst wenn die Freisetzung örtlich begrenzt erfolgt.«[160]

Zwei Fälle aus dem Bereich der Biowissenschaften haben für besonderes
Aufsehen gesorgt. 2012 wurde anlässlich in den USA und den Niederlanden
vorgenommener Forschungen zum Vogelgrippevirus H5N1 über die Frage
diskutiert, ob Experimente, die Krankheitserreger gefährlicher machen, aufgrund der Unfall- und Missbrauchsgefahren überhaupt durchgeführt werden sollten. Im selben Jahr begaben sich Wissenschaftler, die sich mit Vogel-
grippeviren beschäftigten, in ein freiwilliges Moratorium, um Zeit zu gewinnen und über ihr künftiges Vorgehen zu beraten.[161] Im Oktober 2014 schließlich verhängte die Regierung der Vereinigten Staaten ein einjähriges Moratorium, währenddessen die staatliche Forschungsfinanzierung für besonders
gefährliche »Gain-of-function«-Forschung (kurz: »GOF«) eingestellt wurde.
Solche GOF-Experimente sind darauf ausgerichtet, biologische Agenzien,
Viren etwa, mit neuen Eigenschaften zu versehen und so beispielsweise ihre
Übertragbarkeit zu erhöhen. In der Folge wurde Kritik laut, das Moratorium
sei nicht intensiv dazu genutzt worden, den Umgang mit solchen außeror-
dentlichen Forschungsrisiken unter Einbezug der Zivilgesellschaft zu diskutieren.[162]

Kann Wissen – für sich genommen, also jenseits aller Anwendungsszenarien – Risiken für die Menschheit bergen? Könnte es falsch sein, be-

---

160   Deutscher Ethikrat 2014: 187. Laut der Mikrobiologin Kathryn Nixdorff (2015: 26), die
      im Rahmen eines Symposiums der Nationalen Akademie der Wissenschaften Leo-
      poldina zur Dual-Use-Problematik referiert hat, zählen die nachfolgenden Forschun-
      gen der letzten Jahre zu den besonders bedenklichen (die jeweiligen Literaturstellen,
      auf die Nixdorff Bezug nimmt, sind in eckigen Klammern ergänzt): »die Entwicklung
      eines ›Killer‹-Mauspockenvirus [Jackson & al. 2001], die chemische Synthese eines Po-
      liovirus-Genoms [Cello & al. 2002], die Verstärkung eines Pathogenitätsfaktors des
      Vacciniavirus [Horton & al. 2002], die Rekonstruktion der Spanischen Grippe von
      1918 [Tumpey & al. 2005] und die chemische Synthese eines funktionierenden Bakte-
      riengenoms [Gibson & al. 2010]«.
161   Vgl. Deutscher Ethikrat 2014: 9–10, Fauci & Collins 2012 und Fouchier & al. 2012.
162   Vgl. Lentzos & al. 2015.

stimmte Erkenntnisse zu erzeugen, zu vertiefen, zu verbreiten – und zwar nicht aus dem Grund, dass, wie oben angerissen, mit denselben Mitteln andere, erstrebenswertere oder relevantere Erkenntnisse hätten erzeugt werden können, sondern aufgrund der schieren Anstößigkeit oder sozialen Unerwünschtheit des In-der-Welt-Seins dieser Erkenntnisse? Zumindest in den meisten westlichen Staaten, in denen der Kampf für weitgehende Zensurfreiheit fürs Erste weitgehend ausgefochten zu sein scheint, dürfte die Vorstellung, dass es so etwas wie »verbotenes« Wissen geben sollte, auf den ersten Blick Befremden auslösen. Denn das klassisch-liberale Argument, dass freie Meinungsäußerung ein hohes Gut sei, welches einzuschränken gewichtiger Gründe bedarf, hat längst Niederschlag in Verfassungen und der täglichen Praxis gefunden. Hinzu kommt, dass es sich bei *wissenschaftlichen* Meinungen ja nicht um unüberlegte Ad-hoc-Äußerungen handelt, sondern um Einschätzungen, die in aller Regeln frei von Polemik und in besonders hohem Maße fundiert sein dürften.

Und doch gibt es Fälle, die auch liberal Gesinnte herausfordern dürften. Ein Beispiel: Vor einiger Zeit ist eine Kontroverse um die Erforschung der Zusammenhänge von Intelligenzquotient und Rasse entstanden.[163] Nun soll hier nicht auf die Details dieser Kontroverse eingegangen, sondern lediglich auf die Implikationen eines Gedankenexperiments hingewiesen werden, welches das zugrunde liegende Dilemma zuspitzt: Angenommen, es gäbe tatsächlich belastbare wissenschaftliche Indizien dafür, dass beispielsweise Schwarze im statistischen Mittel über einen geringeren IQ verfügen als Weiße. Sollte man der Menschheit diese Erkenntnisse vorenthalten beziehungsweise weitere Nachforschungen verhindern – aus dem gewissermaßen ehrenwerten Motiv heraus, verhindern zu wollen, dass Rassisten Argumente für ihre diskriminierende Haltung an die Hand gegeben werden? Pointiert formuliert: Ist jede Einsicht »sozialverträglich«, jede Einsicht zumutbar?

---

163 Auf den Punkt gebracht wurde diese Fragestellung durch zwei Kommentar-Artikel in *Nature*: Für die Erforschung dieses Zusammenhangs argumentieren Ceci & Williams 2009, dagegen argumentiert Rose 2009.

3 Philosophische Argumentationslinien

Das vorhergehende Kapitel diente dazu, herauszuarbeiten, welche Fragen im Kontext des Wissenschaftsfreiheitsthemas in besonderer Weise der Klärung und Einordnung bedürfen. Dabei wurden Positionen vorgestellt, die – jeweils im Hinblick auf eine spezifische Debatte – entweder durch den Tenor »die Wissenschaft sollte frei sein« oder aber durch den Tenor »die Wissenschaft sollte weniger frei sein« respektive »die Freiheit der Wissenschaft birgt Gefahren« gekennzeichnet sind. Ein systematischer Ansatz sollte für diese Problemkomplexe Lösungen finden; damit wir an diesen Punkt gelangen können, werden wir uns nun mit einer Reihe von Standpunkten zur Frage der Wissenschaftsfreiheit auseinandersetzen.

3.1 Die Vorzüge der Wissenschaftsfreiheit

Zunächst sollen drei Argumente vorgestellt werden, die die Position jener unterstreichen, die die Vorteile der Wissenschaftsfreiheit betonen. Das erste Argument ist gewissermaßen ein wissenschaftsinternes, nämlich ein auf die erkenntnistheoretischen Vorteile freier Wissenschaft zielendes. Die beiden anderen Argumente beleuchten die Vorteile von Gesellschaften, in denen das Prinzip der Wissenschaftsfreiheit kultiviert wird: das zweite Argument mit einem Akzent auf die demokratische Willensbildung, das dritte unter einem stärker auf das einzelne Individuum ausgerichteten Blickwinkel.

3.1.1 Das Erkenntnisargument

Angenommen, eine politische Gemeinschaft einigt sich darauf, Ressourcen für systematische, professionell betriebene Erkenntnisgewinnung bereitzustellen.[164] Einer häufig ins Feld geführten Argumentationslinie zufolge gibt es nun mindestens einen guten Grund, weshalb es für eine solche Gemeinschaft empfehlenswert ist, dafür Sorge zu tragen, dass sich dieses Unterfangen unter freiheitlichen Bedingungen vollziehen kann: Mangelnde Freiheit ist demnach ein Hemmschuh für effektive Prozesse der Annäherung an wahre Aussagen – und damit im Hinblick auf das Ziel der Erkenntnisgewinnung kontraproduktiv.

In seiner einfachsten Form ist dieses Argument nichts weiter als ein Wenn-dann-Rezept, ein Imperativ der Klugheit: Wenn du wissenschaftliches Wissen erzeugen willst, solltest du der Wissenschaft Freiheiten gewähren. Erst einmal wird hier nichts über eine mögliche *Verwendung* dieses Wissens gesagt. Eine gebräuchliche Antwort auf die Frage nach der Verwendung wäre die Aussicht auf (weiteren) wissenschaftlich-technischen Fortschritt. Wenn man sich überlegt, welches Potenzial diesem Fortschritt innewohnt, ließe sich die Antwort auch anders akzentuieren, nämlich mit einem Verweis auf zu erwartende Freiheitszuwächse. Damit wird aus einem einfachen gewissermaßen ein doppeltes Wissenschaftsfreiheitsargument: Eine freie Wissenschaft erzeugt eine freie Gesellschaft – *frei* erst einmal weniger in einem politischen als in einem auf die Alltagswelt gemünzten Sinne. So sagt Özmen über das Baconsche Programm: »Die Freiheit der Wissenschaft führt zu Erkenntnissen und Erfindungen, die ihrerseits Freiheit ermöglichen, insbesondere die lebensweltliche Emanzipation von den Zwängen der äußeren und inneren Natur des Menschen.«[165]

---

164   Grundsätzlich lässt sich das hier vorgestellte Argument auf jede Form der Erkenntnisgewinnung münzen; durch den spezifizierenden Hinweis auf Systematik und Professionalität soll aber klargestellt werden, dass in unserem Zusammenhang nur der Blick auf jene Erkenntnisse lohnenswert ist, deren Erzeugung keine Banalität darstellt (also beispielsweise wahre logische Aussagen, die sich ohne Weiteres und in beliebiger Anzahl formulieren lassen, oder ohne Anstrengung generierbare empirische Aussagen wie »Auf dem Campus der Universität Regensburg steht eine große Kugel«). Dieser Gedanke ist an Wilholts dezidierter Fokus auf *relevante* Tatsachen bei der Darstellung der erkenntnistheoretischen Begründung von Forschungsfreiheit angelehnt (vgl. 2012a: 83).

165   Özmen 2015: 70.

Wir haben es mit einem epistemologischen Argument zu tun[166]; um den dahinterstehenden Theoriegehalt freizulegen, müssen wir daher dem Zusammenhang von Erkenntnisgewinnung und Freiheit nachspüren. Welche Formen von Freiheit können dazu dienen, jenen, die der Erzeugung von Erkenntnissen professionell und systematisch nachgehen, hohe Erfolgswahrscheinlichkeiten in Aussicht zu stellen? Zu Beginn dieser Abhandlung ist der Wissenschaftsfreiheitsbegriff nach einer Reihe möglicher Bedeutungskomponenten aufgeschlüsselt worden. Dieses Schema kann uns nunmehr dabei helfen, unsere Ausgangsfrage differenzierter zu beantworten. Zunächst ist zu bemerken, dass das hier behandelte Argument auf die Produktion, nicht die Distribution von Erkenntnissen ausgerichtet ist. Es nimmt daher nicht wunder, dass in diesem Kontext der Freiheit der *Forschung* im engeren Sinne in der Literatur die Hauptaufmerksamkeit geschenkt wird. Zweien der Bedeutungskomponenten der Wissenschaftsfreiheit aus dem Schema kommt demgegenüber eine untergeordnete Rolle zu: der Lehrfreiheit und der Publikationsfreiheit. Sie sollen in diesem referierenden Teil der Arbeit vernachlässigt werden; dass aber zwischen der Freiheit der Erkenntnisproduktion und jener der -distribution sehr wohl gewisse Verbindungslinien bestehen, ist im ersten Kapitel bereits angedeutet worden.

Dessen eingedenk können wir uns nun der Forschungsfreiheit zuwenden. So etwa jener Lesart des Erkenntnisarguments, nach der Wissenschaftsfreiheit der Erkenntnisproduktion im Sinne des Postulats förderlich ist, Wissenschaftlern »die freie Wahl der Herangehensweise an ein gegebenes Problem«[167], also methodologische Freiheit zu gewähren. Eine Begründung, weshalb dies erstrebenswert sein könnte, lautet: Es gibt per definitionem niemanden, der besser beurteilen kann, welche Wege einzuschlagen sind, wenn es darum geht, wissenschaftliche Fragestellungen anzugehen, als eben die Wissenschaftler selbst. Keiner vermag die komplexen und häufig hochspezialisierten Sachverhalte, die im Rahmen wissenschaftlicher Forschung zur Disposition stehen, besser zu überblicken und zu durchdringen. Der sich daraus ergebende Imperativ ließe sich dann so formulieren: Lasse

---

166 Dem Duktus Wilholts gemäß, der den kollektiven Charakter wissenschaftlicher Erkenntnisbestrebungen betont, könnte man hier auch von »sozialer Erkenntnistheorie« sprechen (vgl. 2009).

167 Wilholt 2012b: 986.

diejenigen, die dafür ausgebildet sind, ihre Arbeit verrichten und vertraue auf ihre Kenntnisse, Erfahrungen und ihre sie in besonderer Weise qualifizierenden Fähigkeiten. Eine gewisse Mindestqualität der Wissenschaftlerausbildung einschließlich funktionierender Mechanismen der Bestenauswahl vorausgesetzt, erscheint diese Begründung als stichhaltig, aber auch als recht allgemein und unspezifisch. Man könnte mit ihr auch eine »Freiheit des Schmiedehandwerks« oder die »Freiheit der Dachdeckerei« rechtfertigen: Überall dort, wo es Expertise gibt, für die hinreichend zuverlässige professionelle Qualitätssicherungsinstrumentarien bürgen, ist der Laie ceteris paribus gut beraten, dem Experten Vertrauen zu schenken.

Freiheit im methodologischen Sinne scheint in Bezug auf die Wissenschaft noch eine weitergehende, besondere Bedeutung zu haben, zumal auch das Geschäft der Wissenschaft ein besonderes ist. Hier geht es, im Gegensatz zu den Handwerkerbeispielen, ja nicht um ein bloß technisches Know-how, sondern auch um ein bestimmtes Verhältnis zu Wissen als solchem. Von Wissenschaftlern wird mehr als von Vertretern anderer Berufe neben Fachkenntnissen auch die Bereitschaft zur Revision, zur Kritik, zur Weiterentwicklung der theoretischen Basis dieser Kenntnisse erwartet. Es gehört zum Wesen der Wissenschaft, dass Wettbewerb vorherrscht, kein Wettbewerb auf Gedeih und Verderb freilich, sondern ein kollegiales, intellektuelles Kräftemessen, das der Erweiterung von *Wissen* dient. Gerade weil es um Wissen geht, sollte die Wissenschaft frei sein: In dieses Bild fügt sich ein Argument, als dessen wohl prominentester Verfechter John Stuart Mill gilt. Es besagt, dass eine hohe Diversität unterschiedlicher Anschauungen zu einer bestimmten Frage die effektivste Möglichkeit sei, uns einer wahrheitsgemäßen Antwort auf diese Frage anzunähern.

Mill mahnte in seinem Essay *On Liberty*, Meinungen sollten grundsätzlich nicht unterdrückt werden, auch dann nicht, wenn sie uns als offensichtlich falsch erscheinen. »All silencing of discussion is an assumption of infallibility«[168]: Wir haben keine Garantie, dass Meinungen, die von hinreichend mächtigen Instanzen – der Regierung eines Landes etwa – zurückgehalten werden, nicht doch wahr sein könnten. Es gibt demzufolge dann die höchsten Chancen auf die Erkenntnis der (oder jedenfalls eine größtmögliche Annäherung an die) Wahrheit, wenn sie auf dem Wege der argumentati-

---

168   Mill 1998: 22.

ven Konfrontation widerstrebender Meinungen gesucht wird; das bessere Argument muss sich erst als solches erweisen. Mill betont die Notwendigkeit solcher doxastischer Antagonismen sehr nachdrücklich, wenn er schreibt: »[O]n every subject on which difference of opinion is possible, the truth depends on a balance to be struck between two sets of conflicting reasons.«[169]

Als John Stuart Mill sein Argument formulierte, hatte er alle möglichen Meinungen im Sinn, er bezog sich auf die Wahrheitsfindung im öffentlichen Diskurs im Allgemeinen. Um wie viel mehr, könnte man nun sagen, trifft dieser Gedanke auf wissenschaftliche Meinungen zu: Denn wir können davon ausgehen, dass diese in der Regel fundierter sind und – jedenfalls im Vergleich zu emotional und von teilweise sehr unzureichend informierten Teilnehmern geführten öffentlichen Debatten – die Quote an epistemisch minderqualitativen Meinungen hier gering sein dürfte. Wenn wir also Mills Argumentation sogar für einen öffentlichen, nicht allein von Experten geführten Diskurs akzeptieren (und deshalb, wie es ja in westlich-demokratischen Staaten üblich ist, Meinungsfreiheit gewähren), sollten wir dies umso mehr bei wissenschaftlichen Debatten tun. Wir sollten die Wissenschaft demzufolge nicht daran hindern, bestimmte Forschungsmeinungen auszubilden, selbst wenn diese befremdlich oder kontraintuitiv zu sein scheinen. Durch die der wissenschaftlichen Praxis inhärenten Konkurrenz um die besten Theorien und Argumente kann die Wissenschaft auf diese Weise ihrer Aufgabe, Wissen zu produzieren, besser nachkommen, als dies der Fall wäre, würde man von außen steuernd eingreifen und nur bestimmte Lösungsansätze für wissenschaftliche Problemstellungen zulassen.[170] Die Relevanz von Mills Freiheitsphilosophie für die akademische Sphäre liegt, wie Stone betont, darin begründet, dass Freiheit eine Kultur der Diversität schafft, in der Innovationen heranwachsen können:

---

169 Mill 1998: 24.
170 Aufschlussreich in diesem Zusammenhang Balietti & al. 2015, die in einer Reihe von Experimenten wissenschaftliche Interaktionen simuliert haben. Im Rahmen der Simulationen stieg die innerdisziplinäre Fragmentierung und sank die Innovationskraft immer dann, wenn die Wissenschaftler begannen, lediglich die Meinungen jener Kollegen zu rezipieren, deren Sichtweise der eigenen sehr ähnlich war.

»[I]f we allow for frameworks of investigation other than our own, we make for an at-
tractively diverse intellectual ethos and in doing so allow the creativity of different
sorts of people and minds to flower.«[171]

Gewiss wünschen sich die meisten Wissenschaftler, in diesem methodologischen Sinne freie Hand zu haben.[172] Doch solange die methodologische Freiheit sich nur auf das Reich der Theorie bezieht, also so etwas bedeutet wie
die Freiheit, beliebige Hypothesen aufzustellen, sprechen wir lediglich über
eine intellektuelle, eine formale Denk-Freiheit. Eine Wissenschaftlerin aber,
auf die das Attribut »methodologisch frei« zutrifft, sollte auch materiale
Freiheiten genießen, etwa die Freiheit, darüber entscheiden zu können, welche Experimente angestellt werden sollen, um theoretische Annahmen zu
prüfen. Insbesondere solche Freiheiten aber sind durch den Faktor der Kosten von vornherein beschränkt. Der Large Hadron Collider (LHC) am Europäischen Kernforschungszentrum CERN, gemeinhin als größte Maschine
der Welt bezeichnet, führt uns vor Augen, mit welchen immensen Ausgaben
Wissenschaft heute verbunden sein kann: Die Baukosten für die Anlage allein belaufen sich auf etwa 5 Milliarden Schweizer Franken, die für Experimente genutzten Detektoren kosten das CERN weitere 1,3 Milliarden.[173] Es
bedurfte exorbitanter Anstrengungen einer ganzen Reihe von Nationen, damit die Teilchenphysik den – aus Sicht vieler Wissenschaftler[174] – nächsten
wichtigen Schritt gehen konnte. Das CERN ist ein Extrembeispiel[175], aber es
macht deutlich, dass die methodologische Freiheit durch ein unveränderli-
ches Faktum eingeschränkt wird: Die Möglichkeiten, Mittel bereitzustellen,
sind begrenzt.

Wir wollen diesen Mittel-Aspekt eher als eine Art Schlussstein der
methodologischen Freiheit verstehen, als ihn unter einem eigenständigen

---

171 Stone 2015: Pos. 701–704 .

172 Bei Blissett (1972: 55) etwa findet sich eine – zeitlich schon etwas zurückliegende –
     Studie, in deren Rahmen 835 Wissenschaftler befragt wurden, ob sie die folgenden
     Aussage unterschreiben können: »The pursuit of science is best organized when as
     much freedom as possible is granted to all scientists.« Nicht gänzlich überraschend,
     äußerte sich ein Großteil der Befragten positiv: 77 Prozent bekundeten Zustimmung
     (»agree«) oder nachdrückliche Zustimmung (»strongly agree«).

173 Vgl. CERN 2009: 17.

174 Siehe hierzu etwa Swaine 2008.

175 Aber kein Unikum: Zum Zeitpunkt der Verfassung dieses Textes befand sich etwa der
     Kernfusions-Reaktor ITER in Bau, dessen Kosten die *New York Times* auf 21 Milliar-
     den US-Dollar beziffert, vgl. Crease 2015.

Freiheitsbegriff zu fassen, wie Wilholt dies tut[176], der von der »Freiheit der Mittel« spricht. Diese Form der Freiheit existiert, jedenfalls dann, wenn man sie in einem absoluten Sinne auffasst, nur in der Theorie. Denn sie würde implizieren, dass im wahrsten Sinne des Wortes beliebig viele Ressourcen für wissenschaftliche Aktivitäten zur Verfügung gestellt werden. Sollte man also von einer graduellen Annäherung an das Konzept der Mittelfreiheit sprechen, je nach Finanzierungsgrad? Der Zusammenhang zwischen der Gewährung von Mitteln und besserer Erkenntnisfähigkeit ist zweifelsohne ein komplexer, doch eines dürfte offensichtlich sein: Es ist im Hinblick auf ein mit einem Forschungsprojekt verbundenes Erkenntnisziel ceteris paribus besser (oder jedenfalls nicht schlechter), das Projekt zu finanzieren und durchzuführen, als dies nicht zu tun. Auch diejenigen Projekte, die am Ende finanziert werden, haben indes ein Budget, das irgendwann ausgereizt ist. Das macht deutlich, weshalb das Konzept »Freiheit der Mittel« problematisch ist: Eine Freiheit, die kein einziger Forscher, kein einziges Forscherkollektiv je innehat, ist ein sonderbares Konstrukt – sie ist eine Freiheit, die einer materialen Dimension entbehrt.

Wilholt sieht diese Schwierigkeit; er versucht sie mit dem Hinweis zu umgehen, die Forderung nach einer Freiheit der Mittel sei nicht absolut, sondern

> »eher in dem Sinn zu verstehen, dass die Gesellschaft idealerweise ausreichend Mittel zur Verfügung stellen sollte, um eine anhaltende und lebendige Weiterentwicklung der Disziplinen zu ermöglichen (was immer das genau bedeutet), und dass über die genaue Verwendung der Mittel die Wissenschaftler selbst entscheiden sollten.«[177]

Hier scheint es sich um eine Art Hybrid aus dem oben beschriebenen Konzept methodologischer Freiheit einerseits (Wissenschaftler dürfen selbst über die Verwendung der Mittel entscheiden) und einer recht unkonkreten Forderung an die Geldgeber andererseits zu handeln. Es dürfte allerdings schwierig sein, herauszufinden, ob für ein bestimmtes Wissenschaftssystem die Freiheit der Mittel in dieser Lesart gilt oder nicht. Die geforderte »Weiterentwicklung der Disziplinen« könnte als sehr hohe Anforderung interpretiert werden. So könnte sie die Notwendigkeit beinhalten, Forschungsanlagen vom Umfang eines LHC bauen zu müssen (mit einem Argument wie:

---

176 Die »Freiheit der Mittel« fasst er als eine Art Komplementärbegriff zur »Freiheit der Ziele« auf, vgl. Wilholt 2010: 175 und 2012a: 33–42.

177 Wilholt 2012a: 35.

»Sonst ist die Teilchenphysik tot!«). Sie lässt aber auch Interpretationsspiel-
raum in die andere Richtung zu, die Richtung sehr geringer Anforderungen:
Solange sichergestellt ist, dass von jeder Disziplin einige wenige Vertreter
unterschiedlicher Theorierichtungen übrig bleiben, könnte man, so gesehen, die Forschungsausgaben radikal zurückfahren (mit einem Argument
dieser Art: »Die Germanistik entwickelt sich – wenngleich auf andere Weise – auch dann weiter, wenn sie ein um 90 Prozent reduziertes Forschungs-
personal aufweist«).[178]

Konzeptionell leichter als der Begriff der Freiheit der Mittel lässt sich
die Freiheit der Ziele fassen. Man könnte diese Form der Wissenschaftsfreiheit auch »programmatische Freiheit« nennen – sie bezieht sich im Gegensatz zur methodologischen Freiheit nicht auf Problemlösungswege, sondern
auf die Frage, welche Probleme überhaupt erst angegangen werden sollen.
Eine fiktiv-personifizierte Ansprache der Gesellschaft[179] an die Wissenschaft
würde dann so klingen: Hier habt ihr Wissenschaftler ein gewisses Quan-
tum an Ressourcen. Das ist die Summe, die wir als angemessene Investition
in die Erzeugung neuer Erkenntnisse empfinden. Teilt euch diese Mittel auf,
wie ihr es für sinnvoll haltet, erforscht, was ihr für erforschenswert haltet.
Ihr als Wissenschaftsgemeinschaft könnt – in den einzelnen Disziplinen –
autonom darüber entscheiden.

Warum sollte die Wissenschaft die Freiheit über die Wahl der Ziele
innehaben? Aus Sicht der Erkenntnistheorie gibt es eine Begründung hierfür, die sich nahtlos an die Grundidee anfügt, die hinter dem Postulat der
methodologischen Freiheit steht: Die unter methodologischen Gesichtspunkten geforderte Diversität von Lösungsansätzen (die gewissermaßen die
Mikroebene darstellt), wird (sozusagen auf der Makroebene) ergänzt um ein
Postulat möglichst hoher Diversität der Forschungs*fragen*. Diese lässt sich,

---

178   Der dann freilich immer noch in gleicher Quantität bestehende Bedarf von Lehrper-
      sonal zur Ausbildung von Studierenden und die Verschränkung von Forschung und
      Lehre wurde in diesem Gedankenexperiment *for the argument's sake* außer Acht
      gelassen.

179   Wissenschaft kann auch andere Geldgeber aufweisen. Da ein Mäzenatentum, das
      Wissenschaft finanziert und ihr zugleich gänzlich freie Hand bei der Wahl der For-
      schungsziele lässt, heute aber bestenfalls eine Randerscheinung sein dürfte, wollen
      wir uns bei der idealtypischen Rekonstruktion dieses Teilaspekts des Erkenntnisargu-
      ments auf die Gesellschaft als Geldgeber beschränken.

so das Argument, besser dezentral als durch eine zentralisiert-autoritative Steuerung organisieren:

> »Bei einer zentralen Organisationsweise müssten die zentralen Autoritäten sowohl über möglichst umfassendes globales Wissen als auch über möglichst erschöpfendes und detailliertes lokales Wissen hinsichtlich aller Forschungseinrichtungen ihres Entscheidungsbereiches verfügen, um eine möglichst fruchtbare Verteilung von Forschungsaufträgen veranlassen zu können. An dieser Stelle wird ein entscheidender Vorteil der dezentralen Organisation erkennbar: Während das globale Wissen auf dem Wege des wissenschaftlichen Veröffentlichungswesens erfasst werden kann, ist es nicht sehr glaubhaft, dass es gelingen könnte, das gesamte relevante lokale Wissen, das über die gesamte wissenschaftliche Gemeinschaft verstreut ist, fortwährend zu erheben, an eine zentrale Autorität zu kommunizieren und dort sinnvoll zu verarbeiten.«[180]

Es besteht kein Zweifel, dass die Wissenschaftslandschaft heute zu unübersichtlich und feingliedrig ist, als dass ein solche zentralisierte, gleichsam aus dem Panopticon vorgenommene Wissenschaftssteuerung ohne Weiteres umsetzbar wäre. Ein Argument dafür, der Wissenschaft bei der Planung von Forschungsprojekten freie Hand zu lassen, ist dies jedoch nur dann, wenn man bereit ist, die dahinterstehende Verallgemeinerung zu akzeptieren, die besagt: Die die Wissenschaft finanzierende Gesellschaft ist daran interessiert, dass schlicht und einfach möglichst viele Erkenntnisse mit den bestehenden Ressourcen generiert werden – und das ganz gewichtungsfrei. Wäre das Modell der Erkenntnisgewinnung, das der institutionalisierten Wissenschaft zugrunde liegt, ein rein quantitatives, nach dem jeder neuen Erkenntnis, jeder konsistenten Theorie zu beliebigen Fragen dieselbe Relevanz und Priorität zukommt: Dann müssten wir wohl in der Tat den Wissenschaften Freiheiten in Bezug auf die Forschungsagenden gewähren.

In unserer unvollkommenen Welt mit ihren historisch gewachsenen Wissenschaftssystemen aber impliziert das Faktum begrenzter Mittel ja, dass nicht jede denkbare wissenschaftliche Frage aufs Tapet gebracht werden kann.[181] Eben dies gilt im Übrigen nicht nur heute, in Zeiten der Big

---

180 Wilholt 2012a: 105.

181 Zugleich ist klar, dass, wenn der Umfang der bereitgestellten Mittel so gering ist, dass kein Wissenschaftssystem mit einer gewissen Mindestvielfalt von Disziplinen realisiert wird, von einer »Freiheit der Ziele« nicht mehr die Rede sein kann – selbst dann nicht, wenn die (dann noch verbleibende) Wissenschaft mit den sehr geringen Ressourcen beliebige Forschungsprojekte verfolgen dürfte. Dabei handelte es sich freilich ohnehin nicht mehr um jene institutionalisierte Wissenschaft, die die vorliegende Abhandlung zum Gegenstand hat.

Science, sondern trifft ebenso auf Zeiten zu, in denen Wissenschaft ein deutlich weniger ressourcenintensives Unterfangen war: Auch hier gab es, beispielsweise, nur eine begrenzte Menge an zur Verfügungen stehendem Personal. Eine sinnvolle Konzeption der Freiheit der Ziele kann nicht gleichzusetzen sein mit der Möglichkeit, alles zu erforschen. Vielmehr könnte sich eine unter den Bedingungen der Freiheit der Ziele operierende Wissenschaftsgemeinschaft zwar für beliebige Forschungsprojekte entscheiden, jedoch nur solange, bis die pauschal zur Verfügung gestellten Mittel aufgebraucht sind.

Mag eine gänzlich programmatisch fremdgesteuerte Wissenschaft auch eine geringe epistemische Leistungsfähigkeit aufweisen, gilt es doch, eine partielle Relativierung der Freiheit-der-Ziele-Konzeption vorzunehmen. Dworkin nämlich hat durchaus Recht, wenn er bemerkt:

> »Certainly science and probably every other study in the university is more successful, judged in purely academic terms, when it is free from either political control or the dominion of commerce. But we must nevertheless concede that on many occasions certain compromises of academic freedom might well provide even more efficient truth-seeking strategies, particularly if we want to discover not just what is true but also what is useful or important.«[182]

Es gilt darüber hinaus zu bedenken, dass Existenz und Erfolg der institutionalisierten Wissenschaft von vornherein nur denkbar waren, weil eine Priorisierung des zu erzeugenden Wissens vorgenommen wurde: zugunsten jenes Wissens, das anwendbar ist und technischen Fortschritt verheißt. Bayertz etwa sieht gerade im zu Beginn erwähnten Programm Francis Bacons einen Meilenstein auf dem Weg zur Etablierung des Wissenschaftsfreiheitsprinzips. Ersteres sei gekennzeichnet durch die »Forderung nach der Beseitigung aller Restriktionen der Forschung um der Maximierung des mit dem Wissen verbundenen Nutzens willen«. Damit sei einem neuen Wissenschaftstypus der Weg geebnet worden: Wissenschaft, die auf »nutzenorientierte Erforschung der Natur« zielt.[183] Wenn man bedenkt, dass die Wissenschaft erst durch eine solche wissenschaftspolitische Verengung auf bestimmte Wissensformen erfolgreich werden konnte, gerät die Vorstellung, es sei das Beste, wenn die Wissenschaft *immer* gänzlich autonom über ihre Programmatik entscheiden dürfe, ins Wanken.

---

182   Dworkin 1996: 248.
183   Bayertz 2000: 317.

Vor dem Hintergrund dieser Ausführungen erscheint die methodologische Freiheit als erstrebenswertes Ziel für all jene, die Erkenntnisproduktivität sicherstellen wollen. Die Freiheit der Ziele hingegen lässt sich schwerlich als unumschränkt effektives Mittel zur Erkenntnisgewinnung bezeichnen. Zwar erscheint es als plausibel, dass die Ausgestaltung von Forschungsagenden ein zu komplexes Unterfangen ist, als dass es sich gänzlich zentralisiert durchführen ließe. Dies bedeutet im Umkehrschluss aber nicht, dass Elemente der externen Agendasetzung sich immer hemmend auf wissenschaftliche Erkenntnisproduktivität auswirken muss.

3.1.2 Das Demokratieargument

Wer bestrebt ist, eine freie Wissenschaft zu begründen, kann wissenschaftsintern argumentieren und funktionale Zusammenhänge zwischen freiheitlichen Strukturen und dem institutionalisierten Ziel der Erkenntnisgewinnung betonen. Er kann aber auch auf übergeordnete, wissenschaftsexterne Zwecke wissenschaftlicher Aktivität hinweisen – so, wie das nun vorzustellende Argument. Eine Lesart dieses Arguments besagt: Wenn wir florierende Demokratien für erstrebenswert halten, haben wir zugleich einen guten Grund, Wissenschaftsfreiheit zu befördern. Im Hintergrund steht dabei die Annahme, dass zwischen demokratisch geprägten Gesellschaften und einer freiheitlich geprägten Wissenschaft ein starker Zusammenhang besteht. Dieser Zusammenhang ist in der Vergangenheit vor allem unter Verweis auf geteilte Werte hervorgehoben worden:

> »Scientific culture and education, as fathers of modern democracy from Spinoza to Thomas Jefferson understood, are the source of the fundamental values of democratic life. This also means that promoting scientific education and culture – that is, exporting science – is probably a much more effective, as well as less violent way, to spread well-being and democracy in the countries where they are still lacking.«[184]

Ob nun die Wissenschaft tatsächlich als Vehikel zur Etablierung demokratischer Ordnungen in bislang undemokratischen Ländern taugen mag, muss hier dahingestellt bleiben. Entscheidender ist in unserem Zusammenhang die Frage nach der Art der geteilten Werte. Wenn Demokratie bedeutet, dass alle Macht vom Volk ausgeht, dann könnte man diese Staatsform in Abgrenzung zu anderen Staatsformen als *antiautoritär* bezeichnen: Hier liegt die

---

184 Corbellini & Sirgiovanni 2012: 122.

Gestaltungs- und Deutungsmacht nicht starr bei einigen wenigen oder gar einer einzigen Person, sondern idealiter bei allen mündigen Bürgern. In historischer Perspektive lässt sich diese Feststellung nun verknüpfen mit dem, was Bayertz als kantisches Argument für die Wissenschaftsfreiheit skizziert. Indem zur Zeit der Aufklärung zunehmend die Idee der Innovation – im Gegensatz zur Orthodoxie eines Systems bestehender, nicht anzuzweifelnder Lehren – als zentrale Komponente wissenschaftlicher Tätigkeit aufgefasst worden sei, habe sich das Wissenschaftsideal gewandelt. Aus zweierlei Gründen habe dieses Streben nach neuem Wissen eine antiautoritäre Orientierung aufgewiesen: Es habe dem Zeugnis der Sinne in höherem Maße Glauben geschenkt als jenem des Bücherwissens; und es habe bei der Überwindung der Idee sakrosankter Wissensbestände geholfen.[185]

Bis heute hat sich die Überzeugung gehalten, dass funktionierende Demokratien, wie auch die Wissenschaft, auf dem Prinzip des freien *Austauschs von Argumenten* basieren. So betont Nida-Rümelin:

> »In der Demokratie spielt [...] der Rekurs auf gute Gründe eine größere Rolle als in jeder anderen Staatsform. Die politische Sphäre steht in einem engen Wechselverhältnis zur Mediensphäre und beide wiederum zur lebensweltlichen Verständigungspraxis der Bürgerschaft. [...] Ohne das Argument, ohne den öffentlichen Streit um die Angemessenheit politischer Entscheidungen, gibt es keine Demokratie. Und wir sollten dieses Charakteristikum ernst nehmen. Wir leben in einer deliberativen Demokratie oder wir leben nicht in einer Demokratie.«[186]

Mit Blick auf neuere Entwicklungen muss die These von einer demokratischen Binnenstruktur der Wissenschaft wohl ein Stück weit abgeschwächt werden, zumindest in einer bestimmten Hinsicht: Die Wissenschaft ist trotz der theoretischen Ebenbürtigkeit von Wissenschaftler-Peers in der Praxis hochgradig und in wachsendem Maße inegalitär. So weist Xie in einer aktuellen Publikation darauf hin, dass die Ungleichheit in zentralen Bereichen – Forschungsmittel und -output, erworbene Gratifikationen für Forschungsleistungen – sowohl auf der Ebene der individuellen Wissenschaftler als auch auf jener der Wissenschaftsinstitutionen in den letzten Jahren faktisch zugenommen hat.[187] Auch auf der allgemeinpolitischen Ebene kann es, könnte man einwenden, doch ein gewisses Maß an Ungleichheiten zwischen

---

185   Vgl. Bayertz 2000: 311–312.
186   Nida-Rümelin 2006: 39 & 41. Im Original ist der erste Satz kursiv gedruckt.
187   Xie 2014. Vgl. hierzu auch Price, der der Wissenschaft schon 1963 Tendenzen der »undemocracy« bescheinigt hat.

den Bürgern geben, ohne dass das Funktionieren des demokratischen Systems notwendigerweise angezweifelt werden muss. Doch in der Wissenschaft bedeuten mehr Mittel und mehr Aufmerksamkeit in noch unmittelbarerer Weise auch mehr Macht – hier existiert schließlich kein formales Prinzip, das jenem des »One man, one vote« auf der allgemeinpolitischen Ebene vergleichbar wäre.

Die Wissenschaft als Ort, an dem alle gleich sind und nur das bessere Argument zählt, als idealtypisches Vorbild für demokratische Gesellschaften also, erscheint daher eher als anachronistischer Rekurs auf das Prinzip der egalitären Gelehrtengemeinschaft. Und doch findet man in der Literatur häufig die Meinung vor, die freie Wissenschaft sei unverzichtbar für die Demokratie – insbesondere deshalb, weil sie, wie Hagner schreibt, »zum eigenständigen, kritischen Denken führt«[188]. Diese Ansicht nun lässt sich auch in einer um hundertachtzig Grad gewendeten Form antreffen: Nicht nur ist für die Demokratie die Wissenschaft unverzichtbar; vielmehr findet auch die Wissenschaft in einer Demokratie im Vergleich zu anderen Staatsformen bessere Ausgangsbedingungen vor.

Die klassische Position ist in diesem Kontext jene Robert K. Mertons. Für ihn gehören (gute) Wissenschaft und Demokratie untrennbar zusammen, die Wissenschaft habe die besten Entwicklungsmöglichkeiten »in einer demokratischen Ordnung, die das Ethos der Wissenschaft integriert hat«[189]. Mertons Versuch, Wissenschaftsfreiheit und liberale Werte emphatisch aneinander zu binden, entsprang freilich auch dem Geist seiner Zeit. Vor dem Eindruck des italienischen Faschismus, des deutschen Nationalsozialismus, des sowjetischen Stalinismus fanden sich gerade in den Vereinigten Staaten in den 1930er und 1940er Jahren viele Unterstützer der Überzeugung, die Wissenschaft sei, jedenfalls im ideellen Sinne, gegen den Totalitarismus in Stellung zu bringen.[190] In der Paraphrase MacLeods: »Where democracy was threatened [...], science suffered – where science was in chains, in the Nazi and Soviet regimes, it was said, neither science nor freedom could flourish.«[191]

---

188 Hagner 2012: 11.
189 Merton 1985: 89.
190 Vgl. Wang 1999: 280–281.
191 MacLeod 1997: 377.

Bernard Barber, ein Zeitgenosse Mertons und wie er ein Pionier der Wissenschaftssoziologie, hat die These vom Zusammenhang zwischen Wissenschaft und Demokratie weiter ausgearbeitet.[192] Welche sozio-kulturellen Bedingungen, fragte er, bieten der Wissenschaft in der modernen Gesellschaft die besten Entwicklungsmöglichkeiten? Die Antwort, die Barber gibt, beinhaltet zunächst eine Reihe von Werten: Rationalität; ein pragmatisches Nützlichkeitsdenken; ein Universalismus, der sicherstellt, dass jeder unabhängig von seiner Herkunft seinen Fähigkeiten entsprechenden Beschäftigungen nachgehen kann, also beispielsweise, wenn er dafür talentiert genug ist, Wissenschaftler werden darf. Darüber hinaus eine Kultur, in der individuelle Verantwortung eine wichtige Rolle spielt (zumal für Barber die Validität wissenschaftliches Wissens durch die Integrität individueller Wissenschaftler sichergestellt wird) sowie der Glaube an die prinzipielle Möglichkeit von Fortschritt. Ergänzt wird dieser Wertekanon um gesellschaftliche Faktoren wie arbeitsteilige, hochgradig spezialisierte Produktionsverhältnisse, soziale Durchlässigkeit und, allgemein, ein politisches System, das ein hohes Maß an Liberalität innehat. Ein Staat, der alle diese Eigenschaften aufweist, kommt dem sehr nahe, was viele unter einer idealen Demokratie verstehen – und er wäre, wenn Barber Recht hat, zugleich ein idealer Nährboden für eine florierende Wissenschaft.

In jüngerer Zeit war es vor allem Philip Kitcher, der mit seinen Veröffentlichungen *Science, Truth, and Democracy* (2001) und *Science in a Democratic Society* (2011) den Wissenschafts-Demokratie-Konnex auf die Tagesordnung der Wissenschaftsphilosophie gesetzt hat. Kitcher fasst die Frage, was gute Wissenschaft sei, zuallererst als gesellschaftlich-politische auf: Wie Wissenschaft in demokratischen Gesellschaften des 21. Jahrhunderts ausgestaltet werden soll, darf sich nicht dem Willen und den Vorstellungen der Bürger entziehen. Kitcher geht gleichwohl nicht so weit, zu fordern, diese Frage sei durch Volksabstimmungen oder Bürgergremien zu beantworten, welche beispielsweise en detail über die Bewilligung von Forschungsgeldern oder die Vergabe von Professuren beraten. Denn dafür ist die Masse zu kenntnisarm, zu erratisch:

>»Only a moment's reflection is needed to see that the most likely consequence of holding inquiry to the standard of vulgar democracy would be a tyranny of the ignorant, a state in which projects with epistemic significance would often be dismissed, per-

---

192 Vgl. Barber 1953: 60–83.

ceptions of short-term benefits would dominate, and resources would be likely to be channeled toward a few ›hot topics‹.«[193]

Entworfen, um die Fährnisse der »Tyrannei der Unwissenden« zu umschiffen, hat Kitcher ein Konzept vorgestellt, das an kontraktualistische Theorien erinnert: die »well-ordered science«. Um dieses Ideal einer wohlgeordneten Wissenschaft zu erreichen, ist laut Kitcher ein dreistufiger Entscheidungsfindungsprozess zu durchlaufen.[194] Wenn es, erstens, um die Ausgestaltung von Forschungsagenden und die Mittelzuweisung an Forschungsprojekte geht, ist die optimale Vorgehensweise jene, auf die sich wohlinformierte Diskutanten (»ideal deliberators«) nach einem offenen Austausch von Argumenten einigen würden. Auch bei der möglichst effizienten Verfolgung einmal gesteckter Forschungsziele, zweitens, und bei der Anwendung und Übersetzung der Resultate in die Praxis, drittens, sieht der Prozess vor, sich an dem Urteil der *ideal deliberators* zu orientieren. Kitcher ist sich bewusst, dass seine Vorstellung einer wohlgeordneten Wissenschaft nirgendwo auf der Welt jemals in Perfektion umgesetzt werden wird; er versteht darunter ohnehin eher ein Ordnungsprinzip, das dabei helfen soll, Wissenschaft in einer gesellschaftsdienlichen Weise zu strukturieren.

Kitchers Ansatz ist aufschlussreich, weil er zeigt, dass der Zusammenhang zwischen freier Wissenschaft und Demokratie ein komplexer ist und Prinzipien, die in der Demokratie gelten, nicht immer im Maßstab eins-zueins auf die Wissenschaft übertragbar sind. Bei Letzterer handelt es sich ja um eine hochspezialisierte Sphäre mit einem dezidierten Ziel: Sie ist Lieferantin von *Wissen*. Gerade darin liegt nun eine Möglichkeit, Wissenschaftsfreiheit demokratietheoretisch zu begründen. Wilholt beschreibt sie so:

> »Zu den entscheidenden Voraussetzungen des demokratischen Prozesses gehört neben der freien Meinungsäußerung auch die Freiheit der Bürger, sich Wissen zu verschaffen. Die Freiheit der Wissenschaft ist dieser Überlegung zufolge insoweit als politisches Recht gerechtfertigt, wie sie für die freie Wissensbeschaffung der Bürger für die Zwecke des demokratischen Prozesses erforderlich ist.«[195]

Was aber wäre die Voraussetzung für die von Wilholt ins Feld geführte ungehinderte Wissensbeschaffung? Die Wissenschaft müsste dazu zunächst einmal in einem ganz bestimmten Sinne frei sein: Ihre Lehre und die Publikation ihrer Ergebnisse dürfen nicht durch umfangreiche Zensurmaßnah-

---

193 Kitcher 2001: 117.
194 Vgl. Kitcher 2001: 117–135, insbes. 122–123, und 2011: 105–137.
195 Wilholt 2012a: 228.

men begrenzt werden, weil andernfalls wissenschaftsexternen Personen der Zugriff auf die jeweiligen Erkenntnisse versagt wäre.[196] Dieses Prinzip hervorzuheben erscheint als notwendig – zumal in einer Zeit, in der die staatliche Zensur weltweit auf dem Vormarsch ist.[197] Doch die Argumentation lässt sich noch einen Schritt weiterführen.

Nicht nur für die Distributions-, sondern auch für die Produktionsbedingungen wissenschaftlicher Erkenntnisse könnte man aus den genannten Gründen Freiheit einfordern. Denn dem Prozess, der der Ausbildung dieser Meinungen zuvorgeht, wohnt ein besonderes Maß an Gründlichkeit, Systematik und methodischer Kontrolle inne. Entsprechend hervorgehoben ist die Bedeutung in dieser Weise generierter Meinungen für die Demokratie. Die Wissenschaft liefert demnach die mit Sorgfalt erzeugten, »objektiven« Erkenntnisse (jedenfalls objektivere als andere Quellen), die die Bürger benötigen, damit sie »politische Präferenzen ausbilden können, die ihre Interessen und Werte auf angemessene Weise widerspiegeln«[198]. Dies bedeutet aber zugleich, dass die politischen Kräfte, die gerade an der Macht sind, also die kontingenten Faktoren innerhalb des stabileren Rahmens der Demokratie, diese Wissensquelle nicht beeinflussen dürfen, da sonst kein politischer Willensbildungsprozess durch informierte Entscheidungen mehr möglich ist. Politische Praxis und freie Wissenschaft verhalten sich demzufolge in etwa so zueinander wie die Stachelschweine in Schopenhauers Fabel[199]: Beide sind aufeinander angewiesen – und sollten sich doch nicht zu nahe kommen.

Die wichtigsten Aspekte des Demokratiearguments lassen sich somit in zwei Postulaten zusammenfassen:

1. Demokratische Beteiligung ist darauf angewiesen, dass in einer Gesellschaft keine allzu großen **epistemischen Asymmetrien** entstehen: Der Wissensstand der Bürger muss einigermaßen vergleichbar sein,

---

196   Eine wissenschaftsexterne Voraussetzung bestünde darüber hinaus in der Existenz einer hinreichenden Menge an Informationsangeboten für die Bevölkerung, beispielsweise wissenschaftsjournalistischer Art.

197   Wie Naím & Bennett 2015 belegen.

198   Wilholt 2012b: 986.

199   »Eine Gesellschaft Stachelschweine drängte sich, an einem kalten Wintertage, recht nahe zusammen, um, durch die gegenseitige Wärme, sich vor dem Erfrieren zu schützen. Jedoch bald empfanden sie die gegenseitigen Stacheln; welches sie dann wieder von einander entfernte.« (Schopenhauer 1939: 690)

Wissen darf nicht epistemischen Eliten vorbehalten bleiben. Da aber die freie Wissenschaft ein effizienter Motor der Erzeugung zuverlässiger Erkenntnisse ist, muss sie vor der Zensur geschützt werden.

2. Der Wissenschaft kommt eine **pädagogische Aufgabe** zu. Man könnte argumentieren, dass die Bürger in einem Rahmen, in dem eine freie Wissenschaft existiert, auf lange Sicht gewisse Qualitäten aufweisen werden, die sie zur demokratischen Teilhabe in besonderer Weise befähigen.

Das erste Postulat ist, jedenfalls in westlichen Demokratien, weitgehend akzeptiert und stellt einen Teilaspekt des Diskurses um die freie Meinungsäußerung dar. Das zweite Postulat hingegen erscheint als umstrittener und weniger beachtet – und somit als erläuterungsbedürftiger. Dieses zweite Postulat nun ist eng verwandt mit dem nun vorzustellenden Argument, welches auf den Bildungseffekt der freien Wissenschaft abzielt.

3.1.3   Das Bildungsargument

Wenn wir uns fragen, wer es denn sei, der durch die Wissenschaft Bildung erfährt, drängt sich zunächst die Einsicht auf, dass die Bandbreite der unmittelbaren Wissenschaftsprofiteure gemäß der nun vorgestellten Begründungslinie erst einmal recht schmal ist. Bildung durch Wissenschaft betrifft in erster Linie jene, die Wissenschaft ausüben, also Wissenschaftlerinnen und Wissenschaftler sowie, unter Umständen, Studentinnen und Studenten. Wie vollzieht sich dieser Bildungseffekt?

Wenngleich der Rekurs auf die Persönlichkeitsbildung als Strategie zur Rechtfertigung von Wissenschaftsfreiheit seit geraumer Zeit eher ein Nischendasein fristet, lässt sich die Vorstellung, dass die Erkenntnissuche Menschen zu formen vermag, bis in die Antike zurückverfolgen.[200] In unserem Zusammenhang von hervorgehobener ideengeschichtlicher Bedeutung ist die Tatsache, dass das Konzept »Bildung durch freie wissenschaftliche Betätigung« an der Wende vom 18. zum 19. Jahrhundert – in der Zeit, als

---

200   Man denke etwa an Platons ethischen Intellektualismus, der das Streben nach objektiver Erkenntnis und die individuelle Vervollkommnung eng aneinander knüpfte (vgl. Erler 2006: 101-103) oder die anthropologischen Verbindungslinien, die Aristoteles zwischen Erkenntnisdrang und menschlicher Natur zeichnete (vgl. Bayertz 2000: 304-305).

jene Stätten, an denen Wissenschaft betrieben wurde, in Deutschland grundlegende Reformen erfuhren – viele Verfechter fand, eine Tatsache, die sich bis heute auswirkt. Die reformierte deutsche Universität als Bildungseinrichtung war ja darauf bedacht, dass die Studierenden den Forschern beim Tagesgeschäft der Erkenntnisgewinnung über die Schulter schauen konnten. Die im Zuge dessen betriebene Wissenschaft sollte frei sein; und diese Überzeugung ging mit einem noch grundlegenderen Diskurs zur Freiheit des Denkens und der Meinungsäußerung Hand in Hand.

J. G. Fichte hat diese Zusammenhänge in der *Zurückforderung der Denkfreiheit von den Fürsten Europens* prominent formuliert. Zwei zentrale Thesen sollen hier herausgegriffen werden. Zum einen: Erst dann, wenn unser Denken frei ist, können wir unser spezifisch-menschliches Potenzial als zum Vernunftgebrauch fähige Geschöpfe realisieren:

> »*Frei* denken zu können ist der auszeichnende Unterschied des Menschenverstandes vom Thierverstande. [D]ie Aeußerung der Freiheit im Denken ist eben so, wie die Aeußerung derselben im Wollen, inniger Bestandteil seiner Persönlichkeit; ist die nothwendige Bedingung, unter welcher allein er sagen kann: ich *bin*, bin selbstständiges Wesen.«[201]

Der Wahrheitssuche wohnt, zum zweiten, eine moralische, charakterbildende Komponente inne: »Freie und uneigennützige Liebe zur theoretischen Wahrheit, *weil* sie Wahrheit ist, ist die fruchtbarste Vorbereitung zur sittlichen Reinigkeit der Gesinnungen.«[202] Für Fichte ist sie ein »mit unsrer Persönlichkeit, mit unsrer Sittlichkeit innig verknüpfte[s] Recht«, ein »Weg zur moralischen Veredlung«[203].

Die maximal komprimierte Fassung des Bildungsarguments lautet: Wahrheitssuche funktioniert am besten in Freiheit; diesen Zusammenhang selbsttätig durch wissenschaftliche Praxis zu erfahren, bildet. Was diese Einsicht seinerzeit für die höheren Bildungseinrichtungen – zumindest dem Willen der Theoretiker gemäß – bedeuten sollten, wird an Immanuel Kants Manifest über den *Streit der Facultäten* von 1798 ersichtlich. Sein wissenschaftspolitischer Hintergrund war der inneruniversitäre Konkurrenzkampf der philosophischen – also sowohl geistes- als auch naturwissenschaftlichen – Fakultät innerhalb der Universität mit den drei berufsbildenden Fa-

---

201 Fichte 1964: 175.
202 Fichte 1964: 175.
203 Fichte 1964: 175–176.

kultäten für Theologie, Medizin und Jura. Galt die philosophische Fakultät im 18. Jahrhundert noch als untergeordnet und propädeutisch für die anderen Disziplinen, zeichnet Kant nun mit einigem Enthusiasmus das Bild einer Einrichtung, der die Zukunft gehört, weil es ihr nicht um Dogmen und Handbuchwissen, sondern um die ebenso diffizile wie erhabene Suche nach Wahrheit geht – und die deshalb frei zu sein habe.[204] Die Verknüpfung solcher institutionellen Fragen mit Fragen der individuellen Bildung lag damals in der Luft – Wissenschaftspolitik hatte, könnte man sagen, noch eine stärker bildungspolitische (etwa im Gegensatz zu: wirtschaftspolitische) Schlagseite. Humboldts Vision einer neuen, unter dem Leitspruch der »Einsamkeit und Freiheit« stehenden Art von Universität, in der eben jener philosophischen Fakultät eine zentrale Rolle zukam, sollte denn auch dazu dienen, »die objective Wissenschaft mit der subjektiven Bildung«[205] zu verknüpfen.

Freilich: Humboldts Vorstellungen fielen in eine Zeit, in der das Prinzip der Massenuniversität noch fern war. Als die Berliner Universität, das Musterbeispiel reformierter deutscher Universitäten, zum Wintersemester 1810 ihren Lehrbetrieb aufnahm, hatten sich gerade einmal 256 Studenten eingeschrieben, die von 58 Hochschullehrern in etwa 20 wissenschaftlichen Institutionen betreut wurden. Im ersten Jahrfünft ihres Bestehens besuchten insgesamt 1307 Studenten die Universität.[206] Es ist offensichtlich, dass unter diesen verhältnismäßig elitären Verhältnissen einem fruchtbaren fachlichen wie zwischenmenschlichen Umgang zwischen Lehrenden und Lernenden wenig entgegenstand und die Verwaltungsaufgaben sich in Grenzen hielten. Wer für das Bildungsargument Gültigkeit in der Jetztzeit beanspruchen will, der müsste in einem ersten Schritt zeigen, dass die Wissenschaftsstätten von heute ihren bildenden Charakter nicht verloren haben – oder dass diese sich jedenfalls in einer praktikablen Weise so ausgestalten ließen, dass dieser Charakter hervorträte.

Gelänge dies, wäre in einem zweiten Schritt zu fragen: Was genau können Menschen – jenseits der reinen Fachkenntnisse – heute von der Wissenschaft lernen? Eine dahingehende These könnte so lauten: Wenn wir wollen, dass junge Menschen zu verantwortungsvollen Bürgern heranwach-

---

204 Vgl. Kant 1917: 27.
205 Humboldt 1964: 377.
206 Vgl. Eulenburg 1904: 163.

sen, müssen wir ihnen eine Form von Souveränität an die Hand geben, die vom Geist der Unbestechlichkeit beseelt ist; die wissenschaftliche Bildung könnte hier einen Beitrag leisten. Gerade dort, wo junge Leute – als Studierende, Doktoranden, Nachwuchsforscher – mit der wissenschaftlichen Arbeitsweise konfrontiert werden, können sie lernen, was es heißt, nach Objektivität zu streben; damit geht ein Bildungseffekt einher, weil die erlernte Haltung intellektueller Redlichkeit das Handeln auch in außerwissenschaftlichen Kontexten prägt. Einer tradierten Vorstellung gemäß lässt sich das Betreiben von Wissenschaft als neugieriges und aufrichtig-demütiges Streben nach Wahrheit charakterisieren. Dem wissenschaftlichen Ethos ist die Pflicht einbeschrieben, Hypothesen gründlich zu prüfen, das Prinzip der wechselseitigen sachlichen Kritik hochzuhalten und keine Hierarchien zuzulassen außer jene temporären, die sich aus der Kraft des besseren Arguments ergeben.

Wer sich dieser Logik der ernsthaften Bemühung um Erkenntnis unterwirft, steht im Dienst der Wahrhaftigkeit. Sie ist eine Tugend, derer nicht nur diejenigen bedürfen, die Wissenschaftler werden wollen. Sie hilft uns im Alltag, komplexe Situationen zu evaluieren und Entscheidungen unter Bedingungen hoher Unsicherheit zu treffen, sie geht uns zur Hand, wenn es gilt, die mediale Informationsflut einzuordnen. Wer ein aufrichtiges Interesse an der Wahrheit hat, entlarvt Ideologien leichter, ächtet interessengeleitete Sprachverzerrungen, ist weniger manipulierbar, widerspricht, auch wenn er mit seiner Meinung alleine dasteht, solange er gute Gründe für die Annahme hat, im Besitz des besseren Arguments zu sein. Und er ist bereit, seine eigenen Annahmen aufzugeben, wenn ein anderer ein besseres Argument vorträgt. Diese Wahrhaftigkeit ist alles andere als eine Selbstverständlichkeit, wie John Dewey betont hat:

> »To hold theories and principles in solution, awaiting confirmation, goes contrary to the grain. Even today questioning a statement made by a person is often taken by him as a reflection upon his integrity, and is resented.«[207]

Wenn nun all dies tatsächlich zutreffen und man zugestehen sollte, dass der Wissenschaft persönlichkeitsbildende Wirkungen zukommen, gälte es – dies wäre der dritte Schritt –, den folgenden Einwänden Substanzielles entgegenzusetzen:

---

207   Dewey 1988: 166.

❑ Man könnte den Vorwurf vorbringen, dass es sich hier um ein **klientelpolitisches Anliegen** der Eliten handelt. Wissenschaft ist ein teures Unterfangen; wieso sollte die Gesellschaft die individuelle Vervollkommnung von Einzelnen – in der Regel ohnehin sozioökonomisch Bessergestellten – durch Steuermittel so derart hoch subventionieren, wo doch mit denselben Mitteln Probleme bekämpft werden könnten, die entweder drängender sind oder mehr Menschen betreffen?[208] Wie kann es sein, dass Bürger, die gar nicht direkt mit der Wissenschaft in Berührung kommen, dennoch von jener Offenheit und Rationalität profitieren, die die freie Wissenschaft gemäß Bildungs- und auch Demokratieargument für sich reklamieren kann?

❑ Das Bildungsargument ist ja in der Sphäre der Pädagogik und der Psychologie beheimatet. Im Mittelpunkt stehen hier Fragen, die sich auf den menschlichen Charakter beziehen, mithin auf das, was in und mit einem Menschen im Laufe einer gewissen Entwicklungszeit auf subtile Weise passiert. Es gibt Leichteres, als **Bildungseffekte nachzuweisen:** Einen wissenschaftlichen Erkenntnisfortschritt (man denke an das erste Wissenschaftsfreiheitsargument) kann man, bei allen grundsätzlich-methodischen Problemen solcher Maßnahmen, dann doch einigermaßen gut am Forschungsoutput bemessen, vielleicht sogar die Lebendigkeit der Demokratie (unser zweites Argument) einigermaßen gut mit den Mitteln der Demoskopie bewerten – aber individuellen Bildungsfortschritt?[209]

Es wäre also zu zeigen, dass Bildung durch freie Wissenschaft der Gesellschaft als Ganzer in einer relevanten Weise zugute kommt. Diese Frage wird an späterer Stelle ausführlicher behandelt werden.

---

208 Vgl. dazu Lichtenstein 1971: 921, der den Bildungsbegriff – freilich ohne normative Absicht – als Ideal einer bürgerlichen Oberschicht beschreibt.

209 Dies ist im Übrigen ein Problem, das alle Arten von Bildungsdebatten durchzieht, die auf einen Bildungsbegriff abstellen, der über die bloße Vermittlung von Kompetenzen, wie sie in standardisierten Tests und dergleichen abgefragt werden können, hinausgeht.

3.2 Die Grenzen der Wissenschaftsfreiheit

Im vorangegangenen Abschnitt sind drei Argumente für die Wissenschaftsfreiheit besprochen worden, nun wollen wir die Gegenseite betrachten. Was aber ist überhaupt ein Contra-Wissenschaftsfreiheits-Argument? Nimmt man den Begriff wörtlich, müsste man hierzu eine Reihe von Überlegungen zählen, die sich selbst auf der deskriptiven Ebene verorten, nämlich das faktische Vorhandensein von Wissenschaftsfreiheit negieren. Etwa so: »Wissenschaftsfreiheit, das ist nicht viel mehr als ein in akademischen Kreisen gepflegter Mythos.« Reisman verwendet den Mythosbegriff in diesem Sinne, um die Vorstellung in Zweifel zu ziehen, Forscher könnten frei und ohne Repressalien ihre Forschungsmeinung äußern.[210] Robison und Sanders tun dasselbe in Bezug auf die – aus ihrer Sicht nur vermeintliche – Unabhängigkeit heutiger Forschung.[211] Weiterhin könnte man die Ansicht vertreten, der Appell an die Freiheit der Wissenschaft sei ein bloßer rhetorischer Kniff von Wissenschaftlern, um ihre unzeitgemäßen Privilegien zu zementieren. Oder, um es in der Paraphrase Wilholts zu sagen, eine »Ideologie der wissenschaftlichen Kaste, die sich mit Hilfe der Freiheitsrhetorik ihrer moralischen und gesellschaftlichen Verantwortung zu entziehen versuche«[212].

Nun ist allerdings offensichtlich, dass in Robisons und Sanders' Position ein Unbehagen über mangelnde Freiheiten mitschwingt, das besonders deutlich zutage tritt, wenn die Autoren die Vorstellung einer interesselosen Forschung als »beautiful« und »beneficial« bezeichnen und eindringlich mahnen, dieses Ideal lasse sich unter den heutigen sozialen und ökonomischen Bedingungen zunehmend schwieriger realisieren.[213] In der von Wilholt referierten Position andererseits ist eine recht unverhohlene Ablehnung der Wissenschaftsfreiheit enthalten: »Rhetorik«, »Ideologie«, »sich der Verantwortung entziehen« – das klingt nach Vorwurf, nicht nach nüchterner Analyse. In der Tat haben viele vorgeblich deskriptive Aussagen über die Existenz oder Nichtexistenz von Wissenschaftsfreiheit einen normativen Kern – der nämlich auf das jeweilige Gegenteil des deskriptiv Festgestellten abzielt. Wer die These vertritt, die Wissenschaft sei »faktisch« gar nicht frei,

---

210 Vgl. Reisman 2006.
211 Vgl. Robison & Sanders 1993.
212 Wilholt 2012b: 984.
213 Vgl. Robison & Sanders 1993: 227–228.

bei dem ist nicht selten im Subtext zu lesen: »... und ich finde das bedenklich.« Wer das Gegenteil wahrzunehmen glaubt, der will möglicherweise zum Ausdruck bringen: »Die Wissenschaft sollte stärker an die Leine genommen werden.«

Adäquater, weil transparenter ist es, explizit und unverschleiert die normative Frage anzugehen: Welche Gründe könnten dagegen sprechen, dass es Wissenschaftsfreiheit geben *sollte*? Wenn man bedenkt, wie eng das Prinzip der Wissenschaftsfreiheit historisch an die liberale Demokratie und allgemein an Werte geknüpft ist, die viele in den westlichen Ländern als Segnungen empfinden, mag es dem Leser vielleicht als überflüssig oder sogar als anstößig erschienen, die Möglichkeit zu diskutieren, die Freiheit der Wissenschaft müsse eingeschränkt werden. Wer außer autokratischen Despoten, wer außer dezidiert illiberalen Kräfte könnte ernsthaft Interesse daran haben? Offensichtlich ist, dass für eine Einschränkung der Wissenschaftsfreiheit sehr gewichtige Gründe ins Feld geführt werden müssen. Solche Begründungen könnten zwei Stoßrichtungen haben: Erstens könnte man bezweifeln, dass eine freie Wissenschaft immer eine produktive Wissenschaft sein muss – das wäre die unmittelbare Antithese zum Erkenntnisargument. Zweitens könnte man bezweifeln, dass das, was die Wissenschaft tut und produziert, überhaupt gewinnbringend für die Gesellschaft ist. Entsprechend wären die Einwände gegen eine freie Wissenschaft wie folgt zu formulieren. Zum einen: Die Wissenschaft kann mit ihrer Freiheit nicht umgehen, was dazu führt, dass sie verhältnismäßig schlecht darin ist, Wissen zu produzieren. Zum anderen: Die Wissenschaft mag möglicherweise durchaus gut darin sein, Wissen zu produzieren, aber damit sind Folgen verbunden, die bedenklich sind. Beides wäre in einem bestimmtem Sinne ein Missbrauch von Freiheiten. Der erstgenannte Aspekt war, was die öffentliche Debatte betrifft, ein bis vor Kurzem weitgehend unbestelltes Feld[214], weshalb ihm in den folgenden Ausführungen eine untergeordnete Rolle zukommt. Der zweite Aspekt hingegen ist in den letzten Jahrzehnten umfangreich, wenngleich selten in dieser Allgemeinheit diskutiert worden, sondern vorwiegend in Bezug auf einzelne Anwendungsszenarien der Wissenschaft.

---

214 In jüngerer Zeit ändert sich dies; als Belege hierfür siehe beispielsweise Bauerlein & al. 2010, Bes-Rastrollo & al. 2013, Ioannidis 2013, Müller-Jung 2013, Schmitt & Schramm 2013 oder Hafner 2015a.

3.2.1 Die Macht der Machbarkeit

Es ist oben ausgeführt worden, dass die Wissenschaftsfreiheit ursprünglich als Abwehrrecht konzipiert worden war: Die Wahrheitssuche des individuellen Gelehrten in der Studierstube und ihre Vermittlung am Katheder sollte vor staatlichen Übergriffen geschützt werden. Obzwar auch heute niemand auf die Idee käme, den durchschnittlichen *individuellen* Wissenschaftler zu den exorbitant einflussreichen Figuren des gesellschaftlichen Zusammenlebens zu rechnen, hat die Wissenschaft als *Institution* merklich an Wirkpotenzial dazugewonnen. Dabei geht es mittlerweile weniger um gesellschaftskritische Thesen einzelner Denker, die aus dem Bereich der Wissenschaft stammen, als um die Relevanz und schiere Größe diese Bereiches insgesamt: Von der Qualität des Forschungsoutputs sowie der Ausbildung, die wissenschaftliche Hochschulen vermitteln, hängt in den Industriestaaten in nicht unwesentlichem Maße das wirtschaftliche Fortkommen ab.[215] Manche wissenschaftliche Erkenntnisse beeinflussen Alltag und Lebensbedingungen der Menschen bisweilen sogar nachhaltiger, als dies Politik vermag. Unter den Vorzeichen einer dergestalt machtvollen Wissenschaft könnte ein pointierter Einwurf so lauten: Gewiss, einst galt es, die sozusagen »hilflosen« Wissenschaftler zu schützen; könnte es aber heute nicht an der Zeit sein, sich dafür einzusetzen, dass die Gesellschaft in bestimmten Fällen *vor der Wissenschaft* geschützt wird?

Die Diskussion um Wissenschaftsrisiken polarisiert und emotionalisiert – nicht zuletzt deshalb, weil hier ganze Weltanschauungen zur Disposition stehen. Würde man versuchen, die Diskussion auf einen zentralen weltanschaulichen Antagonismus herunterzubrechen, hätte es jener von Fortschrittsoptimismus und -pessimismus zu sein. Die erste, progressive Sichtweise steht der Veränderung, die neue Technologien mit sich bringen, positiv gegenüber und vertraut auf ihre gewinnbringenden Implikationen für den Menschen. Eingriffe in die Natur sind für den Progressivisten nicht negativ besetzt, im Gegenteil:

>»Der Mensch ist von seinen anthropologischen Grundbestimmungen her geradewegs darauf angelegt, ›Gott zu spielen‹ und die Natur [...] rationaler Steuerung zu unter-

---

215   Empirische Belege für diese These finden sich bei Schubert & al. Für europäische Volkswirtschaften hat sich demnach die Investition in tertiäre Bildung seit 1985 als besonders lohnenswert herausgestellt (vgl. 2012: 31). Siehe auch Wössmann 2012.

werfen. [...] [W]enn dem Mensch eine spezifische Würde zukommt, dann nicht zuletzt die, sich kraft seiner Vernunft von der Natur nicht alles zumuten zu lassen.«[216]

Oder in den Worten der Transhumanisten, einer Bewegung, die sich der Erweiterung der menschlichen Fähigkeiten durch Technologie verschrieben
hat:

> »[T]here is no moral reason why we shouldn't intervene in nature and improve it if
> we can, whether by eradicating diseases, improving agricultural yields to feed a
> growing world population, putting communication satellites into orbit to provide
> homes with news and entertainment, or inserting contact lenses in our eyes so we
> can see better. Changing nature for the better is a noble and glorious thing for hu-
> mans to do.«[217]

Dem steht als konträre Position der Konservatismus entgegen. Sein Grundmotiv ist die Bewahrung bestehender Ordnungen, doch machte man es sich
zu einfach, behauptete man, Konservative würden grundsätzlich keine
Veränderungen schätzen. Treffender charakterisierte sie die Feststellung,
dass es ihnen als inakzeptabel erscheint, in beliebiger Weise vormals aner-
kannte Grenzen zu überschreiten – etwa die Grenzen dessen, was als
(menschliche) Natur aufgefasst wird. Es gibt Dinge, die Konservativen als
nicht verhandelbar erscheinen.[218] Der Konservatismus richtet sich gegen die
Realisierungszwänge des (nicht nur) wissenschaftsbedingt Machbaren; in
Bezug auf wissenschaftsinduzierte Technologien ließe er sich als die Überzeugung deuten: Es ist nicht einzusehen, weshalb wir uns vom wissenschaftlich-technischen Fortschritt ausnahmslos vor vollendete Tatsachen
stellen, warum wir uns von ihm unreguliert in jede beliebige Richtung trei-
ben lassen müssen. Diese Haltungen können sich auf den ideell-geistigen
Bereich erstrecken, kanalisiert etwa durch die Forderung, die wissenschaft-
lich-positivistische Denkweise habe in den Grenzen des gesellschaftlichen
Subsystems Wissenschaft zu verbleiben und nicht darüber hinausführende
Interpretationsaufgaben wahrnehmen – schon gar nicht, wenn es um das
Wesen des Menschen geht. In den Worten Robert Spaemanns, eines der pro-
filiertesten konservativen Philosophen im deutschsprachigen Raum: »Wir

---

216 Birnbacher 2000: 459.
217 Humanity+ 2015.
218 Insofern ist es kein Zufall, dass zuvor gerade Dieter Birnbacher als Gegenpol zum
     Konservatismus angeführt worden ist. Birnbacher ist Utilitarist; für Utilitaristen ist
     per definitionem grundsätzlich alles verhandelbar (im Sinne von: einem Gesamtkal-
     kül zu unterziehen), solange es dem Ziel der Glücksmaximierung dient.

sollen uns zwar von der Wissenschaft über fast alles belehren lassen, aber nicht darüber, wer wir sind.«[219]

Konservative Zeitkritik entzündet sich aber auch an ganz konkreten, Lebenswelt-verändernden Techniken. Die Schriftstellerin Sibylle Lewitscharoff ist im deutschsprachigen Raum eine der prominentesten Fürsprecherinnen der Fortschrittsskepsis. Für ihre literarischen Werke vielfach ausgezeichnet, schenkt man ihr Gehör in der öffentlichen Debatte; bekannt ist sie dafür, eine christlich geprägte Position einzunehmen. Ihre Rede »Von der Machbarkeit«, in der sie im März 2014 ihren Abscheu vor den Möglichkeiten von moderner Reproduktionsmedizin und künstlicher Befruchtung zum Ausdruck brachte, sorgte für einen Eklat.[220] Insbesondere, dass sie dort auf dem Wege der Reproduktionsmedizin gezeugte Kinder als »Halbwesen« bezeichnete, erregte Aufsehen. Sich nochmals zu den Grundthesen jener Rede äußernd, sagte sie anlässlich der Verleihung der Landauer Poetik-Dozentur im Sommer 2014:

> »Wenn man über Tod und Geburt vollauf entscheidet, heißt das aber auch, dass der Mensch eine riesige Verantwortungsbürde bekommt – die ihm nicht guttut, da bin ich sicher. Das ist eigentlich zu viel. [...] Wenn man an die Schwangerschaft denkt, dann denke ich, dass es in früheren Zeiten, wo man nicht unbedingt gleich erkennen konnte, ob ein Kind im Mutterleib behindert sein wird oder nicht, auch ein bisschen einfacher war. Das ist dann zwar ein sehr schweres Schicksal, wenn eine Mutter ein behindertes Kind austrägt und sich damit abfinden muss; aber es ist natürlich eine andere Dimension, wenn man das vorher immer schon weiß und dann mit der Frage konfrontiert wird: Treibt man das nun ab? Das sind Schicksalsermächtigungen, bei denen ich tief davon überzeugt bin, dass sie dem Menschen einen Pferdefuß stellen.«[221]

Man könnte der Urheberin dieser Worte freilich zum Vorwurf machen, hier werde mit diffusen Empfindungen anstatt mit Gründen operiert. Und doch sind solche Äußerungen ernst zu nehmen, gerade wenn man bedenkt, dass auch in der akademischen Philosophie der Gedanke kursiert, mit Ekel- oder Abstoßungsgefühlen lasse sich durchaus ein argumentativer Punkt in bioethischen Debatten machen. Die Philosophin Mary Midgley spricht in diesem Zusammenhang vom »Yuk Factor«[222]: Die Tatsache, dass vielen Menschen im Angesicht der Möglichkeiten, die sich aus Innovationen im Bereich

---

219 Spaemann 2009.
220 Der Text der Rede in verschriftlichter Form: Lewitscharoff 2014a.
221 Lewitscharoff 2014b; Transkript eines mündlichen Gesprächsbeitrags der Autorin.
222 Midgley 2000.

des *Human Enhancement* ergeben, im wahrsten Sinne des Wortes schlecht wird, sei nicht zwingend als Zeichen von Irrationalität zu werten. Solche starken Gefühlsregungen seien schließlich ebenso Teil menschlicher Moralität wie nüchternes Nachdenken. Ein ähnliches Argument hatte schon Ende der 1990er Jahre Leon R. Kass in die Debatte über das Klonen von Menschen eingebracht. Die Abscheu kann für ihn auch ein Hort der Weisheit sein, obschon sich diese Form der Weisheit schwer in Worte fassen lasse.

> »We are repelled by the prospect of cloning human beings not because of the strangeness or novelty of the undertaking, but because we intuit and feel, immediately and without argument, the violation of things that we rightfully hold dear. Repugnance, here as elsewhere, revolts against the excesses of human willfulness, warning us not to transgress what is unspeakably profound.«[223]

Diese Überlegungen machen auf eine wichtige Grundfrage aufmerksam: Wenn gewisse Technologien bei einem signifikanten Anteil der Bevölkerung Ablehnung hervorruft, weshalb sollte jener Einrichtung, die durch Erkenntnissuche die Voraussetzungen für diese Technologien bietet, nicht ganz gezielt ein Riegel vorgeschoben werden? Wieso sollte das, was machbar ist – sprich: was eine ungezügelte Wissenschaft ermöglicht –, in jedem Fall erstrebenswert sein? Die Wissenschaft liefert Erkenntnisse, deren gesellschaftlicher Wert nicht *by default* positiv ist, sondern die erst eine Risikoabwägung durchlaufen muss – so lautet die konservative Herausforderung, die sich gegen den Fortschrittsoptimismus richtet.

Kernbestandteil konservativer Argumentationen ist häufig das Postulat, die Akzeptanz wissenschaftlich-technischen Fortschritts habe die Tendenz, sich zu verselbstständigen – gleichsam wie auf einer schiefen Ebene: Wer es zulässt, dass sich eine Kugel auch nur ein kleines Stück weit auf eine Strecke bewegt, die nach unten hin abfällt, wird erleben, dass die Kugel immer weiter nach unten rollt. Anders gesagt: Sind wir bereit, eine aufgrund ungekannter Ermächtigungen verlockend erscheinende Innovation mit ethisch problematischen Implikationen auch nur in geringem Umfang zuzulassen, wird sie sich immer raumgreifender etablieren. Ein Beispiel für ein Thema, in dessen Zusammenhang dieses auch »Slippery Slope«[224] genannte Argument vorgebracht wird, ist die Diskussion um die Präimplantationsdia-

---

223 Kass 1997: 20.
224 Erläuternd zum Slippery-Slope-Argument Spielthenner 2010, Volokh 2003 und van der Burg 1991 sowie, kritisch, Enoch 2001 und Govier 1982.

gnostik (PID). Der Deutsche Ethikrat hat sich im Jahr 2011 mit der Frage auseinandergesetzt, ob eine nach damaliger Rechtslage zulässige Embryonense-
lektion zur Vermeidung schwerwiegender genetischer Schäden ethisch vertretbar sei. Bemerkenswerterweise konnte sich der Rat nicht auf eine Position einigen, sondern gab zwei einander widersprechende Voten ab.[225] Während das liberalere Votum eine PID in bestimmten Grenzen weiterhin
akzeptieren wollte, sprach sich das konservative Votum für ein gesetzliches
Verbot aus. Als Begründung wurden unter anderem »Ausweitungstenden-
zen« ins Feld geführt. Insbesondere sei das Kriterium eines »hohen Risikos
einer schwerwiegenden Erbkrankheit« kaum objektiv zu bestimmen, sodass
eine Ausdehnung der Interpretation dieser Formulierung möglich und
wahrscheinlich würde.[226]

3.2.2 Der Ruf nach Verantwortung

Der Naturwissenschaftler habe Bekanntschaft mit der Sünde gemacht, sagte
Robert Oppenheimer nach Hiroshima.[227] Und Karl R. Poppers berühmte, zu
den Hochzeiten der atomaren Bedrohung des Kalten Krieges gehaltene Rede
über die moralische Verantwortung des (Natur-)Wissenschaftlers schloss
mit den Worten:

> »Since the natural scientist has become inextricably involved in the application of
> science he, too, should consider it one of his special responsibilities to foresee as far
> as possible the unintended consequences of his work and to draw attention, from the
> very beginning, to those which we should strive to avoid.«[228]

Die Wissenschaft, so sagt mancher, sei im Laufe des 20. Jahrhunderts in gesellschaftliche Zusammenhänge hineingerückt und nun im Stande, gravie-
rend gesellschaftsverändernde Anwendungen hervorzubringen.[229] Dies habe

---

225 Deutscher Ethikrat 2011. Neben den beiden ausführlichen Voten beinhaltet die Stel-
     lungnahme auch ein kurzes Sondervotum (auf S. 152).
226 Vgl. Deutscher Ethikrat 2011: 111–151.
227 Zitiert nach Jonas 1991: 193.
228 Popper 1971: 283.
229 So sagen Collins & Evans: »The latter part of the [20th] century saw a growing public
     distrust in science springing from the highly visible failures of major technologies
     and the disasters associated with them, from the manifest politicization of debates
     about scienctific progress in fields related to biology, and from the evermore evident
     lack of exact understanding by scientists of the legacy of fission power and the risks
     posed by new agricultural practices.« (2007: 1)

den ethischen Status der Wissenschaftler verändert – es gelte, sie gleichsam vom Elfenbeinturm herunterzuholen. Gerne wird in diesem Zusammenhang der Ruf nach der »Verantwortung des Wissenschaftlers« laut, gerade weil es niemanden gibt, der die Folgen wissenschaftlicher Erkenntnisse besser und frühzeitiger abschätzen kann, als jener Wissenschaftler, der unmittelbar in ihre Generierung involviert ist. Das Besondere an dieser Forderung ist, dass sie sich nicht mit der an die Wissenschaftler gerichteten Mahnung begnügt, sie sollten im engeren Sinne »ihren Job gut machen«, also etwa keine Daten fälschen, nicht plagiieren und allgemein ihre Kräfte so gut wie möglich auf die Erzeugung neuen Wissens richten, also gemäß dem Ethos der epistemischen Rationalität handeln. Gerade so wie Kreutzberg, der den Verantwortungsbegriff auf wissenschaftsinterne Zusammenhänge münzt und mahnt: »Preventing scientific misconduct is the responsibility of all scientists.«[230] Vielmehr handelt es sich hierbei um die Forderung, sich für wissenschafts*externe* Folgen verantwortlich zu zeigen.

Oft wird in diesem Zusammenhang die Bemerkung gemacht, die »Neutralitätsthese« habe ihre Gültigkeit verwirkt. Diese These besagt, dass Wissenschaftler, die mit reiner Grundlagenforschung befasst sind, ihrer Tätigkeit nachgehen können, ohne die moralische Verantwortung für das tragen zu müssen, was sich in einem späteren Anwendungsszenario aus ihren Forschungen ergeben könnte. Die nicht-angewandte Wissenschaft wird als »ethisch neutral« konzipiert.[231] Dem widersprechen nun kritische Stimmen. Nicht nur sei »reine« Forschung und Anwendung kaum voneinander zu trennen, es gehe auch um Grundsätzliches: Die Wissenschaftsfreiheit sei schließlich keine absolute Freiheit, sondern werde von ethischen Normen und daraus abgeleiteten Gesetzen übertrumpft; dementsprechend könne sich kein Wissenschaftler mit dem Hinweis aus seiner gesellschaftlichen

---

230 Kreutzberg 2004: 330.

231 Die Neutralitätsthese geht u. a. auf Max Weber zurück, der Wertfreiheit als Ideal für die Wissenschaft einforderte. Werturteile sollten demnach nicht Bestandteil wissenschaftlicher Theorien sein. Wissenschaft heute, das sei schließlich »ein *fachlich* betriebener ›Beruf‹ [...] im Dienst der Selbstbesinnung und der Erkenntnis tatsächlicher Zusammenhänge, und nicht eine Heilsgüter und Offenbarungen spendende Gnadengabe von Sehern, Propheten oder ein Bestandteil des Nachdenkens von Weisen und Philosophen über den *Sinn* der Welt«, betonte er in seinem Vortrag zur *Wissenschaft als Beruf* (Weber 1995: 40). Siehe hierzu auch Dahms 2013: 78–79.

Verantwortung stehlen, er sei lediglich den Normen guter wissenschaftlicher Praxis im engeren Sinne verpflichtet.[232]

Hans Jonas formulierte den Gedanken eines Paradigmenwechsels der Anforderungen an Wissenschaftler in *Das Prinzip Verantwortung* folgendermaßen – eine aufschlussreiche Passage, die es verdient, in voller Länge zitiert zu werden:

> »[E]s ist dahin gekommen, daß die Aufgaben der Wissenschaft zunehmend von äußeren Interessen anstatt von der Logik der Wissenschaft selbst oder der freien Neugier des Forschers bestimmt werden. Damit sollen weder jene äußeren Interessen selbst herabgesetzt werden noch die Tatsache, daß die Wissenschaft ihnen dient und damit ein Teil des öffentlich-gesellschaftlichen Unternehmens geworden ist. Doch es soll besagen, daß mit der Annahme dieser Rolle [...] das Alibi der reinen ›interesselosen‹ Theorie aufgehoben und die Wissenschaft mitten hinein ins Reich sozialer Aktion versetzt wurde, wo jeder Täter für seine Tat einzustehen hat. Dem füge man noch die allgegenwärtige Erfahrung hinzu, daß sich die Nutzungspotentiale wissenschaftlicher Entdeckungen auf dem Marktplatz des Gewinnes und der Macht als unwiderstehlich erweisen [...] und es wird überreichlich klar, daß keine Inselhaftigkeit der Theorie mehr den Theoretiker davor schützt, der Urheber enormer und zurechenbarer Konsequenzen zu sein. Während es, technisch gesprochen, immer noch stimmt, daß jemand ein guter Wissenschaftler sein kann, ohne ein guter Mensch zu sein, so stimmt es doch nicht mehr, daß für ihn das ›Guter-Mensch-Sein‹ erst außerhalb der wissenschaftlichen Tätigkeit beginnt: die Tätigkeit selber erzeugt sittliche Fragen schon innerhalb des heiligen Bezirks.«[233]

Den Forderungen einer Begrenzung der Wissenschaft aus ethischen Gründen liegt zumeist ein konkreter Anlass, eine Kontroverse um eine bestimmte (bereits existente oder jedenfalls potenziell realisierbare) wissenschaftsinduzierte Technologie zu Grunde. Als Musterbeispiel für die Frage nach der Verantwortung des Wissenschaftlers wird gerne das Manhattan-Projekt und die daraus hervorgehende Nuklearwaffen-Technologie angeführt.[234] Einen ganz besonders bemerkenswerten Einschnitt stellt die Tschernobyl-Explosion dar, die zusammen mit Ulrich Becks fast zeitgleich publiziertem Buch *Risikogesellschaft* für eine ungekannte Technikfolgendiskussion sorgte. Eine maßgebliche Veränderung, die Beck hier in Bezug auf die Wissenschaft diagnostiziert, ist die Tatsache, dass diese »nicht mehr nur als Quelle für Problemlösungen, sondern zugleich auch als *Quelle für Problemursachen*«[235] ins Visier gerate. Allgemein befindet sich die Überzeugung, Grundlagenfor-

---

232   Vgl. Fenner 2010: 182–197.
233   Jonas 1991: 202–203.
234   Dies tun etwa Reydon 2013: 80–82 und Wilholt 2012a: 209–213.
235   Beck 1986: 255.

schung müsse stärker reguliert werden, in jüngerer Zeit im Aufwind. Marchant und Pope führen dafür zwei Hauptgründe an: In einer zunehmenden Zahl von Disziplinen wie der synthetischen Biologie, der Hirnforschung oder der Nanotechnologie seien sehr wirkungsmächtige Anwendungen denkbar. Zweitens verbreite sich der Eindruck, dass die Gefahr in vielen Fällen inakzeptabel groß ist, dass für den Menschen Nützliches früher oder später auch einer schädlichen Verwendung zugeführt wird. Demnach könnte es unter Umständen besser sein, den janusköpfigen Geist mancher Technologien erst gar nicht in die Freiheit zu entlassen.[236]

---

236 Vgl. Marchant & Pope 2009: 377-378.

4 Synthese. Wissenschaftsfreiheit und widerstreitende Interessen

4.1 Was sich aus den Debatten lernen lässt

In vielen Ländern wird der Wissenschaftsfreiheit eine hohe Bedeutung beigemessen. Deutschland ist hier keine Ausnahme, im Gegenteil: Die Veranke-
rung dieses Prinzips im Grundgesetz beruht auf einer ideengeschichtlichen
Tradition, die die Überzeugung beinhaltet, zwischen den Konzepten »Wissenschaft« und »Wissenschaftsfreiheit« bestehe eine Art unverbrüchlichen
Konnexes. Nachzulesen ist sie unter anderem in der Begründung des
»Hochschul-Urteils« von 1973, das sich mit der Zusammensetzung von Kol-
legialorganen an öffentlichen Wissenschaftseinrichtungen vor dem Hintergrund von Artikel 5 GG befasst. Das Bundesverfassungsgericht führt in einer
rechtsgeschichtlichen Abhandlung aus, wie der Grundsatz, die Wissenschaft
und ihre Lehre habe frei zu sein, bereits in der Frankfurter Reichsverfassung
und der Preußischen Verfassung von 1850 als ein »allgemeines Bekenntnis
zur Freiheit der Wissenschaft als einem *Wesensprinzip* aller wissenschaftlichen Tätigkeit« virulent wurde: Durch dieses nämlich sei »die akademische
Freiheit als *objektives Prinzip* des Wissenschaftsbetriebs an den Hochschulen
anerkannt« worden.[237]

Die Wissenschaftsfreiheit und all das, was überhaupt als Wissenschaft
zu gelten vermag, bedingen einander diesem höchstrichterlichen Passus zufolge wie selbstverständlich. Doch ist es gerade die weithin unhinterfragte
Selbstverständlichkeit, die eine Feinjustierung des Prinzips in der Praxis,
mithin ein fundiertes Nachdenken über ihre Begründungen und Grenzen
eher erschwert als erleichtert – gewissermaßen der Regel entsprechend: Was
sich bewährt hat, hinterfragt man ungern. Eben dies zu tun, erscheint indes
als geboten, insbesondere, weil die Wissenschaft, auf die sich das Freiheits-
postulat bezieht, im Wandel begriffen ist. Die Frage nach Begründung und

---

237 BVerfG 35, 79: 118–119. Hervorhebung durch den Verfasser.

Anwendung des Postulats stellt sich aufs Neue. Ersichtlich wird das an vielen Debatten, wie sie in der tagesaktuellen Presse geführt werden, in den Denkschriften der Forschungsorganisationen, in den Publikationen der Wissenschaftssoziologie und -philosophie, auf Blogs, in wissenschaftspolitischen Diskussionsrunden, beim formellen und informellen Austausch zwischen Wissenschaftlern.

Manche dieser Kontroversen werden explizit und mit großer politisch-missionarischer Verve in der Öffentlichkeit ausgefochten – zum Beispiel die Frage, ob sich Universitäten dazu verpflichten sollten, keine Militärforschung zu betreiben. Andere sind dagegen reine Spezialistendebatten – etwa, ob die kollegiale Selbstkontrolle, wie sie im Peer-Review-Verfahren ihren Niederschlag findet, auch heute noch eine angemessene Methode der Qualitätssicherung ist. Auffällig ist bei alledem, dass Beiträge zu Wissenschaftsfreiheitsdebatten häufig nicht der polemischen Zuspitzung entbehren. Da finden sich die Philosophen, die in Abhandlungen zur Wissenschaftsethik *pauschal* darauf drängen, die Wissenschaftler möchten sich ihrer gesellschaftlichen Verantwortung stellen. Die universitären Festredner, die fordern, die Wissenschaftsfreiheit möge mit aller Konsequenz verteidigt werden – gerade so, als handele es sich dabei um eine *monolithische* Entität und nicht um ein Prinzip mit positiven und negativen Implikationen, das in der Praxis einer Feinausrichtung bedarf. Die Wissenschaftstheoretiker, die behaupten, eine Maximierung der Freiheiten führe die Wissenschaft *immer* auf den direktesten Weg zur Erkenntnis. Und die Politiker, deren Verständnis des Hochschulwesens sich oft *ausschließlich* auf die Vorstellung beschränkt, diese seien Problemlösungsagenturen im unmittelbaren Dienst von Gesellschaft oder Wirtschaft.

Wenn es um die Wissenschaftsfreiheit geht, bedarf es der Vermittlung und der Differenzierung. Blicken wir auf die zurückliegenden beiden Kapitel, erkennen wir, dass die Frage nach der Wissenschaftsfreiheit im Spannungsfeld der Pole »Chancen« und »Risiken« beantwortet werden muss. Obwohl es gewiss nicht großer Fantasie bedarf, um das Problem auf diesen Nenner zu bringen, finden sich dennoch kaum Ansätze, die das Problem dann auch tatsächlich als eine Abwägung von Pro- und Contra-Argumenten angehen.[238] Die Crux besteht in der Praxis schon allein darin, dass es prak-

---

238   Ansatzweise: Bok 1978.

tisch keinen Ort gibt, an dem die beiden Argumentationsströme ineinanderfließen können. Die Diskussion um die Freiheit der Wissenschaft erscheint eher als doppelter Monolog denn als Dialog. Akeel Bilgrami hat in Bezug auf das mit der Wissenschaftsfreiheit verwandte Konzept der akademischen Freiheit einen ähnlichen Punkt vorgebracht:

>Though there is much radical – and often unpleasant – disagreement on the fundamental questions around academic freedom, such disagreement tends to be between people who seldom find themselves speaking to each other on an occasion such as this or even, in general, speaking to the same audience.«[239]

Es wäre bedauernswert, wenn es bei Monologen bliebe. Die nachfolgenden Überlegungen stellen den Versuch dar, die Pro- und die Contra-Linie kritisch zu evaluieren, um schließlich beide Linien miteinander ins Gespräch zu bringen. Damit dies gelingen kann, dürfte es hilfreich sein, uns zunächst ganz allgemein mit den Lektionen auseinanderzusetzen, die das zweite und dritte Kapitel bereithalten: Was können wir aus der dort vorgenommenen Bestandsaufnahme mit Blick auf eine differenzierte Konzeption des Wissenschaftsfreiheitsbegriffs ziehen?

Die in 2.1 skizzierten Erwägungen legen eine Interpretation der Wissenschaftsfreiheit nahe, die man als »Ellbogenfreiheit für die Wissenschaftler« beschreiben könnte. Sie zeichnen ein Bild von Wissenschaftlern, die ein aufrichtiges Interesse an einem unvoreingenommenen, von Fremdinteressen losgelösten Wahrheitsstreben haben, das nicht nur auf methodologischer, sondern auch auf der Agendasetting-Ebene Unparteilichkeit einfordert. Und sie weisen darauf hin, dass auch unter den Bedingungen formaler Wissenschaftsfreiheit – also etwa der Freiheit von staatlicher Einflussnahme durch Zensur – eine Wissenschaftslandschaft heranwachsen kann, deren reale Freiheiten durch eine Reihe von Zwängen stark beschränkt sind. Ein in diesem Sinne konstruierter Idealtypus des Wissenschaftlers wünscht sich die Möglichkeit, weitgehend von bürokratischen und Finanzierungszwängen befreit zu arbeiten; ihm gilt das Wort vom Elfenbeinturm eher als Verheißung denn als Dystopie.

2.2 beinhaltet die Gegenrede. Dieser Abschnitt konstatiert zwei – sehr verschiedene – Problemtendenzen. Freie Wissenschaftler werden dort als Individuen vorstellig, die, erstens, dem Auftrag der Wissensproduktion aus

---

239 Bilgrami 2015: Pos. 435–437. Mit »an occasion such as this« sind akademische Konferenzen gemeint.

systemischen Gründen nicht in idealer Weise nachkommen. Die Wissenschaftsfreiheit wird, zweitens, beschrieben als eindimensionale, gewissermaßen rücksichtslos ausschließlich aufs Epistemische ausgerichtete handlungsleitende Grundhaltung der Wissenschaftler. Sie kann gerade deshalb problematisch werden, weil sie zwar epistemisch effizient ist, aber eben auch nicht mehr als das: Für wissenschaftsexterne Belange ist sie blind, die Imperative der epistemischen Rationalität sind Scheuklappen für sie, die den Blick auf die gesellschaftliche Verantwortung des Wissenschaftlers versperren.

Der erste Abschnitt des dritten Kapitels beschreibt die Wissenschaftsfreiheit zunächst als Voraussetzung der Erkenntnisgewinnung. Der Prozess, der Letzterer zuvorgeht, hat, folgt man den in 3.1 angeführten Argumenten, nicht nur den Vorteil, einen hohen und qualitativ hochwertigen wissenschaftlichen Output zu gewährleisten. Auch dem Prozess selbst kommt demnach jenseits der Frage nach dem Output ein Wert zu, ihn zu durchlaufen erscheint als der Persönlichkeitsbildung zuträglich. 3.2 bringt demgegenüber den Gedanken ins Spiel, dass institutionelle Sonderrechte wie jenes der Freiheit der Wissenschaft nie als Selbstzweck zu gewähren sind. Sie ist kein Geschenk an die Personengruppe der Wissenschaftler, sondern stellt vielmehr eine absichtsvolle Bevorzugung dar, der eine bestimmte gesellschaftliche Funktion zukommt – und die an bestimmte Bedingungen geknüpft ist: Wissenschaftsfreiheit lässt sich demzufolge nur legitimieren, wenn sie dem Wohle aller dient.

Wer genau hinsieht, wird in all diesen gegenläufigen Ansichten keinen Streit jener erkennen, die pauschal für, und jener, die pauschal gegen die Wissenschaftsfreiheit sind – sondern einzelne Konflikte mit je spezifischem Gehalt. Nun gilt es, die wichtigsten Konflikte zu extrahieren und im Einzelnen zu bewerten.

4.2 Eine Typologie der Interessenkonflikte

4.2.1 Erste Vorbemerkung: Epistemisch irrationale Wissenschaft

Begreift man die Wissenschaftsfreiheit als normative Leitidee sozialer Praxis, kommt man nicht umhin, den Blick auf die Hauptakteure dieser Praxis zu lenken: Die formalen und materialen Freiheitsmöglichkeiten der *Wissenschaftler* sind es ja, die hier zur Disposition stehen. Die Debatten um die Wissenschaftsfreiheit lassen sich denn auch als Resultate spezifischer Interessenkonflikte darstellen, Konflikte zwischen Wissenschaftlern, die bestrebt sind, sicherzustellen, in ihrer Berufsausübung möglichst frei sein zu können, und anderen Gruppen, denen aus dieser Freiheit bestimmte (potenzielle) Nachteile erwachsen. Hierbei handelt es sich um Modelle; es entspricht dem Wesen eines Modells, dass es die Wirklichkeit nur in bestimmten Facetten darstellt, die empirische Welt nämlich auf jene Faktoide reduziert, die im jeweiligen Kontext relevant sind. Wird versucht, die genannten Interessenkonflikte zu modellieren, muss daher zugleich darauf hingewiesen werden, dass die faktischen Interessenlagen von Wissenschaftlern als reale psychologische Subjekte ohne Zweifel vielfältiger sind, als sie das Modell zu beschreiben vermag. Sie auf einfache Konflikte herunterzubrechen kann indes wertvoll sein, uns nämlich zu einem systematischen Zugang zu der Frage nach der Wissenschaftsfreiheit verhelfen.

Bei aller notwendigen Vereinfachung kommt unsere Typologie der Interessenkonflikte nicht ohne Differenzierung aus: Die vorangegangenen Kapitel konfrontieren uns mit der Notwendigkeit der Unterscheidung zwischen Wissenschaftlern, deren Interessen mit jenen anderer Gruppen in Konflikt geraten, insofern diese Wissenschaftler gute Wissenschaftler im Sinne der epistemischen Rationalität sind, und – andererseits – solchen Konflikten, bei denen die Wissenschaftler nicht epistemisch rational handeln. Daraus ergeben sich zwei Typen von Gründen, nach denen die freie Wissenschaft Konfliktpotenzial bergen könnte:

1. Aus der freien Wissenschaft können Probleme erwachsen, die mit der Tatsache in Verbindung stehen, dass die Wissenschaft hinsichtlich der schieren Wissensproduktion erfolgreich ist, ihre Freiheit in diesem Sinne also **gut** nutzt, aber von einer übergeordneten, die Wissenschaft von außen und im gesellschaftlichen Kontext betrachtenden Sicht-

warte aus Bedenken über Teile der wissenschaftlichen Unternehmung entstehen, weil damit bestimmte als inakzeptabel empfundene Risiken einhergehen.

2. Es könnten Probleme entstehen, die kausal mit der Tatsache verknüpft sind, dass die Wissenschaft ihre Freiheit gewissermaßen von vornherein **schlecht** nutzt, nämlich Elemente der epistemischen Irrationalität zulässt.

Der erstgenannte Aspekt enthält eine Reihe von Konflikten, auf die sich Abhandlungen zur Wissenschaftsfreiheit klassischerweise beziehen; der zweite Punkt hingegen wird häufig ausgespart. Das muss nicht an der mangelnden Fähigkeit der Wissenschaft zur Selbstkritik liegen – der zweite Gesichtspunkt ist schlicht schwerer zu fassen. Zum einen, weil es angesichts der großen Erfolge, die die Wissenschaft in den letzten zwei Jahrhunderten zu verzeichnen hat, tatsächlich erst einmal ungewohnt scheinen mag, zu thematisieren, dass die Selbstkontrollmechanismen der Wissenschaft Elemente der Dysfunktionalität aufweisen und in nennenswerter Weise epistemische Irrationalität zulassen könnten. Zweitens, weil die kausalen Zusammenhänge hier schwieriger zu ergründen sind. Es muss sehr genau nachgeforscht werden, ob epistemische Irrationalität auch tatsächlich kausal mit einer *zu großen Freiheit* der Wissenschaftler zu tun hat. Und drittens, weil, selbst wenn die Wissenschaft sich tatsächlich *freiheitsbedingt* in die Misere gelenkt haben sollte, nicht klar ist, ob der beste Weg aus dieser Misere auf lange Sicht nicht doch darin besteht, den Selbstdiagnose- und Selbstheilungskräften der Wissenschaft selbst Vertrauen zu schenken, anstatt fremdsteuernd korrigierend von außen einzugreifen.

Wenn wir uns nun anschicken, die Interessenkonflikte, die unter dem Vorzeichen der Wissenschaftsfreiheit zwischen der Gruppe der Wissenschaftler und anderen Gruppierungen bestehen, schematisch darzustellen, dürfen die eben genannten Gesichtspunkte nicht unberücksichtigt bleiben.

4.2.2 Zweite Vorbemerkung: Freiheitsformen

Bevor unsere Typologie ins Werk gesetzt werden kann, sind weitere Vorbemerkungen vonnöten. Zunächst soll darauf hingewiesen werden, dass in der Typologie Konflikte, bei denen sich Wissenschaftler auf die Freiheit der Publikation und der Lehre berufen, nicht separat aufgeführt, sondern anders als im provisorischen Schema aus 1.7 unter der methodologischen Freiheit subsumiert werden: Wird Letztere ins Feld geführt, könnte es sich auch um einen Fall handeln, bei dem die Publikationsfreiheit oder die Freiheit der Lehre zur Disposition steht. Wie im ersten Kapitel ausgeführt worden ist, sind Erkenntnisproduktion und -distribution nicht gänzlich unabhängig voneinander. Die Wissenschaftspublikation gehört zum Handwerkszeug des Wissenschaftlers, wie das Funkgerät zum Handwerkszeug des Piloten gehört: Ein Flugzeug fliegt notfalls auch ohne Funk – aber die Fliegerei als Institution würde ohne eine solche Technologie nicht in ihrer heutigen avancierten Form existieren; ein Wissenschaftler könnte, theoretisch, in einem begrenzten Rahmen auch für sich alleine forschen, doch ein Wissenschafts*system* bedarf des Austausches.

Ähnliches lässt sich über die Lehrfreiheit sagen: Es fällt schwer, einen Wissenschaftler, dem es verboten ist, am Katheder frei seine Forschungsmeinung zu äußern, wirklich als methodologisch frei zu erachten – jedenfalls, wenn man bereit ist, das Prinzip der Einheit von Forschung und Lehre zu akzeptieren. Dies setzte freilich ein inklusives Verständnis von Forschung und Lehre voraus, demzufolge sich beide Bereiche gegenseitig ergänzen und stützen. Die Konzentration eines Forschers auch auf eine hohe Qualität der Lehre ist demnach keine Verschwendung von Ressourcen, die für die Forschung genutzt hätte werden können, sondern eine Möglichkeit für den Forschenden, Theorien zu rekapitulieren und dadurch neue Impulse für die Forschung zu gewinnen.

Weiterhin ist zu klären, wie das Demokratie- und das Bildungsargument mit den im ersten Kapitel formulierten und im dritten Kapitel beim Erkenntnisargument zur Anwendung gebrachten unterschiedlichen Formen von Wissenschaftsfreiheit zusammenhängen, zumal die Typologie nach unterschiedlichen Freiheitstypen differenziert. Nachfolgend ein Vorschlag dazu:

☐ Das **Demokratieargument** kann auf zweierlei Weisen gelesen werden. Der ersten Lesart zufolge verschafft uns die freie Wissenschaft Wissen, das notwendig ist, damit wir als Bürger in einer wissenschaftlichtechnisch geprägten Welt wohlinformierte politische Entscheidungen treffen können. Der zweiten Lesart gemäß ist die freie wissenschaftliche Betätigung der Demokratie zuträglich, weil sie uns lehrt, was es heißt, an Sachfragen und -gründen orientiert um das bessere Argument zu ringen. Für jede der beiden Lesarten gilt: Notwendige Prämisse für die Validität des Arguments ist lediglich eine Wissenschaft, die in einem methodologischen Sinne frei ist. Die Freiheit der Ziele ist dafür nicht erforderlich. Für die erste Lesart ist eine Wissenschaft, die über eine umfangreiche Autonomie hinsichtlich der Agendasetzung verfügt, nicht nötig. Nötig wäre lediglich, dass die Bevölkerung über den aktuellen Stand der wissenschaftlichen Forschung auf dem Laufenden gehalten wird; das spräche gegen staatliche Zensur wissenschaftlicher Publikationen und Lehre, es spräche aber nicht gegen eine fremdbestimmte Engführung der Forschungsagenden nach wissenschaftsexternen Gesichtspunkten. Was die zweite Lesart betrifft, lässt sich festhalten: Mein sachliches Argumentieren kann ich auch an Fragen schulen, die ich mir nicht selbst gestellt habe – solange ich meine Argumente ungehindert ausformen kann.

☐ Anders gelagert ist das **Bildungsargument**. Es zielt im Gegensatz zum Demokratieargument nicht nur auf bestimmte Kompetenzen oder Informationen, sondern stellt auf den Prozess der Erkenntnissuche als solchen ab. Der Weg zur Erkenntnis ist hier – auch – das Ziel. Zum Bildungskonzept der Charakterformung durch freie Wissenschaft gehört die Wahl der Forschungsgegenstände nach eigenem Interesse. Sie soll die intellektuelle Selbstständigkeit und die persönliche Autonomie befördern. So fordert das Bildungsargument nicht nur methodologische Freiheit, sondern auch die Freiheit der Ziele ein. Es supponiert, dass es Dinge gibt, die sich an einer Wissenschaftseinrichtung, an der weiterführende Zielsetzungsfreiheiten verankert sind, lernen lassen, die man sich etwa in der Forschungs-und-Entwicklungs-Abteilung eines Industriekonzerns nicht aneignen könnte (wo bestenfalls ein gewisses Maß an methodologischen Freiheiten vorherrschen dürfte).

Diese Zuordnung des Demokratiearguments zur methodologischen Freiheit und des Bildungsarguments sowohl zur methodologischen als auch zur Freiheit der Ziele ergänzt die im dritten Kapitel vorgenommene Zuordnung des Erkenntnisarguments zur methodologischen Freiheit und zur Freiheit der Ziele. Sie vervollständigt die Überlegungen, die notwendig sind, um die wichtigsten Debatten über die Wissenschaftsfreiheit formalisiert als Schema der Interessenkonflikte darzustellen.

4.2.3 Schematische Darstellung

Welchen Zweck hat ein solches Schema? Der Schlüssel zu einer zufriedenstellenden Antwort auf unsere Leitfrage nach der Freiheit der Wissenschaft liegt in der Bewertung der Freiheits- und Verantwortungsargumente. Nun besteht kein Zweifel daran, dass jedes der oben eingeführten Argumente valide Punkte enthält; es handelt sich dabei indes, könnte man sagen, nicht um absolute Propositionen, denen entweder die Eigenschaft zukommt, schlicht wahr, oder aber schlicht falsch zu sein, sondern eher um Begründungsstrategien mit je unterschiedlicher Durchschlagskraft. Die folgende Typologie kann uns dabei helfen, ihre relative Stärke zu ermitteln: Sie muss sich jeweils an konkreten, wenn auch idealtypisch konstruierten Fällen erweisen. Dort liegt der Fluchtpunkt, an dem unsere theoretischen und praktischen Überlegungen zur Wissenschaftsfreiheit zusammenlaufen.

Die unten stehende Übersicht erhebt nicht den Anspruch auf Vollständigkeit, beschreibt aber einige vor dem Hintergrund aktueller wissenschaftspolitischer Entwicklungen sehr zentrale Szenarien. Die Legende dazu: erW = epistemisch rationale Wissenschaft, eiW = epistemisch irrationale Wissenschaft; mF = methodologische Freiheit, FdZ = Freiheit der Ziele. »erW–mF vs. Einzelne« bedeutet zum Beispiel: »Epistemisch rationale Wissenschaft nimmt die methodologische Freiheit in Anspruch und steht damit im Interessenkonflikt mit einzelnen Personen, die infolge dahingehend freier wissenschaftlicher Aktivitäten Schaden nehmen könnten.«

Kategorie A: epistemisch rationale Wissenschaft

A1 (Lehrinhalte): erW–mF vs. Studierende

Ein Student beklagt sich: Das Thema, das seine Professorin – eine redliche Wissenschaftlerin – ihm in Lehrveranstaltungen näherzubringen versucht, möge unter Forschungsgesichtspunkten fruchtbar sein, es sei aber inhaltlich zu spezifisch, zu theoretisch, zu nah an der Grundlagenforschung, um ihn gut auf die Praxis seines späteren Berufslebens vorzubereiten. Auch hier kann sich die Professorin auf das Erkenntnisargument und das Bildungsargument berufen. Der Konflikt ist dennoch ein relevanter, zumal man auch dem Studenten redliche Motive – nämlich den Wunsch nach einer geeigneten Berufsvorbereitung – unterstellen kann. Anders formuliert: Das, was ge-

boten wäre, wenn man etwa eine Universität als reine Berufsausbildungs-
stätte begriffe, muss nicht unbedingt deckungsgleich mit dem sein, was unter den Vorzeichen der Erkenntnisproduktion und der Einheit von Forschung und Lehre ideal ist.

A2 (Risiken für Einzelne): erW–mF vs. Einzelne

Nehmen Wissenschaftler die methodologische Freiheit in Anspruch, können
sie sich auf alle drei Wissenschaftsfreiheitsargumente berufen: das Erkenntnisargument, das Bildungsargument und das Demokratieargument. Dem
steht der Hinweis gegenüber, dass die Freiheit der Wissenschaftler nicht
grenzenlos sein dürfe. Beispielsweise seien gewisse Experimente mit großen
Gefahren für die involvierten Personen verbunden.

A3 (Rahmenbedingungen): erW–mF vs. Auftraggeber

Auch in diesem Fall können sich die Wissenschaftler auf alle drei Wissenschaftsfreiheitsargumente berufen. Ein Auftraggeber von Forschung – sei es
die öffentliche Hand, sei es ein Kooperationspartner aus der Wirtschaft –
wird den Wissenschaftlern in der Regel keine allzu konkreten Vorgaben hinsichtlich der Methodologie machen. Dennoch ist denkbar, dass Auftraggeber
Rahmenbedingungen schaffen, die sich negativ auf die methodologische
Freiheit auswirken. Wenn beispielsweise die Arbeitszeit, die dem Wissenschaftler für die Forschung zur Verfügung steht, aufgrund von vom Auftraggeber auferlegter Pflichten wie Management, Antragstellung, Evaluation
u. dgl. m. sehr gering wäre, würden bestimmte zeitaufwändige Forschungs-
strategien allein dadurch verhindert.

A4 (Erzeugungs- & Publikationsverbot): erW–mF vs. Allgemeinheit

Die Wissenschaftler plädieren dafür, frei darin zu sein, Forschungen durchzuführen und die Resultate zu publizieren. Sie berufen sich dabei auf die
drei Wissenschaftsfreiheitsargumente. Dem steht die Position jener gegenüber, die sagen, manche Erkenntnisse seien mit derart großen Gefahren für
die Allgemeinheit verbunden, dass ihre Erzeugung und/oder Publikation zu
verhindern sei.

A5 (Relevanz): erW–FdZ vs. Auftraggeber

Die Wissenschaftler wünschen sich Freiheit hinsichtlich der Forschungs-agenda und können sich dabei auf das Erkenntnisargument und das Bildungsargument berufen: etwa dann, wenn sie Fragen erforschen, die für die Geldgeber problematisch sind, weil ihre gesellschaftliche Relevanz oder ihre wirtschaftliche Verwertbarkeit zweifelhaft zu sein scheinen (wie es nicht selten bei reinen Grundlagenforschungsprojekten der Fall ist). Die Position der Auftraggeber wäre: Wer die Erkenntnisproduktion mit Geld- und anderen Mitteln fördert, hat das Recht auf Partizipation in Fragen der Zielsetzung. Er darf dabei auch Schwerpunkte setzen, die tendenziell eher auf kurzfristige Erkenntniserfolge abzielen, Erfolge, die eher kleinteilig sind, deren unmittelbarer Nutzen aber dafür sehr offenkundig ist.

A6 (Nutzen & Risiko): erW–FdZ vs. Allgemeinheit

Die Wissenschaftler wünschen sich Freiheit hinsichtlich der Forschungs-agenda und können sich dabei auf das Erkenntnisargument und das Bildungsargument berufen. Demgegenüber steht der Einwand: Manche Forschungen sollten aufgrund hoher Risiken nicht verfolgt, manche aufgrund ihres großen gesellschaftlichen Nutzens forciert verfolgt werden.

Kategorie B: epistemisch irrationale Wissenschaft

Die Konstellationen in Kategorie B sind, im Gegensatz zu jenen in Kategorie A, dadurch gekennzeichnet, dass sich die Wissenschaftler hier auf keines der drei Wissenschaftsfreiheitsargumente berufen können. Denn nach allem, was bis zu diesem Zeitpunkt zu Idee und Zweck der Freiheit der Wissenschaft gesagt worden ist, erscheint es allemal als unplausibel, anzunehmen, dass Wissenschaftler ihre Interessen in den Konflikten B1–3 unter Berufung auf die Wissenschaftsfreiheit verteidigen können. Diese Konflikte entstehen erst dadurch, dass Wissenschaftler in einer Weise agieren, die mit den Imperativen einer erfolgreichen Erkenntnisproduktion in einem Widerspruchs-verhältnis steht:

B1 (Ineffizienz): eiW–mF vs. Auftraggeber

Der Auftraggeber beklagt: »Die von mir in Auftrag gegebene Forschung könnte effizienter sein, würden die Wissenschaftler andere Verfahren zur Anwendung bringen.« So wäre es beispielsweise denkbar, dass sich die Wissenschaft auf Qualitätssicherungsmaßnahmen stützt, die sich zwar in der Vergangenheit bewährt haben, die aber vor dem Hintergrund einer veränderten Wissenschaftslandschaft an Funktionalität eingebüßt haben.

B2 (schlechte Lehre): eiW–mF vs. Studierende

Ein Student beklagt: »Die Lehre meines Professors ist schlecht. Das Problem liegt nicht etwa darin, dass die Inhalte der Lehrveranstaltungen an sich irrelevant wären, sondern vielmehr darin, dass diese Inhalte unmotiviert und ohne Bemühen um Verständlichkeit vermittelt werden.« Der Professor versagt hier in seiner Funktion als akademischer Lehrer.

B3 (schwerwiegender Obskurantismus): eiW–FdZ vs. Auftraggeber

Ein Geldgeber beklagt sich über die Obskurität der Forschung, die mit seinen Mitteln finanziert wird: Es handle sich dabei offensichtlich um schlechte Wissenschaft – schlecht nicht etwa deshalb, weil sie eigenwillige, unerwartete oder unangenehme Forschungsergebnisse zeitigt, sondern weil sie sich dem Innovationspostulat gänzlich entzieht, diese Tatsache durch eine esoterische Binnenstruktur verschleiert und weder ihre außerwissenschaftliche noch innerdisziplinäre Relevanz für Außenstehende schlüssig begründen kann.

4.3   Die Fragen, die bleiben

4.3.1   Schlechte freie Wissenschaft?

Ob die in Kategorie B aufgeführten Szenarien in einem Wissenschaftssystem wie dem deutschen tatsächlich in problematischer Häufigkeit vorkommen, wäre eingehender zu prüfen. Sie sind jedenfalls nicht aus der Luft gegriffen, sondern werden in jüngerer Zeit verstärkt diskutiert: ob etwa das Peer Review noch eine zeitgemäße Form der Sicherung wissenschaftlicher

Mindeststandards im Publikationswesen sei[240]; ob die »institutionalisierte Geringschätzung der Lehre«, von der Peter Graf Kielmansegg in Bezug auf den deutschen Hochschulbetrieb spricht, mit unserer Vorstellung von guter Wissenschaft vereinbar sei[241]; oder welche Rolle Scheinwissenschaftlichkeit heute spielt. Letztere ist eindrucksvoll in Jon Elsters Aufsatz »Obscurantism and Academic Freedom« zur Sprache gebracht worden. Er geht von der These aus: »[T]he pervasive practices of [...] *hard* and *soft obscurantism* undermine the spirit of free inquiry, notably in the humanities and the social sciences.«[242] Unter »weichem« Obskurantismus versteht Elster das, was seit dem 1986 erstmals erschienenen Essay Harry G. Frankfurts[243] unter dem Schlagwort des »Bullshit« diskutiert wird; »harter Obskurantismus« meint Theorien, die daran scheitern, kausale Erklärungen für die Realität bereitzuhalten, und die sich auf diese Weise der Wissenschaftlichkeit entziehen.

Nun mögen B1–3 real existierende Fehlentwicklungen darstellen, aber stellen sie auch Fehlentwicklungen dar, die in einer Abhandlung zur Wissenschaftsfreiheit Platz finden sollten? Es ist nicht einfach zu beantworten, ob solche Phänomene kontrafaktisch-kausal von der Tatsache abhängen, dass der Wissenschaft besondere Freiheiten gewährt worden sind (sie also unter anderen, weniger freiheitlichen Vorzeichen vermieden würden), und ob sie, zweitens, keine bloßen Momentaufnahmen darstellen, Problemlagen, die die Wissenschaft mit eigenen Mitteln auf lange Sicht selbst zu analysieren und zu beseitigen vermag. Gewiss beruhen B1, B2 und B3 auf nicht ganz anspruchslosen Prämissen. B1 (Ineffizienz) setzt voraus, dass externe Kräfte Einzelaspekte der wissenschaftlichen Methodologie – gewissermaßen nach dem Prinzip Unternehmensberatung – in der Tat besser organisieren könnten, als dies die Wissenschaft selber zu tun vermag. Wer B2 (schlechte Lehre) akzeptiert, dürfte sich für die externe Evaluation der Lehre – und entsprechende Sanktionsmechanismen im Falle schlechter Lehre – aussprechen. B3

---

240   Siehe dazu etwa Bohannon 2013, Kaeser 2014 oder Müller-Jung 2013, der darlegt, weshalb auch »die besten Wissenschaftler [...] schlechte Gutachter« sind, wie es dort in der Titelzeile heißt.

241   Kielmansegg 2012. Bemerkenswert auch Kühl 2015, der erläutert, wie ein auf hohe Absolventenzahlen ausgerichtetes Anreizsystem zu einem »Nichtangriffspakt« zwischen Lehrenden und Lernenden führt, der das Niveau der Lehre senkt. Siehe weiterhin Bajak 2014 und Roche 2014.

242   Elster 2015: Pos. 1955–1956.

243   Aktuelle englischsprachige Ausgabe von *On Bullshit*: Frankfurt 2005.

(schwerwiegender Obskurantismus) schließlich beruht auf der Voraussetzung, dass nicht alles, was an Universitäten gelehrt wird, qua Gütesiegel der
Institutionalisierung das Prädikat der Wissenschaftlichkeit verdient hat.

Zu ergänzen ist, dass jenseits dessen, was in Kategorie B als epistemisch irrationale Wissenschaft apostrophiert wurde, auch Instanzen *noch
schlechterer Wissenschaft* denkbar sind: Fälle, in denen Wissenschaftler – anders als in B1–3, wo den Wissenschaftlern ein Mindestmaß an gutem Willen
unterstellt werden kann – mutwillig als schlechte Wissenschaftler agieren,
also zum Beispiel Daten fälschen oder Forschung sabotieren. Auch wenn
solche Instanzen noch schlechterer Wissenschaft unter moralischen Gesichtspunkten im Gegensatz zu den zuvor genannten, nichtintentionalen
Fällen als eindeutig tadelnswert erscheinen, ist es wichtig, zu betonen, dass
beide in wissenschaftssoziologischer Hinsicht als Teile ein und derselben
Kategorie epistemischer Irrationalität zu verstehen sind. Letztere umfasst
ein sehr breites Spektrum unterschiedlicher Phänomene und Motivlagen.
Der Wissenschaftsforscher Stefan Hornbostel fasst die kritischen Tendenzen der Gegenwart so zusammen:

> »Angesichts immer größerer Erwartungen an die Schnelligkeit und Nützlichkeit wis-
> senschaftlicher Arbeit haben wir es in den letzten Jahren mit fast allen Spielarten wis-
> senschaftlichen Fehlverhaltens zu tun gehabt – vom Plagiat bis zur Fälschung. Aber,
> und das ist vielleicht noch problematischer, darüber hinaus [mit] einer ganzen Menge
> von Bedenklichkeiten unterhalb dieser Schwelle. Die Zahl der *retractions*, also der we-
> gen sachlicher Mängel zurückgezogenen Zeitschriftenartikel, steigt kräftig an. Wir
> haben ganz erhebliche Probleme mit der Reproduzierbarkeit, insbesondere innerhalb
> der biomedizinischen Forschung. Und wir haben ganz offenkundig eine Fülle von
> ausgesprochen fragwürdigen Studien-Designs, die aber alle gefördert und am Ende
> auch publiziert worden sind. Das heißt, man hat den Eindruck, dass das klassische
> Peer-Review-basierte Selbststeuerungsverfahren der Wissenschaft zunehmend in
> Schwierigkeiten kommt, mit [...] Qualitätsanforderungen umzugehen.«[244]

Solche Fehlentwicklungen sind in der jüngeren Zeit verstärkt in den öffentlichen Fokus gerückt. Nicht nur die vieldiskutierten Plagiatsfälle prominen-

---

244 Hornbostel 2014: 6:22–7:32. In einer auf den Aussagen von 270 internationalen Wis-
     senschaftlern basierenden Überblicksdarstellung haben Belluz & al. 2016 die wichtig-
     sten Problembereiche heutiger Wissenschaft in diesen sieben Thesen zusammenge-
     fasst: »(1) Academia has a huge money problem. (2) Too many studies are poorly
     designed. (3) Replicating results is crucial – and rare. (4) Peer review is broken. (5) Too
     much science is locked behind paywalls. (6) Science is poorly communicated. (7) Life
     as a young academic is incredibly stressful.«

ter Politiker[245], sondern auch andere Wissenschaftsskandale belegen dies: Man denke an die auf Manipulationen beruhenden Publikationen der renommierten Krebsforscher Hermann, Brach und Mertelsmann[246], die gefälschten Messdaten des Physikers Jan Hendrik Schön[247] oder die 2005 in *Science* veröffentlichte Studie des südkoreanischen Veterinärmediziners Hwang Woo-suk über die Gewinnung menschlicher Stammzellen aus einem geklonten Embryo, die sich als Totalfälschung erwiesen hat[248]. Am kritischsten sind dabei möglicherweise nicht die besonders frappierenden Einzel-, sondern vielmehr die Vielzahl kleinerer Problemfälle – jene »neue Plage nicht reproduzierbarer Studien«[249], von der Frömmel spricht. Er bezieht sich dabei insbesondere auf den Bereich der Medizin; sein Befund scheint nicht haltlos, wenn man etwa an jenen 2012 in *Nature* erschienen Artikel denkt, dem zufolge von 53 als wegweisend erachteten Krebsstudien nur sechs reproduzierbar waren.[250] Ähnlich der Bereich der Psychologie; einer *Nature*-Meldung zufolge konnten von 100 psychologischen Studien nur 39 reproduziert werden.[251]

Was die von Hornbostel ins Feld geführten *retractions* betrifft: Auch wenn bei Weitem nicht alle Publikationen, die zurückgezogen werden, mit Betrug oder Datenfälschung verknüpft sind, geben jüngere Entwicklungen zu denken: Grieneisen & Zhang, die in ihrer Studie eine ganze Reihe unterschiedlicher Fachdisziplinen in den Blick genommen haben, verzeichnen einen dramatischen Anstieg von *retractions* im ersten Jahrzehnt der Nullerjahre. Der Anstieg bleibt auch dann massiv, wenn man einzelne Wiederholungstäter, die für sehr viele zurückgezogene Veröffentlichungen verantwortlich sind, und den Anstieg der absoluten Zahl der Publikationen mit in Rechnung stellt.[252] Für den außenstehenden Betrachter mag es so scheinen,

---

245 Am nachdrücklichsten im Gedächtnis geblieben sein dürfte der deutschen Öffentlichkeit der Rücktritt des ehemaligen Bundesverteidigungsministers Karl-Theodor zu Guttenberg sein; dokumentiert ist der Fall in Preuß & Schultz 2011.

246 Vgl. Fröhlich 2001: 264–265. Finetti & Himmelrath bezeichnen Herrmann und Brach »als die vermutlich größten Betrüger und Fälscher in der Geschichte der deutschen Wissenschaft« (1999: 33).

247 Vgl. Evers & Traufetter 2002.

248 Vgl. Nature News 2007.

249 Frömmel 2014.

250 Vgl. Begley & Ellis 2012.

251 Vgl. Baker 2015.

252 Vgl. Grieneisen & Zhang 2012.

als habe eine Kultur der Unaufrichtigkeit Einzug in die Wissenschaft gehalten. Bezeichnenderweise ist die Innenwahrnehmung ähnlich: Einer Metaanalyse von Studien zu wissenschaftlichem Fehlverhalten aus dem Jahr 2009 zufolge gaben 14 Prozent der befragten Wissenschaftler an, dass sie schon einmal erlebt hätten, dass Kollegen bewusst Daten gefälscht haben. 72 Prozent sagten, sie würden Kollegen kennen, die weitere Formen von Fehlverhalten an den Tag gelegt hätten, die zwar nicht in den Bereich der Fälschung, aber doch in jenen des »Frisierens« von Forschungsresultaten gehören – beispielsweise das Fallenlassen von Daten aus einem bloßen Bauchgefühl heraus.[253]

Es scheint innerwissenschaftliche Missstände zu geben, gegen die die Selbstheilungskräfte der freien Wissenschaft nicht ausreichen. Das erklärt auch, weshalb die Wissenschaftler in Kategorie B sich nicht auf die oben genannten Wissenschaftsfreiheitsargumente berufen können. Der Einwand, das Erkenntnisargument habe gezeigt, dass die Wissenschaft, damit sie produktiv sein kann, Fehler machen dürfen sollte – und dass diese Möglichkeit explizit von der Wissenschaftsfreiheit zu schützen sei –, muss unter diesen Vorzeichen ins Leere gehen. Schließlich kann entgegnet werden, dass es sich bei den unter B beschriebenen Szenarien um Fehler anderer Art handelt. Nicht nämlich um falsifizierte Hypothesen, nicht um das Beschreiten von Wegen, die sich im Verlauf der Bearbeitung einer konkreten Forschungsfrage als Sackgassen erweisen, was zur Folge hat, dass die Forscher sich entschließen, einen neuen Weg zu beschreiten. Es handelt sich vielmehr um Probleme grundsätzlicherer, metamethodologischer oder organisatorischer, Natur. Es ist zumindest denkbar, dass diese Sackgassen von den Wissenschaftlern – selbst dann, wenn sie sie als solche identifiziert haben –, nicht verlassen werden, weil sich die entsprechenden Muster eingeschliffen haben.

Die Wissenschaftsfreiheit schützt auch jene Wissenschaft, die Fehler macht; aber es gibt keinen Grund, anzunehmen, dass sie in gleicher Weise Wissenschaft schützt, die – unabhängig davon, womit sie inhaltlich befasst ist – als *schlichtweg schlechte Wissenschaft* bezeichnet werden muss. Wer auf die oben angeführten Wissenschaftsfreiheitsbegründungen zurückschaut, wird erkennen, weshalb dem so ist: Das Erkenntnisargument ist begrün-

---

253   Vgl. Fanelli 2009: 8.

dungstheoretisch darauf angewiesen, dass die Freiheit, die den Wissenschaftlern gewährt wird, auch tatsächlich dem Zweck der epistemischen Produktivität dient. Ist diese Grundvoraussetzung nicht gegeben, wird nicht nur das Erkenntnisargument selbst, sondern werden auch das Demokratie- und das Bildungsargument desavouiert. Selbst das letztgenannte Argument, von dem ja gesagt worden ist, dass es sich eher auf den Erkenntnisgewinnungsprozess als auf seinen Output bezieht, ist demnach natürlich davon abhängig, dass dieser Prozess auch faktisch den Versuch darstellt, die zur Verfügung stehenden Mittel in adäquater Weise zur Erkenntnisgewinnung einzusetzen.

Man kann diesen Gedanken auch anders formulieren: Wissenschaftsfreiheit schützt Wissenschaftlichkeit – und damit Wissenschaftler, insofern sie nach Kräften bestrebt sind, innerhalb des Feldes dieser Wissenschaftlichkeit zu operieren. Aufschlussreich erscheint das, was Finkin & Post im Kontext der US-amerikanischen Debatte um die akademische Freiheit gesagt haben. Sie haben nämlich darauf hingewiesen, dass diese Freiheit keineswegs als eine Art Freiheit von Wissenschaftlern zu beliebigen Meinungsäußerungen zu konzipieren sei. In der Tat setzt sie jenen, die sie innehaben, klare Grenzen, nämlich »to pursue the scholarly profession, inside and outside the classroom, *according to the norms and standards of that profession*«[254]. Barrow führt diesen Gedanken weiter aus, indem er die akademische Freiheit als die Freiheit beschreibt, beliebige theoretische Überzeugungen zu vertreten – und zwar, wie er betont, in einer Weise, die »appropriately academic« zu sein habe. Wer sich etwa lediglich in aggressiver Weise mit Polemik an seine Leser oder Zuhörer richtet, dessen Verhalten sei von der akademischen Freiheit nicht gedeckt. Diese beziehe sich schließlich nicht auf jeden möglichen Sprechakt eines Wissenschaftlers, sondern nur auf solche, die im Rahmen wissenschaftlicher Theoriebildung geäußert werden.[255]

4.3.2 Elfenbeintürme und der Schmutz der Straße

Wo genau liegen die Ursprünge schlechter Wissenschaft? Diese Frage für die Gegenwart zu beantworten, muss der empirischen Wissenschaftsforschung

---

254 Finkin & Post 2009: 149. Hervorhebung durch den Verfasser.
255 Vgl. Barrow 2009: 180–181.

überlassen bleiben. Im Zusammenhang der vorliegenden Abhandlung drängt sich eher eine Problemstellung konzeptionell-grundsätzlicher Art in den Vordergrund: Ist gehäuft auftretende epistemische Irrationalität in den Wissenschaften – wie gerne in Debatten um wissenschaftliches Fehlverhalten behauptet wird – ausschließlich Resultat jener Unfreiheiten, die entstehen, wenn von außen zu viele Ansprüche an die Wissenschaft herangetragen werden? Fremde Zwecke »verunreinigen« dieser Interpretation zufolge die aufs rein Epistemische gerichteten Handlungsmuster der Wissenschaftler. Gesellschaft, Wirtschaft, Politik bringen demnach, um die bekannte Metapher heranzuziehen, den Schmutz der Straße in den Elfenbeinturm. Und in der Tat: Gründlichkeit, Tiefe, argumentative Exzellenz, theoretische Konsistenz mögen Werte und Qualitäten sein, die aus der Wissenschaft – verstanden als Unternehmung zur Erkenntnisgewinnung – selbst kommen mögen. Wenig spricht hingegen dafür, dass die »Erwartungen an die Schnelligkeit und Nützlichkeit«, die Hornbostel im vorangegangenen Abschnitt diagnostiziert, wahrhaft wissenschaftsimmanente Erwartungen sind.

Man könnte nun einwenden, dass die Problematisierung solcher externer Ansprüche müßig sei. Schließlich gibt es keinen »vorgesellschaftlichen Urzustand« der Wissenschaft, zumindest nicht der institutionalisierten Wissenschaft von heute, in dem diese tatsächlich bloß um des Wissens willen betrieben wird. Diejenigen, die Erkenntnisproduktion finanzieren und ihr einen organisatorisch-institutionellen Rahmen setzen, tun dies selbstverständlich deshalb, weil sie sich davon etwas erhoffen. Es mag im Reich der Theorie sinnvolle Konzeptionen von Wissenschaft als Selbstzweck geben; solange indes von der gegenwärtigen Realität die Rede ist, ist der Befund unumgänglich, dass wissenschaftlicher Aktivität durchgängig auch ein Wert beigemessen wird, der außerhalb ihrer selbst liegt. Wissenschaft hatte, könnte man sagen, immer schon nützlich zu sein, nur die Nutzenvorstellungen mögen sich gewandelt haben.

Darüber hinaus ist nicht klar, ob die epistemische Irrationalität in der Wissenschaft überhaupt verschwände, könnte man die externen Ansprüche von der Wissenschaft subtrahieren. Wie würde eine solche Wissenschaft aussehen? Vielleicht ähnlich wie jener »kastalische Orden«, den Hermann Hesse im Roman *Das Glasperlenspiel* schildert: eine hermetisch geschlossene Gelehrtengemeinschaft, die sich, von den profanen Zwängen des Alltags befreit, der Zusammenführung der Wissenschaften und auch der Künste unter dem Dach einer Art Universalsprache widmet: »Musik des Weltalls und Musik der Meister / Sind wir bereit in Ehrfurcht anzuhören / zu reiner Feier die verehrten Geister / Begnadeter Zeiten zu beschwören«, dichtet Josef Knecht, der Protagonist und »Magister Ludi« des Glasperlenspiels.[256] Die Geisteswelt, die in solchen sozialen Konstellationen kultiviert wird, ist ästhetisch ansprechend, hierarchisch strukturiert, von Ritualen geprägt und hochgradig selbstreferenziell.

Wenn hier Wissen generiert wird, dann folgt die Wissensproduktion nur den Imperativen, die sich aus dem Glasperlenspiel selbst ergeben. Die Losung, die an die jungen Wissenschaftler ausgegeben wird, lautet gerade nicht: Schaffe nützliches Wissen! Kein Wissen, das, um Beispiele aus der Geschichte anzuführen, einem Fürst zum Ruhm gereicht, kein Wissen, das Krankheiten verstehen und Kriege gewinnen hilft. Kein Wissen, das dem Landadel zum Zeitvertreib dient oder Bürger tugendhafter machen soll, kein Wissen, dessen Generierung die Funktionseliten denken und mit Urteilskraft entscheiden lehrt.[257] Sondern Wissen um des Wissens willen, Wissen, dem die Mönche in Demut zu dienen haben. In einem solchen Szenario würde man sicherlich einige Delikte wissenschaftlichen Fehlverhaltens vergeblich suchen. Ohne quantitativen Publikationsdruck und Kennziffernsteuerung gäbe es beispielsweise keine Anreize für die massenweise Veröffentlichung wenig durchdachter oder gar abgekupferter Ideen.

Freilich bedeutet das nicht, dass unsere Wissenschaftsmönche Heilige wären. Ihnen dürfte daran gelegen sein, vor ihren Peers als kompetent zu gelten, und so ist ihnen wahrscheinlich auch Neid und Profilierungsdrang nicht fern. Wirklich problematisch wäre das allerdings nicht, handelte es sich dabei doch um Phänomene, die zwar auf der individuellen Ebene nicht als epistemisch-rational erscheinen mögen, denen aber auf der Makroebene durchaus funktionale Sinnhaftigkeit zuzuschreiben ist. Liegt der Fokus auf der Einzelperson, wirken solche Wissenschaftlereitelkeiten ja nicht gerade wie Tugenden, sondern eher als Störfaktoren auf dem Weg zur Objektivität.

---

256 Hesse 1943: 402.

257 Gedacht ist hier – in der Reihenfolge der Nennung im Text – an die höfische Wissenschaft der Renaissancezeit; die Wissenschaft der Moderne; die Gentleman-Wissenschaft im England der Frühmoderne; die Wissenskonzeption der klassischen griechischen Antike; die Absichten, die zu Beginn des 19. Jahrhunderts hinter den reformierten deutschen Universität preußischen Zuschnitts standen.

Aber wenn man bedenkt, dass es sich dabei um Nebenprodukte eines Reputationssystems handelt, dem innerhalb des Systems durchaus eine Funktion zukommt (nämlich den Wettbewerbsgedanken zu befördern), wird man sie gerne in Kauf nehmen – zumindest, solange sie nicht allzu dominant werden.

Daneben würden in dieser klösterlichen Welt, so die Hypothese, auch Instanzen epistemischer Irrationalität vorkommen, wie sie in unserer Typologie unter Kategorie B aufgeführt sind. Obschon es hier vielleicht keine Interessenkonflikte zwischen den Wissenschaftlern und anderen Gruppen gäbe, keine Studierenden, die Ansprüche stellen, keine Auftraggeber, die ihrer Unzufriedenheit Ausdruck verleihen: All dies hieße nur, dass kein Außenstehender der epistemischen Irrationalität gewahr würde – nicht, dass sie nicht existierte. Angenommen, es geht innerhalb des Ordens primär darum, wer der brillanteste Denker ist, wer sich also innerhalb des Rahmens, den ihm die Spielregeln des Glasperlenspiels setzen, als bester Spieler erweist. Dann ist durchaus vorstellbar, dass es unter Wissenschaftler-Peers zum Beispiel akzeptiert sein könnte, die Lehre zu vernachlässigen (siehe Konflikt B2), schließlich kann man sich durch sie keinen großen Namen machen. Diese fiktive Welt wäre sogar anfälliger als unsere reale Wissenschaftslandschaft für kollektive Idiosynkrasien, für festgefahrene, unter den Kollegen akzeptierte Handlungsweisen, die es den Handelnden erlauben, ungestraft in Obskurantismus abzudriften – es fragt hier ja niemand nach der wissenschaftsexternen Relevanz des Wissens (siehe B3). Und auch die Gefahr, über all der Ästhetik der wissenschaftlichen Rituale, die in der beschriebenen Welt an der Tagesordnung sind, die Erkennntnisproduktivität selbst zu vergessen, scheint ausgesprochen groß (siehe B1).

B1, B2 und B3 sind Beispiele für Fehlentwicklungen, von denen nicht auszuschließen ist, dass sie überall dort vorkommen können, wo Erkenntnisgewinnung systematisch betrieben wird – und denen nicht durch die Beseitigung wissenschaftsexterner Einflüsse allein beizukommen ist. Ob die Beispiele verfeinert werden müssen, in welchem Grade sie der empirischen Realität entsprechen und um welche Konflikte sie zu ergänzen sind, stellt nach Ansicht des Verfassers ein nennenswertes Forschungsdesiderat dar. Eine Leitfrage, die hier als Orientierung dienen könnte, wäre: Welche Formen epistemischer Irrationalität sind es genau, die die freie Wissenschaft nicht mit eigenen Kräften beseitigen kann? Für die vorliegende Abhandlung ist es ausreichend, zu konstatieren, dass die Existenz solcher Formen sehr wahrscheinlich ist.

Damit lässt sich das, was es zu Kategorie B zu sagen gilt, so zusammenfassen: Sollte die Evidenz groß genug sein, dass freie Wissenschaft in einem gegebenen Wissenschaftssystem bedeutet, dass schlechte Wissenschaft in signifikantem Ausmaß unsanktioniert bleibt, ist dem Widerspruch gegen auf diese Missstände (und nur auf sie) zielendes, korrigierendes Eingreifen von außen die argumentative Grundlage entzogen: Die Wissenschaft kann sich dem nicht unter Berufung auf die Wissenschaftsfreiheit widersetzen, zumal Letztere ihren Sinn darin hat, Handlungen zu ermöglichen, die sich an den Imperativen der epistemischen Rationalität ausrichten. Dieser Strang unserer Untersuchung endet damit. Wenden wir uns nun den Konflikten der Kategorie A zu.

4.3.3 Die Freiheit epistemisch rationaler Wissenschaft

Kategorie A beschreibt Konflikte, die freien Wissenschaftlern im Rahmen bestimmter Szenarien Gründe entgegensetzen, die besagen, weshalb die Freiheit der Wissenschaft einzuschränken sei. Die Bewertung dieser Konflikte kann uns helfen, den Grenzverlauf einer sinnvollen Wissenschaftsfreiheitskonzeption aufzuspüren. Der Klärungsbedarf ist freilich nicht bei allen A-Konflikten gleich groß. Für manche von ihnen haben wir in der Praxis bereits gute Lösungen gefunden, bei manchen hingegen scheint die Art und Weise, wie sie faktisch beigelegt werden, ein kaum zufriedenstellendes Provisorium darzustellen.

Konflikt A2 (Risiken für Einzelne) lässt sich der ersten Gruppe zurechnen. Es herrscht in Deutschland und vielen anderen Ländern ein sehr weitgehender Konsens vor, dass die Wissenschaftsfreiheit nicht über bestimmte Grenzen hinaus maximiert werden dürfe: Menschenversuche etwa, die hohe Gefahren für die Probanden mit sich bringen oder bei denen diese gegen ihren Willen zur Teilnahme gezwungen werden, werden seit den Nürnberger Prozessen von internationalen Kodizes geächtet, die ihrerseits in nationaler Rechtsprechung münden. Es mögen Grauzonen verblieben sein, etwa hinsichtlich der Frage, wann ein Proband hinreichend aufgeklärt worden ist, wo die Grenzen zwischen Freiwilligkeit und Nötigung verlaufen oder ob bestehende Maßnahmen zum Schutz Einzelner ausreichen. Doch im Allgemei-

nen gilt: Wo identifizierbare Einzelsubjekte betroffen sind, wird der Wissenschaftsfreiheit üblicherweise keine Priorität eingeräumt, wenn sie mit fundamentalen Rechten wie dem Recht auf körperliche Unversehrtheit kon-
fligiert. Die Rede ist hier wohlgemerkt von Gefahren vom Typus »Human-
experiment«. Etwas größeren Diskussionsbedarf gibt es wohl bei den Tier-
versuchen: Welche Rechte welchen Tieren zuzusprechen sei, welche Pflichten ihnen gegenüber bestehen, ist Gegenstand moralphilosophischer – und
auch kontrovers geführter öffentlicher – Debatten.[258] Die Frage nach den
Tierrechten ist allerdings eine vom Wissenschaftsfreiheitsdiskurs entkop-
pelte Frage, die an anderer Stelle zu erörtern wäre.

Auch für die Konflikte A1 (Lehrinhalte), A3 (Rahmenbedingungen) und
A5 (Relevanz) haben sich in der Praxis Lösungen gefunden. Ob es sich dabei
immer um adäquate Lösungen handelt, die die Vor- und Nachteile einer
freien Wissenschaft in gleicher Weise berücksichtigen, könnte indes bezwei-
felt werden: Sie sind häufig von Machtungleichgewichten geprägt, die die
faktische Resolution der Konflikte einseitig beeinflussen. Die Wissenschaft,
in die Bittstellerposition gedrängt, sieht sich etwa zur Lehre de lege verpflichtet, zur Einwerbung von Drittmitteln aufgrund unzureichender staatlicher Finanzierung de facto genötigt. Zugleich denken diejenigen, die Ansprüche an die Wissenschaft stellen – seien es Studierende, die sich eine
Ausbildung nach ihren Bedürfnissen wünschen (oder deren Fürsprecher in
der Politik), seien es Wirtschaftsunternehmen, die konkreten Wissensbedarf
haben – in aller Regel situativ und kurzfristig. Die positiven Primär- und Se-
kundäreffekte einer freien Wissenschaft aber erweisen sich auf lange Sicht:
Eine freiheitliche Kultur kann, wie im dritten Kapitel skizziert worden ist,
positiven Einfluss auf die Qualität des Outputs der Erkenntnisproduktion,
aber auch auf die Menschen, die Letztere betreiben, ausüben.

Nun gibt es mögliche Lösungen für dieses Problem des Machtun-
gleichgewichts, die in der vorliegenden Abhandlung nur als Desiderate formuliert werden können und weitergehende Forschungsbemühungen anderer Disziplinen notwendig machen: nämlich empirische Fragen. Ein empirisches Desiderat wäre mit Blick auf A1 etwa, das Prinzip der forschungsnahen
Lehre für die unterschiedlichen Fachbereiche vor dem Hintergrund der

---

258 Als *seminal text* zur Tierrechtsdebatte ist Singers *Animal Liberation* (1975) zu nennen.
     Den umfangreichsten Beitrag zur politischen Theorie der Tierrechte haben in jünge-
     rer Zeit Kymlicka & Donaldson mit *Zoopolis* (2011) vorgelegt.

Doppelrolle Forschender und Lehrender zu re-evaluieren. A3 legt nahe, systematisch zu untersuchen, welche Auswirkungen welcher institutionelle Rahmen auf die Wissenschaftler und ihre epistemische Leistungsfähigkeit hat: Unter welchen Bedingungen floriert im 21. Jahrhundert wissenschaftliche Innovation? Aus A5 schließlich ergibt sich die empirische Frage: Wie wirkt sich Auftragsforschung faktisch auf die Qualität des Forschungsoutputs und die langfristige Fortentwicklung der wissenschaftlichen Disziplinen aus?

Darüber hinaus beinhalten die genannten Konflikte auch eine Frage, zu der die Philosophie einen Beitrag zu leisten vermag: Wie lassen sich Wert und Zweck der Wissenschaft adäquat und vollumfänglich umreißen? Würde man nämlich A1, A3 und A5 nur anhand der empirischen Resultate, die die eben genannten Forschungsfragen möglicherweise zeitigen, bewerten, bliebe mindestens ein Aspekt unberücksichtigt, der sich nur schwerlich quantifizieren lässt: die Bildungseffekte einer freiheitlich geprägten Wissenschaftskultur für jene, die Wissenschaft beruflich betreiben, aber auch für jene, die eine forschungsnahe Hochschulbildung durchlaufen. Der Versuch, ein Bewusstsein für Ausmaß und Bedeutung dieser Aspekte zu gewinnen, sie aber schließlich auch mit anderen, der Wissenschaftsfreiheit entgegengesetzten Erwägungen in ein angemessenes Verhältnis zu bringen, erscheint lohnenswert – und beschreibt die Agenda für das nun folgende fünfte Kapitel.

Bleiben A4 (Erzeugungs- & Publikationsverbot) und A6 (Nutzen & Risiko); die Opposition von Gründen, auf der diese Konflikte beruhen, lässt sich wie folgt beschreiben. Die Position der freien Wissenschaft lautet: Natürlich könnten Produkte der Wissenschaft auch negative Konsequenzen haben. Doch dies als Anlass zu nehmen, die wissenschaftliche Unternehmung zu beschneiden, sei der falsche Ansatz. Wenn man ihn nämlich erst einmal zugelassen habe, drohe ein Dammbruch, eine wissenschaftsexterne Regulations- und Verbotswelle, weil letzten Endes praktisch alle wissenschaftsinduzierten Technologien und sonstigen Anwendungen in irgendeiner Weise – auch – zu unheilvollen Zwecken genutzt werden könnten. Die Wissenschaft müsse frei bleiben. Die Gegenposition wird darauf verweisen, die potenziellen negativen Folgen könnten zeitlich und örtlich unbeschränkt und daher derart schwerwiegend sein, dass sie eine Begrenzung der Wissenschaftsfreiheit, mag diese auch ein hohes Gut sein, gewissermaßen erzwingen. Man hat versucht, dem Konflikt unter Verweis auf die »Wis-

senschaftsethik« beizukommen, eine Bereichsethik, die dem Wissenschaftler moralische Verantwortung jenseits der Imperative der bloß epistemischen Rationalität aufbürdet. Ob es sich dabei um eine zufriedenstellende
Lösung handelt, ist Gegenstand des sechsten Kapitels.

Dritter Teil. Lösungsansätze

5 Gesellschaftliche Zwecke

5.1 Gesellschaftsdienlichkeit als Conditio sine qua non

Wozu dient Wissenschaft? Äußerungen zu dieser Frage berufen sich häufig auf eine von zwei sehr unterschiedlichen Vorstellungen. Die erste Vorstellung: Nur jene Wissenschaft ist wertvoll und fördernswert, deren unmittelbarer, handfester Nutzen für die Gesellschaft offensichtlich zutage tritt. Die zweite Vorstellung: Wissenschaft hat niemandem zu dienen, sondern ist reiner Selbstzweck. Beide Vorstellungen greifen zu kurz, wie nun gezeigt werden soll. Die nachfolgenden Überlegungen suchen eine Antwort auf die Frage des »Wozu?« – und damit auch auf Teilaspekte der Leitfrage nach der Freiheit der Wissenschaft – in jenem Bereich, der zwischen den beiden Vorstellungen liegt.

5.1.1 Eine erfolgsbasierte Rechtfertigung

Auf welchem Fundament lässt sich eine tragfähige Begründung für die Meinung errichten, die Wissenschaft habe frei zu sein? Ende der 1920er Jahre, die zur Zeit der Weimarer Republik mit ihrer demokratischen, liberale Grundrechte gewährenden Verfassung, waren es vor allem die Juristen, die sich mit dieser Frage auseinandersetzten.[259] Rudolf Smend warnte auf der Tagung der Vereinigung der Deutschen Staatsrechtslehrer eindringlich vor der »Gefährlichkeit und Unrichtigkeit der liberalen Konstruktion« des Wissenschaftsfreiheits-Grundrechts. Gründe man dieses nämlich »auf den dadurch gewährleisteten Erfolg, so ist es widerlegt, wenn dieser Erfolg ausbleibt«[260]. Mögen sich die historischen Umstände geändert haben, so ist es wohl auch heute nicht jedem intuitiv zugänglich, dass die Legitimität der Wissenschaftsfreiheit an Erfolgskalkülen zu ermessen sein sollte. Schließlich

---

259   Siehe auch Walter A. E. Schmidts Abhandlung *Die Freiheit der Wissenschaft* von 1929.
260   Smend 1928: 63.

könnte daraus die unangenehme Einsicht resultieren, dass dieses mit dem Nimbus grundrechtlicher Erhabenheit ausgestattete Prinzip in der Tat hinfällig oder jedenfalls neu auszurichten sei. Doch gibt es überhaupt eine Alternative zur erfolgsabhängigen Begründung der Wissenschaftsfreiheit?

Smend selbst redete seinerzeit der Vorstellung das Wort, diese Freiheit, wie sie in Deutschland herangewachsen und zu einem Grundrecht erhoben worden ist, lasse sich auf eine »unmittelbar oder mittelbar religiöse Grundlage«[261] stellen. Diese Position ist, zumal vom heutigen Standpunkt aus betrachtet, problematisch. Auf der *begründungstheoretischen* Ebene ist sie obskur; religiöse oder quasi-religiöse Überzeugungen als legitimatorische Quelle für die Regulation eines gesellschaftlichen Subsystems anzuführen, dürfte sich dem Verständnis mindestens der säkular Denkenden entziehen.[262] Sie ist zudem über die Maßen anspruchsvoll, impliziert sie doch die Vorstellung, die freie Wissenschaft sei tatsächlich im Wortsinne reiner Selbstzweck, sei schützenswert, weil ihr eine Dignität zukommt, die die Frage danach, was sie in der empirischen Welt bewirkt, irrelevant macht. Überhöht man sie etwa – Smend selbst verwies explizit auf die spekulative Tradition des deutschen Idealismus[263] – als den ultimativen Ort, an dem der Mensch als Vernunftwesen zu sich selbst kommt, und spricht ihr deshalb eine nicht weiter zu begründende Schutzwürdigkeit zu: dann werden die Verteidiger der Wissenschaftsfreiheit zu Anhängern einer Offenbarungsreligion, über deren Zweck und Grundlagen man nicht diskutieren, sondern an die man glauben oder nicht glauben kann. Es dürfte sich heute kaum jemand finden, der bereit ist, diese exaltierte Wissenschaftsidee mitzutragen.

Aber auch die *praktischen* Implikationen dieser Position sind bedenklich. Die Art und Weise nämlich, wie die Gewährung von Freiheiten begründet wird, hat Auswirkungen auf diejenigen, denen diese Freiheiten gewährt werden. In den Termini der Sprechakttheorie Austins: Die Feststellung in die Welt zu bringen, die Wissenschaftsfreiheit sei aus dem einen oder dem anderen Grund legitimiert, hat nicht nur einen illokutionären, sondern auch

---

261 Smend 1928: 63.
262 Damit soll nicht gesagt sein, dass säkular geprägte, demokratische Staaten in ihren Verfassungen immer von religiösen oder quasi-religiösen Elementen frei seien. Man könnte beispielsweise zur Diskussion stellen, ob bei der Berufung des Grundgesetzes auf die Sakralität der menschlichen Würde nicht religiöses Denken im Spiel sei.
263 Vgl. Smend 1928: 63–64.

einen perlokutionären Aspekt.[264] Eine quasi-religiöse Begründung wäre in diesem Sinne nicht funktional neutral, sondern nachteilig, denn sie würde die Erkenntnisproduktivität hemmen. Angenommen, man versieht die Wissenschaftsfreiheit mit einer Art sakraler Unangreifbarkeit, die dem Wissenschaftler qua Wissenschaftlerdasein zukommt. Den wissenschaftlichen Akteuren würde auf diese Weise eine Haltung falsch verstandener Sakrosanktizität nahegelegt, wie sie sich in heutigen demokratischen, funktional ausdifferenzierten Gesellschaften schwerlich rechtfertigen lässt. Wer glaubt, die Wissenschaftsfreiheit sei sein persönliches, unhinterfragbares, »heiliges« Recht als Gelehrter, steht nicht mehr unter dem Druck, epistemisch irrationales Verhalten rechtfertigen zu müssen. Er läuft Gefahr, sich guten Gewissens in die durch die Wissenschaftsfreiheit geschaffenen Schutzräume zurückzuziehen, anstatt die innovationsfördernde Konfrontation mit anderen Meinungen zu suchen und mit dem sprichwörtlichen offenen Visier zu kämpfen.

Dies ist gerade deshalb ein wichtiger Gesichtspunkt, weil der institutionell gesicherten Freiheit von Forschung und Lehre, um es mit den Worten von Karl Jaspers zu sagen, seit jeher die Tendenz innewohnt,

> »den Einzelnen in seine Besonderheit einzuschließen, ihn unberührbar zu machen und, statt ihn zur Kommunikation anzutreiben, vielmehr zu isolieren. Man läßt jedem weitgehendste Freiheit, um auf Gegenseitigkeit selbst diese Freiheit zu haben und vor dem Hineinreden anderer geschützt zu sein. [...] Man vermeidet substantielle Kritik. Hier wird die Kommunikation, die geistig ein Kampf um Klarheit und um das Wesentliche ist, unterbrochen durch eine nach Gesichtspunkten des Taktes geregelte Beziehung.«[265]

Hierbei ist nun nicht eine Abschottungshaltung nach außen hin gemeint, wie sie um einer Forschung in ungestörter Produktivität willen vielleicht zweckmäßig und angebracht sein mag, sondern vielmehr eine Abwehrhaltung, die sich gegen andere Wissenschaftler richtet. Lassen wir die Ausführungen der zurückliegenden Kapitel Revue passieren, dann spricht nichts dafür, dass eine sinnvolle Interpretation der Wissenschaftsfreiheit jene Hemmung der Erkenntnisproduktivität gutheißen könnte, als die eine sol-

---

264 Austin unterscheidet zwischen »Lokution«, »Illokution« und »Perlokution«. Vgl. 1962: 94–107, aber auch Searles Korrekturen an Austins Dreiteilung (etwa 1968, 1969). Entscheidend in unserem Zusammenhang ist die Idee, dass Sprechakte auch als Handlungen interpretiert werden, also perlokutionären Charakters sein können.

265 Jaspers 1946: 68–69.

che kommunikationsfeindliche Isolation beschrieben werden muss. In der
Tat ist dies eine Gefahr, die wir uns im Hinblick auf unsere Leitfrage vergegenwärtigen müssen: Wissenschaftsfreiheit kann, so gut sie gemeint sein
mag, in der wissenschaftlichen Praxis dazu führen, dass sich bei Einzelnen
eine Attitüde des Sich-nicht-rechtfertigen-Wollens einstellt – im schlimmsten Falle nicht einmal gegenüber den Peers. Damit aber wären wesentliche
Postulate des Ethos epistemischer Rationalität ausgehebelt.

Zusammengefasst: Das Bild, das wir unter Bezugnahme auf gängige
Argumente gezeichnet haben, widerspricht der Idee, die Freiheit der Wissenschaft sei dazu da, die Privilegien Einzelner zu schützen, weil diesen
(oder jedenfalls ihrer Tätigkeit) ein sakraler Status zukommt. Wollen wir
dieser unbefriedigenden Konstruktion entkommen, müssen wir die wissenschaftliche Freiheit in der Tat unter Rekurs auf ihren faktischen Erfolg zu
rechtfertigen suchen. Freilich wäre – und darauf kommt es in ganz entscheidender Weise an – zu spezifizieren, was unter »Erfolg« zu verstehen sei. Die
in diesem Kapitel folgenden Ausführungen werden versuchen, zu skizzieren,
wie diese Leerstelle zu füllen ist.

5.1.2   Wahrheit und Kontextualisierung

Was ist eine erfolgreiche Wissenschaft? Die Suche nach Antworten muss
eine adäquate Beschreibung gegenwärtiger wissenschaftlicher Aktivitäten
miteinbeziehen. Und in dieser Hinsicht gilt: Die Wissenschaft als ein In-
strumentarium zur Ermittlung der Wahrheit aufzufassen, erscheint als wenig aussichtsreiches Unterfangen. Dem ist zum einen so, weil die Wahrheit
als epistemologischer Topos unter Beschuss geraten ist. Die Ära der Postmo-
dernisten und Sozialkonstruktivisten – unabhängig davon, wie diese Strö-
mungen im Detail zu bewerten sein mögen – hat zu viele Spuren hinterlas-
sen, als dass noch jemand für selbstverständlich nehmen könnte, Wissenschaft führe schlicht und einfach »zur Wahrheit«. Wie im ersten Kapitel angedeutet worden ist, ist dies für unsere Zwecke auch gar nicht notwendig; es
reicht aus, die Wissenschaft mit der weniger anspruchsvollen Beschreibung
als systematisch auf Erkenntnisgewinnung hin ausgerichtete Unternehmung. Doch es ist nicht nur aus epistemologischen Gründen problematisch,
den Wahrheitsbegriff auf die Wissenschaft zu beziehen, sondern auch deshalb, weil Wissenschaft als soziale Praxis sich selbst zunehmend weniger als

eine dezidiert weltferne Unternehmung zur Detektion einer überzeitlichen Wahrheit begreift.

In der Tat findet sich die heutige Wissenschaft verstärkt in gesellschaftliche Zusammenhänge eingebunden vor: »The house of science gets opened up«[266], hat es Steven Shapin prägnant formuliert. Diese Kontextualisierung hat schon Mitte der 1990er Jahre ein Autorenkollektiv um Michael Gibbons und Helga Nowotny auf den Plan gerufen. Das von ihm eingeführte, in der Wissenschaftsforschung umfangreich rezipierte Konzept »Mode 2« steht für Wissen, das in disziplinenübergreifenden, gesellschaftlich und ökonomisch geprägten Kontexten entsteht und damit von einem traditionellen, engeren Begriff wissenschaftlichen Wissens (»Mode 1«) zu trennen ist.[267] Eine bemerkenswerte Eigenschaft dieses kontextualisierten Wissens ist seine besondere Belastbarkeit. Dabei handelt es sich um eine Belastbarkeit nicht nur epistemologischer, sondern auch rechtfertigungstheoretischer Natur, zumal, wie Metschl erläutert, all das,

> »was nach traditionellem Wissenschaftsverständnis als externe Faktoren die Reinheit der Forschung zu stören und zu kontaminieren droht, in den Forschungsprozess integriert wird. Daraus wiederum erwächst eine Forschung, die auf einen breiteren Konsens hoffen kann, als er einer hochspezialisierten und insofern traditionelleren Forschung möglich wäre, die, weil sie entsprechend weniger ihre öffentliche Bedeutung vermitteln könnte, dadurch sehr viel schneller auch durch den Entzug der finanziellen Unterstützung in ihrer Existenz bedroht wäre.«[268]

Es ist auf eine Reihe konzeptioneller wie empirischer Probleme der Mode-2-These hingewiesen worden[269]; gleichwohl lassen sich die der Analyse von Gibbons & al. zugrundeliegenden generellen Trends schwer bezweifeln. Sie dürfte jedem evident sein, der administrativ oder operativ mit der Wissen-

---

266 Shapin 2010: 0:45.

267 Vgl. Gibbons & al. 1994: 1.

268 Metschl 2016: 48–49.

269 So etwa Hessels & van Lente 2008. Für Wissenschaft im Modus 2 hat sich auch der Begriff »Technoscience« etabliert (siehe dazu Nordmann 2011), dessen Wesen als »unternehmerisch« (Jamison 2011: 94) beschrieben wird. Bemerkenswert auch Schneidewind & Singer-Brodowski, die mit Blick auf aktuelle Entwicklungen von »Modus 3« sprechen: einer »transformativen« Wissenschaft, »die die grundlegenden Muster ihres Handelns hinterfragt und die Notwendigkeiten und Möglichkeiten ihrer Selbsttransformation analysiert« (2014: 78). Bemerkenswert außerdem das »Triple Helix«-Modell (Etzkowitz & Leydesdorff 2000), das als Nachfolger für die Modus-2-Wissenschaft ins Feld geführt worden ist und aus den Komponenten Universität – Industrie – Staat besteht. Die »Quadruple Helix« von Marcovich & Shinn (2011) ergänzt die »Triple Helix« um den Faktor »Gesellschaft«.

schaft befasst ist. In diesem Sinne ist die Wahrheitssuche, wie Böhme ganz kategorisch festhalten zu können glaubt, nicht mehr der Grundcharakter der Wissenschaft. Letztere sei heute »weitgehend funktionalisiert oder auch finalisiert [...]: Die Wissenschaft wird zur Erreichung bestimmter wirtschaftlicher und nationaler Zwecke betrieben.«[270] Ähnlich argumentieren Leith & Meinke, die dazu raten, die Wissenschaft noch stärker und unmittelbarer im Hinblick auf gesellschaftliche Projekte zu organisieren. Die Begründung hierfür hat bei ihnen einen durchaus moralischen Anstrich. Sie lehnen eine Wissenschaftsidee ab, die an den Bedürfnissen der Bürger vorbeigeht:

> »The idea that Science epitomises the best that humanity can be through a quest for objective truth via unachievable rationality is a myth that has worn thin and is increasingly counterproductive. It is dull Science without a human face. What never gets dull is making a difference: contributing to societal goals.«[271]

Die zunehmende Kontextualisierung lässt, so ist zu vermuten, die Schutzräume schwinden, in denen die Eigenlogik einer Erkenntnisproduktion zum Tragen kommt, die sich in ihrer schlichtesten Form so beschreiben lässt: Wissenschaftler sind frei und produzieren im kollektiv mit anderen freien Wissenschaftlern Wissen. So liegt es auf der Hand, dass Spannungen entstehen müssen, wenn versucht wird, diesem neu akzentuierten Wissenschaftsbegriff mit althergebrachten Vorstellungen von Wissenschafts*freiheit* beizukommen. Zu denken gibt schließlich, dass die klassischen Argumente in historischen Kontexten entstanden, in denen der zugrunde liegende Wissenschaftsbegriff noch einen anderen Zungenschlag hatte: Das Erkenntnisargument hat seine Wurzeln in der frühen Neuzeit, das Bildungsargument im späten 18. und frühen 19. Jahrhundert. Selbst das verhältnismäßig junge Demokratieargument ist in einer Zeit geprägt worden, die in wesentlichen Punkten von unserer verschieden ist: in der Mitte des zurückliegenden Jahrhunderts, als »Demokratie« nicht zuletzt ein überschwänglich idealisierter Kampfbegriff war, der dem Westen dazu diente, um sich von den sozialistischen Systemen des Ostens abzugrenzen, einer Zeit, als die oben beschriebene verstärkte Kontextualisierung der Wissenschaft sich zwar bereits abzeichnete, aber noch nicht das heutige Ausmaß angenommen hatte. So

---

270 Böhme 2006: 21. Vgl. auch Goldman: »Even among mainstream philosophers of science, many are skeptical of the claim that science succeeds in, or even aims at, delivering truth, especially ›theoretical‹ truth.« (1999: 221)

271 Leith & Meinke 2015.

gelangen wir zu einer ersten Ausgangsfrage, die es im Laufe der folgenden Erwägungen zu berücksichtigen gilt:

1. Wie ist die zunehmende Kontextualisierung der Wissenschaft in eine zeitgemäße Konzeption von Wissenschaftsfreiheit zu inkorporieren?

5.1.3 Die unklare Verwendung des Nutzenbegriffs

Eine Wissenschaftsfreiheitskonzeption, die auf die Fragen der Gegenwart angemessene Antworten bereithält, müsste die genannten Entwicklungen aufnehmen und reflektieren. Ein wichtiger Schritt in diese Richtung bestünde in einer umfangreichen Analyse des tatsächlichen Nutzens einer freien Wissenschaft in demokratischen Gesellschaften des 21. Jahrhunderts. Wer einen Beitrag zu dieser umfangreichen Aufgabe leisten will, muss sich zunächst über die Verwendung des Nutzenbegriffs klar werden. Schließlich ist es nicht immer ein Leichtes, zu sagen, was mit »Nutzen« im Kontext wissenschaftspolitischer Debatten überhaupt gemeint sein soll.

Selbst der Präsident der Deutschen Forschungsgemeinschaft scheint in dieser Frage eine inkonsistente Position zu haben. Peter Strohschneider schreibt, es lasse sich weltweit der Trend ausmachen, »Forschung politisch und gesellschaftlich vor allem unter utilitaristischen Gesichtspunkten zu betrachten«. Damit meint er, wie er in seinem Artikel sogleich deutlich macht, die verstärkte Förderung thematisch eng umgrenzter Programmforschung, die »auf kurzfristige und direkte Anwendungszwecke ausgerichtet« sei.[272] Der Begriff »utilitaristisch« wird hier zweifelsohne in einem unspezifischeren Sinne als jenem der diesen Namen tragenden philosophischen Theorierichtung verstanden. Doch auch dann, wenn mit »utilitaristisch« nicht mehr gesagt sein soll als ganz allgemein »nützlich«, tritt eine Unklarheit zutage: Entweder, Strohschneider ist der Meinung, nur auf unmittelbare Anwendungszwecke gerichtete Programmforschung sei nützliche Forschung. Diese Interpretation läuft allerdings dem Kontext der Äußerung zuwider, welcher eher vermuten lässt, dass er gerade das Gegenteil insinuiert: Wenige Sätze später spricht Strohschneider anerkennend von jener Tokioter Resolution, die »die möglichst freie erkenntnisgeleitete Forschung nicht in Opposition zu ökonomischen und gesellschaftlichen Relevanzen und Zwecken,

---

272 Strohschneider 2015: 3.

sondern in ihrer Funktionalität für diese« beschreibe.[273] Das aber lässt nur eine ganz bestimmte Interpretation des Wortes utilitaristisch zu. Es bedeutet bei Strohschneider offenbar so etwas wie:»zwar auf den Nutzen gerichtet, aber letztlich nicht umfassend, sondern höchstens in einer bestimmten Hinsicht nutzbringend« – nämlich jener der kurzfristigen und direkten Anwendungszwecke. Gibt es wissenschaftsinduzierte Effekte, die zwar nützlich, aber nicht in Strohschneiders Sinne »utilitaristisch« sind?

Es ist erstaunlich, wie wenig Explizites sich in der Literatur dazu finden lässt. Betrachten wir die Universität, die sich der Analyse des Soziologen Richard Münch zufolge als eine »organisatorische Einheit [des] Balancierens von innerer akademischer Freiheit und äußeren Nützlichkeitserwartungen« beschreiben lässt: Während sie im Innenverhältnis »einen Freiraum der zweckfreien Forschung als sakralen Kern« gewährleiste, habe sie im Außenverhältnis gewisse Dienstleistungen für die Gesellschaft zu erbringen – im Wesentlichen die Produktion von Wissen und die (Aus-)Bildung des Nachwuchses.[274] Wie geht das zusammen? Sind Freiheit und Nützlichkeit als zwei gleichwertige, nebeneinander stehende Ziele zu denken, zwischen denen es abzuwägen gilt? Der folgende Auszug aus einem Urteil des Bundesverfassungsgerichts legt eher den Schluss nahe, dass das eine als die Voraussetzung des anderen verstanden wird, dass Wissenschaftsfreiheit nämlich nur insoweit gerechtfertigt sei, insoweit sie der Bevölkerung nutze:

> »Die Distanz, die der Wissenschaft um ihrer Freiheit willen zu Gesellschaft und Staat zugebilligt werden muß, enthebt sie [...] nicht von vornherein jeglicher Auseinandersetzung mit gesellschaftlichen Problemen. Dieser Freiraum ist nach der Wertung des Grundgesetzes nicht für eine von Staat und Gesellschaft isolierte, sondern für eine letztlich dem Wohle des Einzelnen und der Gemeinschaft dienende Wissenschaft verfassungsrechtlich garantiert.«[275]

Andererseits aber werden gesellschaftliche Erwartungen nach wie vor als wissenschaftsfeindliche Fremdkörper betrachtet. In einem aktuellen Urteil desselben Gerichts wird betont, dem Grundrecht der Wissenschaftsfreiheit liege

273   Strohschneider 2015: 3.

274   Münch 2011: 45. Die Vorstellung eines »sakralen« Kerns der Wissenschaft, der der »profanen« Nützlichkeit entgegensteht, entnimmt Münch Durkheim 1981.

275   BVerfG 47, 327: 370.

>»auch der Gedanke zu Grunde, dass eine von gesellschaftlichen Nützlichkeits- und politischen Zweckmäßigkeitsvorstellungen freie Wissenschaft die ihr zukommenden Aufgaben am besten erfüllen kann [...].«[276]

Inhaltlich ähnlich, aber plakativer formulierend, sagte der ehemalige Bundesverfassungsrichter Dieter Grimm in einem Interview zu gegenwärtigen Bedrohungen, denen sich die freie Wissenschaft gegenübersieht:

>»Wer Geld für Forschung einwerben will, muß nicht Erkenntnis, sondern Nutzen versprechen. [...] Dem Dienst, den die Wissenschaft der Gesellschaft leistet und um dessentwillen sie Autonomie genießt, ist das alles andere als zuträglich.«[277]

Der österreichische Philosoph Edgar Morscher schreibt passend dazu:

>»Für das langfristige Wohl der Menschen ist eine Institution wie die Wissenschaft im klassischen Sinne mit ihren Einrichtungen wie Universitäten und Akademien, denen es um Wahrheit allein um der Wahrheit willen geht, erforderlich oder zumindest höchst vorteilhaft. Darin liegt ›der Nutzen des (scheinbar) Nutzlosen‹: Gerade um den Menschen langfristig am besten dienen und helfen zu können, müssen diese Institutionen und Einrichtungen die Wahrheit anstreben, ohne dabei nach links und rechts schielen zu müssen, um das Wohl und Wehe des Einzelmenschen im Auge zu behalten.«[278]

Der Kerngedanke solcher Formulierungen lautet offenbar: Letztlich ist die Wissenschaft dazu da, allen zu nutzen, also dem Gemeinwohl in der einen oder anderen Weise dienlich zu sein. Dies vermag sie aber nur dann zu tun, wenn die Vorstellung von ihr ferngehalten wird, jemandem nutzen zu sollen. Anders gesagt: Sie hat in dem Bewusstsein zu agieren, es sei das Beste für alle, wenn sie sich nicht mit gesellschaftlichen Bedürfnissen auseinandersetzt, sondern sich bei der Festlegung auf Forschungsagenden ausschließlich von der fachlichen Neugier der Forschenden leiten lässt. Das ist formal betrachtet zunächst einmal kein Widerspruch, die tatsächliche Funktion eines Systems muss nicht deckungsgleich mit dem Bewusstsein der innerhalb des Systems agierenden Subjekte sein. Aber ist das tatsächlich eine zufriedenstellende Lösung? Mindestens zwei ihrer Facetten erscheinen als kritisch. Diese münden in den Ausgangsfragen II und III:

II. Dass die Wissenschaft gesellschaftliche Bedürfnisse zu ignorieren, also – Morschers oben stehendes Zitat aufgreifend – mit Scheuklappen zu agieren habe und so dem Nutzen aller am besten gedient sei, ist eine Vorgabe, die für viele Wissenschaftsbereiche hochgradig un-

---

276 BVerfG 1 BvR 3217/07: 56.
277 Grimm 2002.
278 Morscher 2006: 93.

praktikabel erscheint. Gerade für die anwendungsorientierten Naturwissenschaften ist es unumgänglich, das, was sich außerhalb der Labortüren abspielt, zur Kenntnis zu nehmen. Viele Disziplinen tolerieren ja nicht nur, sondern basieren sogar auf starken Wechselwirkun-
gen zwischen der wissenschaftsinternen und der -externen Sphäre.
Wie ist mit diesem Praktikabilitätsproblem umzugehen?

III. Selbst bei jenen Wissenschaftsbereichen, für die die unmittelbare Re-
aktion auf gesellschaftliche Bedürfnisse kein konstitutives Element
darstellt, scheint mit dem Scheuklappenprinzip in Reinform wenig gewonnen zu sein. Zum einen entzieht es der Wissenschaft die Vorstellung, sie solle nützlich sein – und nimmt jene Nachteile in Kauf, die
oben unter dem Schlagwort der perlokutionären Folgen einer erfolgs-
unabhängigen Unangreifbarkeit der Wissenschaftler skizziert worden
sind. Zum anderen impliziert sie, eben diese Nützlichkeit sei, von der
wissenschaftspolitisch-gesellschaftlichen Sichtwarte aus betrachtet,
überaus erwünscht. Die Wissenschaft wird als Welt konzipiert, deren
Bewohner zumindest partiell realitätsblind und damit, um es zuge-
spitzt zu formulieren, in einem Zustand fortwährender Unaufgeklärt-
heit zu verbleiben haben. Zugleich dürften viele, die diese Position
vertreten, nicht von der Überzeugung abweichen, die Wissenschaft
habe als Lieferantin jener Informationen zu dienen, die uns mehr als
alle anderen Formen von Information über die Realität aufzuklären
vermögen. Gibt es einen Ausweg aus dieser paradoxalen Struktur?

Die nachfolgenden Überlegungen versuchen, den Herausforderungen zu begegnen, mit denen uns die Ausgangsfragen I–III konfrontieren.

5.1.4 Zwei Formen von Wissenschaft

Angenommen, erstens, wir einigen uns darauf, dass die Wissenschaftsfreiheit ein Prinzip ist, das sich über seinen Erfolg zu rechtfertigen hat, oder
dass, anders gesagt, »Erfolg« und »Misserfolg« in diesem Zusammenhang
relevante Kategorien sind (vgl. 5.1.1). Angenommen, zweitens, dass jede Form
institutioneller Wissenschaft, die einen nennenswerten Beitrag zur globalen
Wissenschaftsunternehmung zu leisten vermag und sich zu einem wesentlichen Teil aus Geldern der öffentlichen Hand speist, unumgänglicher Weise
in ein komplexes Geflecht von normativen und materiellen Bedingtheiten

eingebunden ist (vgl. 5.1.2). Angenommen, drittens, dass sich die Erfolgskriterien der Wissenschaft letztlich auf die Frage reduzieren lassen, ob und in welchem Grade eine freie Wissenschaft ultimativ für die Bevölkerung nutzbringender sei als eine unfreie (vgl. 5.1.3). Dann ergibt sich vor dem Hintergrund der aus diesen Bedingtheiten entstehenden Konflikte als Maxime für kluge Wissenschaftsgesetzgebung, der Wissenschaft Freiheiten mit Blick auf maximale *langfristige Gesellschaftsdienlichkeit* zu gewähren und zu versagen.

Eine wesentliche Schwierigkeit besteht dabei freilich in der Frage, welche Rolle Nutzenvorstellungen im Hinblick auf die Gesellschaftsdienlichkeit eigentlich zukomme. Der althergebrachten Idee von Wissenschaftsfreiheit gemäß sind solche Vorstellungen von der Wissenschaft fernzuhalten, doch diese Idee scheint zunehmend unzeitgemäß und wichtigen gesellschaftlichen Zielen eher ab- als zuträglich. Andererseits droht mit ihrer zunehmenden Kontextualisierung eine der größten Stärken der Wissenschaft zu erodieren: Konnte sie lange als – wenn nicht perfekte, so doch beste – Quelle für möglichst objektive Aussagen über die Welt dienen, könnte ihr Objektivitätsanspruch, wie im Rahmen dieser Untersuchung angedeutet worden ist, im Kreuzfeuer unterschiedlicher Interessen zugrunde gehen. Um einen konzeptionellen Rahmen zu schaffen, der aufzeigt, wie dieser Problemlage beizukommen sein könnte, soll die folgende Unterscheidung in die Debatte um die Wissenschaftsfreiheit eingeführt werden:

die **Wissenschaft als Erkenntnismaschine**, kurz: »WEm«,

und

die **Wissenschaft als Spiel**, kurz: »WaS«.

Es handelt sich dabei um zwei Wissenschaftsideale; obgleich beide Ideale einen gesellschaftsdienlichen Charakter haben, unterscheiden sie sich hinsichtlich der Frage, worin jeweils die gesellschaftsdienliche Komponente besteht. Wissenschaft in der Form »Erkenntnismaschine« hat die gezielte Hervorbringung von recht unmittelbar nutzbringenden Erkenntnissen zum Ziel. Welche wissenschaftsexterne Größe es ist, die die Leitfragen und Forschungsagenden formuliert, ist dabei erst einmal nebensächlich und ist letztlich von den kontingenten Bedürfnissen der Gesellschaft abhängig; entscheidend sind epistemische Qualität und Quantität des Outputs, der am Ende eines Forschungsprojektes steht. Solcherart erzeugte Erkenntnisse müssen keinen hehren Kriterien genügen. Sie unterliegen der pragmatischen Maßgabe, Innovationen darstellen und in leicht nachvollziehbarer Weise nützlich sein zu sollen. Deutlich subtiler und deshalb auch schwerer messbar gestalten sich die Erfolgskriterien für die als Spiel verstandene Wissenschaft: ein Spiel, das immersiv wirkt, in dem die Spieler sich verlieren können und dürfen, solange sie den Spielregeln folgen. Es zielt auch auf den besonderen Wert der Wissenschaft als Tätigkeit, nicht nur auf jenen ihres Outputs: Es dürfte in Anbetracht der zuvorgegangenen Kapitel wenig überraschen, dass es, wie unten noch ausführlicher erläutert werden soll, die WaS ist, in der das Bildungsargument seine Heimstatt findet.

Die der Unterscheidung zugrunde liegende Metaphorik soll bestimmte Zusammenhänge verdeutlichen; nicht aber soll sie dazu dienen, die WEm im Vergleich zur WaS abzuwerten. Zwar wäre es nicht ganz falsch, würde man die Bemerkung machen, eine Maschine bestehe aus geistlosen Einzelteilen, wohingegen zu einem Spiel eben auch die Spieler gehörten, eigenständige Personen also mit ihrer individuellen Taktik und Herangehensweise an das von ihnen betriebene Spiel. Hier aber soll es um andere Gesichtspunkte gehen:

◻ Nicht nur Maschinen, sondern auch Spiele können auf ihre je charakteristische Weise **gesellschaftliche Funktionen** erfüllen. Jemandem, der behauptete, der Amateurfußball sei nicht gesellschaftsdienlich, weil er – etwa im Gegensatz zu den Maschinen, die in der Automobilindustrie eingesetzt werden – nicht in der Produktion von Waren münde, würde zu Recht auf Widerstand stoßen: Er verkennte, dass solche spielerischen Formen des Sports auf ihre Weise einen Beitrag zum Wohlbefinden der Bevölkerung leisten. Dieser Beitrag lässt sich freilich schwieriger in Zahlen bemessen, dass er aber existiert, ist im Wesentlichen unbestritten.

◻ Spiele und Maschinen folgen **unterschiedlichen Gesetzen**. Maschinen müssen gewartet werden, ihre Teile sind gegebenenfalls zu ersetzen, ihre Funktionalität beruht auf verhältnismäßig vorherseh- und steuerbaren Mechanismen. Spiele hingegen – zumindest jene, an die hier gedacht ist – sind dadurch gekennzeichnet, dass sie zwar ein durch Spielregeln bestimmtes Grundgerüst aufweisen, Regeln, deren Übertretung sanktioniert wird (so, wie im Fußball ein grob unsportliches

Foul eine rote Karte nach sich zieht). Zugleich weisen sie aber auch Freiräume auf, die die Spieler nutzen können.

Wie später zu zeigen sein wird, bedarf die WaS eines höheren Maßes an Freiheiten als die WEm, um ihren Aufgaben gerecht zu werden – insbesondere der Freiheit, Forschungsagenden selbsttätig zu formulieren. Wichtig ist außerdem, zu betonen, dass WaS und WEm auf systemischer Ebene nicht als sich wechselseitig exkludierende Dichotomie zu verstehen sind, sondern dass ein und dasselbe Wissenschaftssystem beide Formen zu unterschiedlichen Anteilen aufweisen kann.

Berücksichtigt man diese Gesichtspunkte, lässt sich auf Bemerkungen wie diese eine differenzierte Antwort finden: Hans Jonas hat einmal die – für sich zum Thema Wissenschaftsfreiheit äußernde Angehörige der wissenschaftsinternen Sphäre nicht untypische – Klage vorgebracht, die Aufgaben der Wissenschaft würden »zunehmend von äußeren Interessen anstatt von der Logik der Wissenschaft selbst oder der freien Neugier des Forschers«[279] bestimmt. Nähme man Jonas' Zitat wörtlich, müsste man zu dem Schluss gelangen, dass wir Zeugen eines Verfallsprozesses seien: Die Wissenschaft sei dabei, entwissenschaftlicht zu werden. Plausibel kann eine solche Aussage nur für den sein, der sich auf ein Wissenschaftsideal stützt, das impliziert, äußere Interessen dürften bei der Setzung von Forschungsagenden keine Rolle spielen – ein Ideal, das, wie in den zurückliegenden Kapiteln erläutert worden ist, wenig brauchbar ist.

Wenn Jonas von »der« Logik der Wissenschaft spricht, dann bezieht er sich auf eine bestimmte Form von Wissenschaft, für die die Freiheit und Neugier des Forschers maßgeblich ist. Macht man sich den hier vorgeschlagenen Rahmen des Doppelcharakters von Wissenschaft zunutze, dann wäre es adäquater, zu sagen, der Charakter der Wissenschaft sei dabei, weniger von einem bestimmten Typus (geleitet durch »Wahrheitssuche«) und stärker von einem anderen Typus (geleitet durch äußere Interessen) bestimmt zu werden. Die Frage nach der Wissenschaftsfreiheit wird ja gerne als die Frage formuliert: Wie lässt sich das Zutagetreten der Wissenschaft in der Form »Erkenntnismaschine« verhindern? Angemessener ist es, stärker differenzierend danach zu fragen, welches *Mischverhältnis* von WaS und WEm für welche Wissenschaftsbereiche und Konstellationen das je angemessene

---

sei. Damit wollen wir uns an späterer Stelle beschäftigen. Zunächst gilt es, die beiden genannten Wissenschaftskonzepte zu exponieren.

5.2   Die Wissenschaft als Erkenntnismaschine

5.2.1   Uneigennützigkeit als Professionalität

Robert Merton hat in seinem berühmten Aufsatz zur normativen Struktur der Wissenschaft die Uneigennützigkeit (»disinterestedness«) zu einem Kernbestandteil des wissenschaftlichen Berufsethos erklärt.[280] Nun sind Mertons Normen ihrem eigenen Anspruch nach als Idealisierungen gedacht gewesen, von denen grundsätzlich angenommen werden konnte, dass sie ein gewisses Maß an Abweichung in der empirischen Welt tolerieren, ohne gleich als theoretisches Konzept ihren Wert zu verlieren. Im Falle der *disinterestedness* scheint dieses Maß jedoch überschritten: Es gibt Anhaltspunkte dafür, dass dieses Konzept in der Welt der Wissenschaft schlechthin nicht mehr als Norm vorfindbar ist. Im Rahmen einer Studie von Macfarlane & Cheng aus dem Jahr 2008 zur faktischen Akzeptanz der Mertonschen Normen gaben die befragten Wissenschaftler mehrheitlich an, der Meinung zu sein, dass die normative Struktur der Wissenschaft eher auf Eigennützigkeit als auf Uneigennützigkeit hin ausgelegt sei. Folgt man der Analyse der Autoren weiter, wird auch klar, weshalb. Die Befragten verstanden Uneigennützigkeit in einem bestimmten Sinne: Das Befragungsresultat kam deshalb zustande, weil viele angaben, ihre Forschungsbemühungen regelmäßig dorthin zu lenken, wo Fördergelder zu erwarten waren, oder etwa Sympathie für die Idee bekundeten, Wissenschaftler sollten ihre fachliche Autorität nutzen, um sich in allgemeine, fachfremde öffentliche Debatten einzumischen.[281]

Angenommen also, die genannten Bedeutungskomponenten des Begriffes der *disinterestedness* sind obsolet; dann ließe sich der Begriff dennoch nutzbar machen, nämlich dann, wenn wir die unfruchtbaren von den fruchtbaren Komponenten trennen. Wenn sich die *disinterestedness*, wie

---

280   Vgl. Merton 1985: 96–98.
281   Vgl. Macfarlane & Cheng 2008: 74.

Macfarlane & Cheng es vorschlagen, als »being personally detached about truth claims in the sense of being swayed only by the evidence rather than campaigning for a particular point of view or outcome«[282] beschreiben lässt, dann kann damit ja zweierlei gemeint sein:

1. Die **Verknüpfung** der wissenschaftsintern-methodologischen *disinterestedness* des Wissenschaftlers mit einer Art externer *disinterestedness*. Das althergebrachte Ideal des zurückgezogenen Forschers also, von dem viele der bei Macfarlane & Cheng Befragten dem Tenor nach andeuteten, sie seien nicht in der Lage, seine normativen Ansprüche zu erfüllen. Zwar handeln die Wissenschaftler auch nach Merton nicht etwa deshalb uneigennützig, weil sie besonders moralische Menschen sind, deren individuelle Motivationslage sie zu selbstlosem Verhalten anhält. Der Grund liegt vielmehr in institutionell verankerten Imperativen, die dazu führen, dass der Norm zuwider handelnde Wissenschaftler vermittels psychologischer Konflikte sanktioniert werden.[283] Aber dennoch schwingt in dieser Auffassung die Hochschätzung für den moralischen Wert der wissenschaftlichen Tätigkeit mit – nämlich für den »neutralen« Wissenschaftler, der darauf verzichtet, seine persönlichen Agenden durchzusetzen, und sich stattdessen uneigennützig für die Mehrung eines von allen Wissenschaftlern gemeinsam erzeugten und der ganzen Welt zur Verfügung gestellten Wissens einsetzt.

2. Eine *disinterestedness* **innerhalb der Grenzen der Wissenschaft**: der epistemisch rationale Wissenschaftler, der auf das fokussiert ist, was es braucht, um in einem konkreten Fall effektiv Erkenntnisgewinnung zu betreiben – und dabei in der Lage ist, »weltliche« Störgeräusche auszublenden. Diese Nicht-Weltlichkeit bezieht sich wohlgemerkt nur auf den Erkenntnisgewinnungsprozess selbst, auf die methodologische Ebene also. Es muss nicht bedeuten, dass der Wissenschaftler »neutral« in dem Sinne ist, dass er sich hinsichtlich der Frage, welche Forschungsprojekte er in Angriff nehmen soll, in keiner Weise von

---

282 Macfarlane & Cheng 2008: 74.
283 Vgl. Merton 1985: 96. Steven Shapin hat angemerkt, Mertons Feststellung, Wissenschaftler seien »gewöhnliche Menschen« ohne besonderen moralischen Status, sei Mitte des 20. Jahrhunderts als durchaus ungewöhnlich und neuartig wahrgenommen worden (vgl. 2008: 21).

Fragen wie jener nach der Finanzierungsmöglichkeiten durch bestimmte Geldgeber beeinflussen lässt. Und es bedeutet auch nicht, dass er sich nicht, wenn er gerade nicht mit diesem Erkenntnisgewinnungsprozess befasst ist, für gesellschaftliche Projekte außerhalb seines eigentlichen Fachbereiches engagieren darf.

Diese in einem engeren Sinne auf epistemische Funktionalität gerichtete, um die moralische Hochschätzung des Wissenschaftlerberufes gereinigte zweite Variante nimmt sich im Vergleich zur ersten bescheiden aus. Sie ist es, die wir nun heranziehen wollen. Dabei gilt allerdings zu bedenken: Die Wissenschaft muss in dieser Hinsicht den Anspruch auf ein Alleinstellungsmerkmal aufgeben.[284] Wenn sich *disinterestedness* im Sinne der zweiten Variante beschreiben lässt, dann lässt sich diese Form der Uneigennützigkeit auf viele andere Berufe ausweiten: als Forderung nämlich nach der notwendigen sachlichen Souveränität und Nüchternheit, die eine bestimmte Tätigkeit erfordert.

Angenommen, eine Naturwissenschaftlerin möchte eine Hypothese überprüfen und stellt dazu ein Experiment an. Sie strebt also einen Erkenntnisgewinn hinsichtlich einer bestimmten Frage an. Sie erkennt, dass sie, wenn sie zu belastbaren Resultaten kommen möchte, gewisse Vorkehrungen treffen muss: In der Tat wird sie genau dann die besten Ergebnisse erreichen, wenn sie ihr Ziel eines möglichst hohen Maßes an methodologischer Objektivität verinnerlicht hat. Dazu gehört wesentlich, dass sie sich bei der Durchführung und Interpretation des Experiments nicht von Interessen leiten lässt, die der Erkenntnisgewinnung äußerlich sind. Diese *instrumentelle Interesselosigkeit* lässt sich Tag für Tag an den unterschiedlichsten Orten vorfinden. Der Basketballtrainer, der nach der optimalen Taktik für seine Mannschaft sucht, der Bäcker, der an einer Formel für schmackhafteres Brot arbeitet, der Industrieschlosser, der herausfinden möchte, mit welchem Werkzeug er eine Gewindebohrung optimieren kann: Jeder von ihnen ist – jedenfalls dem Ideal nach – bestrebt, die für ihren Beruf konstitutiven Arbeitsprozesse möglichst gut auszuführen. Und jeder von ihnen wird seiner Aufgabe am besten dann gerecht werden, wenn er in dem Sinne *disinterested*

---

284 Ganz exklusiv konnte die Wissenschaft nach Merton die Uneigennützigkeit freilich ohnehin nicht für sich beanspruchen. Er selbst glaubte, in ihr ein allgemeines Merkmal der »freien Berufe« erkennen zu können. Siehe dazu Merton 1985: 96.

ist, dass er sich nur auf die Ermittlung dessen, was im Hinblick auf die spezifische zur Disposition stehende Problemstellung die beste Lösung ist, konzentriert. *Disinterested* innerhalb des beruflichen Kontextes X zu agieren wäre dann nicht mehr und nicht weniger als ein Teil dessen, was es heißt, ein guter X-er zu sein (ob nun Bäcker oder Wissenschaftlerin), jemand, der sich seinen professionellen Aufgaben mit der gebotenen Professionalität widmet.

Freilich: Der Trainer, der Bäcker und der Schlosser werden durch andere Mechanismen sanktioniert (ein Basketballteam, das sich im Wettbewerb mit anderen Teams nicht durchsetzen kann, steigt in eine rangniedrigere Spielklasse ab, ein schlechter Bäcker verkauft ceteris paribus weniger Brot, usw.), als die Wissenschaft, die sich dem institutionalisierten Korrektiv der Kollegenkritik und, im Falle der Normübertretung, etwaigen psychologischen Konflikten gegenübersieht. Das aber ist kein relevanter Unterschied. Am Ende liegt es im Interesse des Wissenschaftlers wie auch des Bäckers, in einer bestimmten Hinsicht interesselos zu handeln, weil sie die jeweiligen Feedback- und Sanktionsmechanismen in diese Richtung drängen. In dieser Hinsicht ist die Wissenschaft in der Tat »profan«. Sie lässt sich beschreiben als sehr umfangreiche, hoch entwickelte Unternehmung zur Lösung bestimmter Probleme, so wie sich andere Berufsfelder als weniger umfangreiche und hochentwickelte Unternehmungen zur Lösung anderer Probleme beschreiben lassen. Die Wissenschaft vermag, wie an späterer Stelle zu zeigen sein wird, auch mehr als das zu sein, aber sie hat eben auch diese technisch-instrumentelle Seite: Wenn du ein guter, also ein epistemisch rational handelnder Wissenschaftler sein willst, dann musst du innerhalb des wissenschaftlichen Berufskontextes uneigennützig handeln. Und eben darum dreht sich die Unterscheidung in Wissenschaft als Spiel und Erkenntnismaschine: Nur Erstere nämlich geht über diese Instrumentalität hinaus. Die Maxime, nach der sich Wissenschaftler unter dem Vorzeichen der WEm zu richten haben, ist hingegen schlicht und instrumentell: *Handle so, dass du deine Fähigkeiten und Kenntnisse und die dir als Wissenschaftler zur Verfügung gestellten Ressourcen so effizient wie möglich dazu nutzt, die Erkenntnisziele, die dir gesetzt worden sind, zu verfolgen.*

5.2.2 Die dienstbare Maschine

Bevor wir uns mit dem befassen, was die WaS von der WEm unterscheidet, lohnt es sich, jene Eigenschaften zu betrachten, die beide Formen gemeinsam haben. Sie beide stellen das dar, was man unter Abwandlung der klassischen Formulierung des Bundesverfassungsgerichts[285] als ernsthaften planmäßigen Versuch zur Hervorbringung von Erkenntnissen beschreiben kann: Sowohl der WaS als auch der WEm ist daran gelegen, sich methodisch kontrolliert und auf der Basis gesicherter Wissensbestände dem anzunähern, was in einer bestimmten Hinsicht der Fall ist. Deshalb spricht zunächst einmal alles dafür, den wissenschaftlichen Akteuren beider Formen methodologische Freiheit zu gewähren – das oben ausgeführte epistemologische Argument liefert die Begründung dafür.

Es ist wichtig, explizit zu betonen, dass dies auch für die WEm gilt; die Maschinenmetapher ist nicht so gedacht, dass sich innerhalb der WEm alles gewissermaßen nach schlicht mechanischen Prinzipien vollzieht. Damit ist zweierlei gemeint. Erstens sind Erkenntnisgewinnungsprozesse nur bis zu einem gewissen Grade steuerbar. Wenn die Wissenschaft als Maschine zu beschreiben ist, dann nicht als Maschine, deren Input Probleme und deren Output perfekte Lösungen für diese Probleme sind. Man denke an das Krebsbekämpfungsprogramm, das in den Vereinigten Staaten der 1970er Jahre unter großen Versprechungen lanciert wurde und das man retrospektiv als Fehlschlag betrachten muss.[286] Der Input sind vielmehr Fragen, die dann – in Form des Outputs – so gut es geht, also unter Heranziehung wissenschaftlichen Sachverstandes und auf dem gegenwärtigen Stand der Forschung, beantwortet werden.

Zweitens werden die Wissenschaftler selbst zwar im übertragenen Sinne als Teile einer Erkenntnismaschinerie aufgefasst, sollen aber ihrerseits nicht als schlicht mechanisch operierende Erkenntnismaschinen gedacht werden, deren Output sich in linearer Weise erhöht, wenn der Input, also der Druck auf sie etwa durch die Verschärfung der institutionellen Rahmenbedingungen, größer wird. Auch sie bedürfen eines bestimmten Maßes an

---

285 Das Bundesverfassungsgericht charakterisiert all das als Wissenschaft, was nach Inhalt und Form als ernsthafter planmäßiger Versuch zur Ermittlung der *Wahrheit* anzusehen ist (so in BVerfG 47, 327: 367).

286 Vgl. Fischer 2000: 84.

Freiräumen, brauchen, wenn sie epistemisch erfolgreich sein wollen, das, was Jeff Noonan als »thought-time« bezeichnet.[287] In seinem Aufsatz *Thought-Time, Money-Time, and the Temporal Conditions of Academic Freedom* argumentiert der Sozialphilosoph, dass wissenschaftliche Innovationen erst dann entstehen könnten, wenn ihre Produktionsbedingungen freigehalten werden von einer kapitalistischen Marktlogik, die auf Kurzfristigkeit angelegt ist und damit Zeitdruck erzeugt. Durch den Rückzug der öffentlichen Hand aus der Finanzierung der Hochschulen, wie ihn gerade die amerikanische Wissenschaftslandschaft in den letzten Jahrzehnten massiv erlebt hat, würden die Wissenschaftler davon abgehalten, sich in der gebotenen Tiefe mit der zur Disposition stehenden theoretischen Materie auseinanderzusetzen.

Daraus lässt sich keine generalisierte Kritik an Wissenschaft vom Typus WEm ableiten, sondern nur Kritik an schlecht ausgeführter oder unklug organisierter WEm. Das ist ein wichtiger Punkt, weil sich hier die vorliegende Analyse von einer in der Wissenschaftsphilosophie gängigen Auffassung unterscheidet, die besagt: Auftragsforschung ist – grundsätzlich – eine Gefahr für die Wissenschaft. Wer dieser Überlegung widersprechen will, müsste zunächst diesen Einwand entkräften: Wenn ein Auftraggeber von Forschung in einer konkreten Situation die Bedingungen seines Auftrags so ausgestaltet, dass sich dies negativ auf die Qualität des Outputs schlägt, ist der Auftraggeber selbst der Erste, der davon einen Nachteil hat. Selbst wenn dem in einem konkreten Fall bisweilen nicht so sein mag, so lässt sich jedenfalls abstrakt sagen: Ein System, das seiner Funktion – die systematische Erkenntnisgewinnung – auf Dauer nicht nachkommt, ist für die Auftraggeber dieser Erkenntnisse nicht interessant. Zu warnen wäre insofern nicht vor Auftragsforschung per se, sondern vor *schlechter* Auftragsforschung, die den wissenschaftlichen Akteuren nicht die Luft zum Atmen, sprich: die Zeit zum Denken gibt. Der Staat hätte an dieser Stelle freilich durch eine geeignete Rahmengesetzgebung sicherzustellen, dass solcher schlechten Auftragsforschung Einhalt geboten würde.

Die Pointe bei dem oben Gesagten ist: Die WEm läuft nicht Gefahr, aufgrund ihrer mangelnden Freiheit der Zielsetzung korrumpiert zu werden. Sie kann die Rolle einer unparteiischen Schiedsrichterin auf diese Weise

---

287 Vgl. Noonan 2014.

nicht verlieren, da ihr diese Rolle von vornherein nicht zukommt. Sie liefert im schlimmsten Fall wenig nützliche Erkenntnisse – so, wie eine Zeitung mit Qualitätsanspruch, die es versäumt, aufschlussreiche, belastbare Informationen enthaltende Geschichten zu recherchieren, und auf diese Weise anspruchsvolle Leser enttäuscht und deshalb Auflage verliert.

Die Wissenschaft in unterschiedliche Idealtypen einzuteilen ist sicherlich kein neuartiges Unterfangen. So mag sich der Leser bei der Wissenschaft als Erkenntnismaschine vielleicht an das Konzept der Anwendungsforschung, bei ihrem Counterpart, der Wissenschaft als Spiel, vielleicht an jenes der Grundlagenforschung erinnert fühlen.[288] Dieses Begriffspaar wird im Kontext wissenschaftspolitischer Debatten nach wie vor gerne ins Feld geführt. Man hat an ihm kritisiert, dass es in Anbetracht der Komplexität gegenwärtiger Wissenschaftslandschaften nicht mit hoher Trennschärfe zu bestehen vermag: Die sogenannte Grundlagenforschung agiert ja praktisch nie ganz ohne Anwendungsszenarien im Hinterkopf; und die sogenannte Anwendungsforschung ist, zumal sie ja mehr als bloße Ad-hoc-Tüftelei sein will, immer auch auf theoretische, grundlagenorientierte Vorarbeit angewiesen. Die Grundlagenforschung sei, sagt Carrier, »oft nicht als separater Prozessschritt von der anwendungsorientierten Forschung getrennt, wie es das lineare Modell annimmt, sondern Teil derselben«[289].

Die Frage, ob und in welchem Ausmaße eine Theorie in der Praxis letztlich zur Anwendung kommt, scheint kein sonderlich hartes Kriterium zu sein. Sie stellt sich im konzeptionellen Rahmen der Spiel-Maschine-Dichotomie deshalb auch nur mittelbar. Es ist davon auszugehen, dass es, ist wissenschaftliches Wissen erst einmal in der Welt, potenziell immer jemanden gibt, der dieses Wissen anwendet – ob er es nun nutzt, um Raketen zu bauen, das Phänomen der Wolkenbildung besser zu verstehen oder sich von ihm zu einem Gedicht inspirieren lässt. Kurzum: Es ist kaum Wissen denkbar, das sich nicht in dem einen oder anderen Sinne einer Weiterverwendung zuführen lässt.[290]

---

288 Der Begriff der Grundlagenforschung wurde ursprünglich von Vannevar Bush und seinem 1945 veröffentlichten Bericht anlässlich der programmatischen Planung der Nachkriegsforschung, *Science, the Endless Frontier*, geprägt. Siehe dazu auch Pielke 2010: 922.

289 Carrier 2011: 13.

290 Dieser Aspekt wird im sechsten Kapitel noch ausführlicher behandelt.

Die Deutsche Forschungsgemeinschaft hat sich entschlossen, die Forschung in einer etwas anders akzentuierten Weise zu schematisieren. In ihrem Positionspapier zur Zukunft des Wissenschaftssystems vom Juni 2013 unterscheidet sie in »*erkenntnisgeleitete* Grundlagenforschung, Forschung im Rahmen politisch oder gesellschaftlich definierter Programme, anwendungsnahe Forschung und Industrieforschung«[291]. Üblicherweise werden diese Kategorien noch eingängiger und knapper in der Dichotomie »erkenntnisgeleitete Forschung« und »Programmforschung« (sie enthält die letztgenannten drei Kategorien) zusammengefasst.[292] Kriterium für die Unterscheidung soll dabei nicht die Funktion des Forschungsoutputs sein, sondern einzig, dass beide Typen unterschiedlich finanziert werden – entweder durch Grundmittel oder aber durch Mittel, die an konkrete Projekte gebunden sind. Die Erscheinungsformen der institutionalisierten Wissenschaft lassen sich auf diese Weise recht unzweideutig der einen oder der anderen Kategorie zuordnen.

Über inhaltlich-qualitative Gesichtspunkte wissenschaftlicher Prozesse ist damit allerdings erst einmal nichts ausgesagt. Wissenschaftstheoretisch ist diese Unterscheidung deshalb nur bedingt ergiebig. Sie hat, zieht man sie im Rahmen einer Untersuchung zur Wissenschaftsfreiheit (im Gegensatz zu: *Forschungs*freiheit) heran, den Nachteil, dass sie den Aspekt der Lehre ausklammert. Und schließlich ist die durch sie zum Ausdruck gebrachte begriffliche Differenzierung nicht sonderlich belastbar. Auch die Programmforschung ist ja »erkenntnisgeleitet« – auch hier werden die Handlungen der Wissenschaftler vom Ziel der Produktion von Erkenntnissen her bestimmt. Die hier vorgeschlagene Unterscheidung von Wissenschaftstypen hinsichtlich ihres Spiel- und Maschinencharakters hat demgegenüber den Vorteil, dass sie – ähnlich wie das unten näher zu erläuternde Konzept der »blue skies research« – die Art und Weise, *wie* Erkenntnisse in dem einen und dem anderen Modus zustande kommen, klarer trennt. Sie ist nicht dazu gedacht, die oben genannten Unterteilungen zu ersetzen, kann diese aber sinnvoll ergänzen und dabei bestimmte unterbeleuchtete Gesichtspunkte hervorheben.

---

291 DFG 2013: 1. Hervorhebung durch den Verfasser.
292 So formuliert etwa von Peter Strohschneider im Rahmen der Podiumsdiskussion »Wissenschaftliche Neugier und die Zukunft unserer Forschungssystems« am 14. Oktober 2014 in der Bayerischen Akademie der Wissenschaften, München.

5.2.3 Schmale Erkenntnispfade

D. A. Henderson gilt vielen als Held. Als der damals 38-jährige Mediziner 1966 die Leitung des WHO-Programms zur Ausrottung der Pocken übernimmt, kündigt er an, die Krankheit binnen eines Jahrzehnts besiegen zu wollen. Sein ambitionierter Plan geht auf: Die Zahl der pockengeplagten Länder sinkt rapide, der letzte bekannte Fall wird 1977 in Somalia gemeldet. Mit Hendersons Namen bleibt die hoffnungsvolle Einsicht verbunden, dass Krankheiten keine schicksalhaften Plagen sind, sondern Probleme, für die es menschengemachte Lösungen geben kann. Der entscheidende Faktor für den Erfolg des Kampfes gegen die Pocken aber, sagt MacAskill, sei nicht die Person Hendersons gewesen:

> »There was a job opening and Henderson filled it; he didn't even want the job initially. This isn't to say he didn't rise to the challenge or that he wasn't a hero, but if he had never taken the job, someone else would have done so instead. This person might not have been quite as good as Henderson, but it seems very likely that smallpox would have been eradicated all the same.«[293]

Aus dem WHO-Programm spricht der Wille, ein bestimmtes Erkenntnisziel zu erreichen – nicht zuvörderst um der Weiterentwicklung einer bestimmten Theorie, sondern um eines praktischen Zieles willen. Ein Beispiel, das den Geist des hier vorzustellenden Wissenschaftskonzeptes »Wissenschaft als Erkenntnismaschine« verdeutlicht. Die WEm nämlich ist zwar in theoretische Zusammenhänge eingebunden und vollzieht sich kontrolliert-methodologisch, ihr Erfolg bemisst sich aber primär nicht an der Eleganz von Theorien oder einer gesteigerten Reputation unter den Peers, sondern daran, ob sie aufschlussreiche und nutzbare Antworten auf die an sie gestellten Fragen bietet. Dupré schildert ein paradigmatisches Beispiel: Eine Gruppe von Wissenschaftlern soll gezielt ein bestimmtes Impfmittel herstellen. Dabei versucht sie nicht

> »zuerst generelle Regeln der Impfmittelentwicklung zu formulieren und diese dann den Technikern zu übergeben, damit sie konkrete Impfmittel produzieren. Zweifellos werden die Wissenschaftler von den Erfahrungen vorausgehender Impfmittelhersteller profitieren, die in Texten verschiedener Art wiedergegeben sind. Und wenn sie erfolgreich sind, werden sie vielleicht zum Korpus an Hinweisen für zukünftige Impfmittelhersteller beitragen. Es scheint aber unbezweifelbar, dass das wissenschaftliche

---

293   MacAskill 2015.

Hauptziel hier ein wirkungsvolles Impfmittel und nicht irgendein Stück Tatsache oder Theorie ist.«[294]

Von einem weiteren Beispiel, das das Prinzip der Erkenntnismaschine treffend beschreibt und sich auf die wissenschaftliche Lehre erstreckt, war in der *Zeit* zu lesen:

>»Der Präsident der Technischen Hochschule Ingolstadt hat einen der ersten Studiengänge für Elektromobilität aufgebaut, bei dem Studenten lernen, wie man Elektroautos konstruiert. Das Besondere: Der Studiengang war eine Auftragsarbeit, bestellt von BMW. Der bayerische Autokonzern, der im vergangenen Jahr mit dem i3 sein erstes Elektroauto auf den Markt brachte, wollte seine Mitarbeiter mit einem berufsbegleitenden Studiengang auf die Zukunft des elektrischen Autos vorbereiten.«[295]

Die WEm soll hier expliziert so definiert werden, dass sie nicht der Freiheit bedarf, sich autonome Forschungsziele zu setzen. Die Grundidee, auf der sie basiert, ist vielmehr: Es besteht in der Gesellschaft, Wirtschaft oder Politik ein Bedürfnis nach nützlichem Wissen (wie etwa oben: das Bedürfnis nach dem Wissen, wie ein bestimmtes Impfmittel herzustellen sei) oder nach Know-how (im Falle des BMW-Studiengangs jenes Know-how, das die Mitarbeiter des Konzerns erwerben). Die WEm ist dazu da, solche Bedürfnisse zu befriedigen. Sie trägt als Dienstleisterin ihren Teil zum gesellschaftlichen Wohl bei. Eines soll und kann sie aber nicht leisten: für eine möglichst ideale Pluralität an Theorien und Erkenntnissen zu sorgen. Diese Aufgabe kommt, wie später zu zeigen sein wird, der WaS zu; die WEm hingegen ist systemisch blind für Fragen wie die nach der im Sinne des Allgemeinwohls richtigen Zusammensetzung von Forschungsagenden.

Rekapitulieren wir die Idee, die in 5.2.1 ausgeführt worden ist. *Disinterestedness* im Sinne der WEm bedeutet demnach nicht mehr und nicht weniger als: Die Wissenschaftler haben methodologisch sauber, also unbeeinflusst von allen Interessen außer dem Interesse, epistemisch rational zu agieren, zu arbeiten. Das schlanke Uneigennützigkeitskonzept besagt nicht, dass das, was der Wissenschaftler außerhalb seiner wissenschaftlichen Tätigkeit tut, niemals eine Rolle spielt. Es besagt aber durchaus, dass es, *insoweit* seine Handlungen außerhalb des methodologischen Kerns keinen Einfluss auf diesen Kern ausüben, keinen Grund gibt, sie zu kritisieren. Um den Vergleich noch einmal aufzugreifen: Wenn Bäcker auch dann gute Bäcker sein können, wenn sie Menge und Art ihrer Backwaren nicht selbst

---

bestimmen dürfen (etwa, weil sie für einen Bäckereikonzern produzieren), warum können dann nicht auch Wissenschaftler, die über keine Freiheit der Ziele verfügen, dennoch gute Wissenschaftler im Sinne der WEm sein?

Ein möglicher Gegeneinwand könnte lauten: Wenn der Bäcker mit den ihm zur Verfügung gestellten Ressourcen gute Backwaren herstellt, ist die Chance gering, seinen Auftraggeber zu verärgern. Der Wissenschaftler aber kommt, wenn er methodologisch einwandfrei arbeitet, möglicherweise zu Erkenntnissen, die unerwünscht sind. Entgegnen lässt sich dem, dass es im Rahmen der WEm in der Praxis ohnehin selten zu »unangenehmen Wahrheiten« kommen dürfte. Es gibt Prozesse der Erkenntnisgewinnung und -vermittlung, die sich in einem *schmalen Rahmen* vollziehen; solche Prozesse charakterisieren die WEm: Jene Forschungsagenden, die von ihr abgearbeitet werden, werden durch das kontingente Faktum des Vorhandenseins bestimmter Partikularbedürfnisse determiniert. Auf der Agendasettingebene ist ihre Aufgabe, zu reagieren, anstatt zu agieren; es werden also von Anfang an nur ganz bestimmte Fragen angegangen. Bildlich gesprochen, ist dies der erste Flaschenhals, der die Erkenntnisprozesse der WEm auf der Input-Seite verengt.

Auch auf der Output-Seite gibt es einen solchen Flaschenhals, der seinerseits mit jenem auf der Input-Seite in Verbindung steht: Bei der WEm lässt sich nur in einem formalistischen Sinne von Ergebnisoffenheit sprechen. Dem ist nicht unbedingt so, weil die Auftraggeber regelmäßig unliebsame Forschungsresultate zensierten oder im Verborgenen hielten; es ist nicht auszuschließen, dass auch das passiert, aber der entscheidende Punkt ist, dass sie es zumeist gar nicht müssen. Die Fragen werden von vornherein so gestellt, dass mit hoher Wahrscheinlichkeit keine Resultate hervortreten werden, die für die Auftraggeber problematisch oder unangenehm sind. Das bedeutet nicht, dass nicht auch Auftraggeber denkbar wären, die Forschung oder Lehre in Auftrag geben, deren Resultate den Auftraggeber in einem schlechten Licht erscheinen lassen könnten. Zu denken wäre etwa an die Aufarbeitung der Pädophiliedebatte bei Bündnis 90/Die Grünen, die auf die Bitte der Partei hin vom Göttinger Institut für Demokratieforschung untersucht wurde.[296] Doch auch hier lag die Aufarbeitung *im Interesse des Auftrag-*

---

[296] Siehe dazu Klecha & Hensel 2015 sowie die folgenden Beiträge im selben Sammelband.

gebers. Und eben dies ist gemeint: Der Auftraggeber wird kaum Forschung in Auftrag geben, bei der zu erwarten oder jedenfalls nicht unwahrscheinlich ist, dass ihre Resultate seinen Interessen zuwiderlaufen.

Ein besonders anschauliches Beispiel sind auch Forschungsaufträge von der Art jener im zweiten Kapitel angesprochenen Studie zu Problemen in der Arbeitswelt, die von der Böckler-Stiftung in Auftrag gegeben und deren Resultate unter der Überschrift »Zufriedenheit im Job ist beste Gesundheitsvorsorge« an die allgemeine Öffentlichkeit kommuniziert wurden.[297] Die Fragen prädeterminieren das Spektrum der möglichen Resultate. Setzte sich ein Wissenschaftssystem ausschließlich aus dem Typus WEm zusammen, würde sich das wissenschaftliche Wissen über Gebühr verengen. Dieses Wissen, das ja lediglich eine Ansammlung von Antworten auf die kontingenten Bedürfnisse seiner Auftraggeber darstellt, liefe Gefahr, einer großen Beliebigkeit anheimzufallen. Es bedarf, wie nun zu zeigen ist, eines Gegengewichts zur Wissenschaft als Erkenntnismaschine, wenn wir die Potenziale moderner Wissenschaftssysteme zum Wohle aller in Gänze ausnutzen wollen.

5.3   Die Wissenschaft als Spiel

5.3.1   Die wissenschaftspolitische Ausgangslage

Das Bühnenbild, vor dem die Wissenschaft als Spiel auf die Bühne tritt, könnte man als eine recht unwirtliche Landschaft beschreiben, wenn man bedenkt, dass – wie im zweiten Kapitel ausgeführt – die praktischen Freiheiten der in der Wissenschaft Tätigen als Nebeneffekt verschärfter Rahmenbedingungen in vielerlei Hinsicht geringer werden. Das ist gerade deshalb ein bemerkenswerter Gesichtspunkt, weil die Verheißung selbstbestimmten Arbeitens das letzte gewichtige Pfund zu sein scheint, mit dem die Wissenschaft im Wettstreit um fähiges Personal bislang noch wuchern konnte. So kommt die Studie *Generation 35plus*, die sich mit den Perspektiven des wissenschaftlichen Nachwuchses beschäftigt, zu dem Ergebnis:

---

297   Universität Kassel 2013.

»In einem Punkt [...] stimmen alle unsere Befragten überein: Die Attraktivität des
wissenschaftlichen Berufsweges ist durch den radikal verschärften Wettbewerb in
den monodirektionalen Strukturen des deutschen Wissenschaftssystems deutlich ge-
sunken. Die Vorzüge wissenschaftlicher Arbeit – geistige Freiheit, tiefgehende intellektuelle Auseinandersetzung und Freude an der Erkenntnisgewinnung – sehen sie
durch den verstärkten Konkurrenzdruck akut bedroht. Das ist beunruhigend, denn es
sind genau diese Vorzüge, die sie größtenteils (noch) zu einem Verbleib in der Wissenschaft bewegen.«[298]

Es besteht offenbar die Bereitschaft, einen hohen Preis – einen höchst unsi-
cheren Karriereweg, die Teilnahme an einem harten Wettbewerb, schlechter
Lohn – zu zahlen, um im Gegenzug die Möglichkeit zu wahren, beruflich einer stark freiheitlich geprägten intellektuellen Tätigkeit nachgehen zu können. Die Freude der Wissenschaftler an der Arbeit mag aus der gesellschaftlichen Perspektive auf den ersten Blick eine untergeordnete Rolle spielen,
wenn es darum geht, der Wissenschaft Freiheiten zu gewähren oder zu versagen. Stellt man jedoch in Rechnung, dass die Wissenschaft ein Arbeitsfeld
ist, das auf kreative Innovationsprozesse ausgerichtet ist und mehr als andere Arbeitsfelder von geeignetem Personal lebt, dann erscheint die Frage nach
den Rahmenbedingungen auch als Frage der Effektivitätssteigerung einer
aus Steuermitteln finanzierten Domäne. Doch wo ist der Ort für eine Wissenschaft, die in hohem Maße Freiheiten genießt, Freiheiten, die über jene
der WEm hinausgehen?

    Oben ist ausgeführt worden, dass die Wissenschaft sich in keiner ihrer
Ausprägungen dem Anspruch, der Gesellschaft nützen zu sollen, entziehen
kann, dass aber der zugrunde gelegte Nutzenbegriff breit genug sein muss,
um mehr als nur die plakativen Fälle der Nützlichkeit abzudecken. Nun ist
es ein Charakteristikum gegenwärtiger Wissenschaftssteuerung, dass dort,
wo öffentlich geförderte Wissenschaft Rechenschaft abzulegen hat, Pa-
rameter herangezogen werden, die sich leicht überprüfen lassen. Wenn am
Ende eines Forschungsprozesses eine statistisch zehn Prozent wirkungsvol-
lere Krebstherapie oder ein fünf Prozent sparsamerer Verbrennungsmotor
steht, scheint der gesellschaftliche Nutzen recht eindeutig greifbar, weil
quantifizierbar. Andere Disziplinen haben es unter diesen Vorzeichen
schwerer, ihren Nutzen nachzuweisen, zumal ihre Erfolge – falls es sie denn
gibt – subtilerer, weniger plakativer Natur sind. Das beschert ihnen schlechte Karten im Wettbewerb um Mittel: »[N]ebulous descriptions of benefit are

---

298 Funken & al. 2013: 50.

insufficient in today's competitive environment for public funds«[299], bringt es Pielke auf den Punkt.

Ob bei dieser Charakterisierung der Nutzenbeschreibungen als »nebulös« nun Pielkes eigene abwertende Haltung im Spiel ist, oder ob es sich dabei eher um die mit einer gewissen ironischen Distanz vorgetragene Schilderung einer landläufigen Meinung handelt, lässt sich dem Text nicht eindeutig entnehmen. Beides könnte zutreffen; und mit beidem hätte Pielke Recht. Es mag gerade in den Geisteswissenschaften gehäuft Individuen geben, die sich dem Nutzendiskurs entzogen haben, und die dem Obskurantismus und der Selbstgenügsamkeit anheimgefallen sind. Andererseits darf auch konstatiert werden, dass es nicht unproblematisch ist, unter der Nützlichkeit der Wissenschaft nur das zu verstehen, was sich als Beitrag zum ökonomischen Wohlstand sofort quantifizieren und exakt nachvollziehen lässt. Es wäre jedenfalls grundsätzlich zu eruieren, welche Vor- und Nachteile es auf lange Sicht hat,

> »dass insbesondere Philosophie und Kulturwissenschaften, also die traditionellen Bildungsdisziplinen, als eher kritische denn produktive Wissenschaften, ›zurückgefahren‹ werden. [...] Erkenntnisgewinne in Philosophie und Kulturwissenschaft sind im Sinne einer globalisierenden Ökonomie meistens wenig produktiv und irritierend.«[300]

Hafner hat die kluge Bemerkung gemacht, dass die Naturwissenschaften, obwohl auch ihre Forschungen teilweise weit davon entfernt sind, einen unmittelbar nachweisbaren praktischen Nutzen zu zeitigen, mit einem anderen Maß als die Geistes- und Kulturwissenschaften gemessen werden. Das liege nun daran, dass sich diese Disziplinen als Teil einer Kette begreifen ließen, die in ihren Resultaten für bedeutungsvoll erachtet wird, an deren Ende nämlich häufig Anwendungen stehen, deren Nutzen der Bevölkerung ohne Weiteres einleuchten. Wenn die versponneneren, abseitigeren Branchen der Naturwissenschaften nötig sind, damit wir am Ende bessere Krebstherapien haben, dann soll dem eben so sein – so mag die zugrunde liegende und weithin akzeptierte Überlegung lauten.[301] Dieses Argument, das man als Argument der verzögerten Nutzbarkeit bezeichnen könnte, stützt sich in besonderem Maße auf jene Fälle, in denen

---

299 Pielke 2010: 923.
300 Wiegerling 2007: 347.
301 Vgl. Hafner 2015b.

wirkmächtige Fortschritte nicht aus forcierten, auf ein konkretes Ziel gerichteten Bestrebungen resultiert sind, sondern aus sogenannter Blue-Skies-
Forschung. Die Redeweise von den »blauen Himmeln« leitet sich vom englischen »blue skies research« ab und kann Belinda Linden zufolge so beschrieben werden:

> »The term blue skies research implies a freedom to carry out flexible, curiosity-driven
> research that leads to outcomes not envisaged at the outset. This research often chal-
> lenges accepted thinking and introduces new fields of study.«[302]

Ursprünglich lässt sich der Begriff auf einen Zeitschriftenbeitrag von Julius
H. Comroe aus dem Jahr 1976 zurückführen.[303] Dieser nimmt dort in einer
einleitenden Anekdote Bezug auf Charles E. Wilson, der als CEO von Gene-
ral Motors und schließlich von 1953 bis 1957 als amerikanischer Verteidi-
gungsminister tätig war. Er galt als dezidierter Gegner grundlagenorientier-
ter Forschung. Von Wilson soll der Ausspruch stammen: »I don't care what
makes the grass green.« Ebenso gut, schreibt Comroe, hätte Wilson sagen
können: Es interessiert mich nicht, aus welchen Gründen der Himmel blau
ist! Dass aber gerade diese Aussage von Ignoranz gezeugt habe, weil sie den
Beitrag freierer Forschung für spätere Anwendungen verkannte, versucht
Comroe zu belegen, indem er die Geschichte des britischen Physikers John
Tyndall erzählt. Dieser fand im Jahr 1869 eine Erklärung für die blaue Farbe
des Himmels, indem er Dämpfe in eine Glasröhre leitete und illuminierte.
In der Folge des Experiments sei es zu vielen weiteren wichtigen Entdeckun-
gen gekommen, die auf Tyndalls Vorarbeit beruhten. Auf diese Weise ist, so
der Tenor bei Comroe, offenbar geworden, wie die von Neugier getriebene
Beschäftigung mit grundlegenden Fragen, wie eine Forschung, die im wahrsten Sinne des Wortes »ins Blaue« geht, den wissenschaftlichen Fortschritt
befördern kann. Die Redeweise von der »blue skies research« war geboren.

Unklar ist, in welchem Maße das Argument der verzögerten Nutzbarkeit jenseits solcher anekdotischer Erzählungen generalisierbar ist. Dies zu
entscheiden erforderte eine Analyse, die – falls überhaupt möglich – sehr
umfangreich sein und die wissenschaftshistorische Perspektive mit dem
Blick auf potenzielle zukünftige Forschungsentwicklungen kombinieren
müsste: Welcher Anteil des Forschungsbudgets ist in der jeweiligen Diszi-

---

302   Linden 2008: 1.
303   Vgl. Linden 2008: 2, die sich auf Comroe 1976 bezieht.

plin für Blue-Skies-Forschung auszugeben, um die Wahrscheinlichkeit auf nützliche Anwendungen auf lange Sicht zu maximieren? Solche Überlegungen sind mit vielen Unwägbarkeiten verbunden und zudem schwer von weltanschaulichen, empirisch unzureichend belegten Werturteilen im Geiste des »I don't care what makes the grass green« freizuhalten. Sie mögen eine nicht unwesentliche Rolle spielen, wenn es um eine sinnvolle Budgetierung unterschiedlicher Wissenschaftsbereiche geht. Für den Fall aber, dass sie die einzige Möglichkeit darstellten, eine Wissenschaftskultur der freien Zielsetzung zu rechtfertigen, hätte dies, konsequent zu Ende gedacht, schwerwiegende Implikationen: Alle Disziplinen, deren Verwendbarkeit für praktische Anwendungen mit leicht zu quantifizierendem Nutzen zu gering ausfiele, wären demnach – jedenfalls als Disziplinen, in denen Forschung betrieben und diese Forschung von der öffentlichen Hand gefördert wird – hinfällig.

Daraus ergibt sich eine Problemstellung, die die folgenden Ausführungen leiten soll: Gibt es fördernswerte Wissenschaft, die auf breiten Erkenntnispfaden schreitet, eine Wissenschaft, die große, allgemeine Fragen stellt und ihre Forschungsagenden selbsttätig formuliert – und die zugleich nicht oder nur sehr bedingt die Funktion der bloßen Vor- oder Zuarbeit für andere Disziplinen erfüllt? Kann man einer solchen im hohen Maße freien Wissenschaft jenseits der Tatsache, dass sie für die Wissenschaftler selbst reizvoll sein dürfte, auch eine dem Gemeinwohl dienende Funktion beimessen? Die »Wissenschaft als Spiel« ist als Vorschlag gedacht, wie sich diese Frage in Anbetracht der beschriebenen Ausgangslage für eine derartige Wissenschaftsform dennoch positiv beantworten lassen könnte.

5.3.2 Ein Argument jenseits der Selbstzwecke

Von welcher Art von Spiel ist hier die Rede, und welchen Beitrag vermag dieses Spiel für das Gemeinwohl zu leisten? Das Programm für die nachfolgenden Abschnitte, das dazu dient, diese Fragen zu erörtern: Zunächst soll eine Wissenschaftskonzeption vorgestellt werden, die auf dem Prinzip eines am Leitmotiv der Wahrheitssuche orientierten, gewissen Regeln unterliegenden Spiels und der freien Setzung von Forschungsagenden durch die Wissenschaftler selbst basiert. Schließlich soll, darauf aufbauend, ein zeitgemäßes Bildungsargument skizziert werden. Dieses Programm will in Anbetracht gegenwärtiger wissenschaftspolitischer Herausforderungen Perspektiven formulieren, die eine bloße Rekapitulation eines Wissenschaftsbegriffs übersteigt, wie er etwa in Deutschland bei der Konzeption der Wissenschaftsfreiheit als Grundrecht im Hintergrund gestanden haben mag und der auf der Vorstellung des Wissenschaftlers als einsamer Gelehrter beruht. Gesucht sind in diesem Zusammenhang insbesondere Argumente, die über die Behauptung hinausgehen, die öffentliche Finanzierung solcher Wissenschaft sei einfach deshalb gerechtfertigt, weil sie sich – als Teil einer *selbstzweckhaften* Bildungsidee – einer Antwort auf die Frage enthalten dürfe, wozu genau sie dient.

Eine solche Behauptung entzieht sich letztlich ihrer Begründungspflicht, ist also philosophisch unbefriedigend, und muss zudem jenen als mangelhaft erscheinen, die in der gesellschaftlichen Verantwortung stehen, zu entscheiden, ob und wie Steuermittel für wissenschaftliche Zwecke zu verwenden sind. Wie oben erläutert, kann sich die Wissenschaft in keiner ihrer Ausprägungen der Forderung enthalten, nutzbringend zu sein. Dies ist deshalb hervorzuheben, weil es leicht ist, reflexhaft der Versuchung zu erliegen, dem Konzept der Bildung als Selbstzweck das Wort zu reden.[304] Zöller bringt sie auf den Punkt:

> »Die Vorstellung, Bildung könne, ja solle Selbstzweck sein, entspricht nicht so sehr einem traditionellen Verständnis von der Selbstbezüglichkeit und Selbstgenügsamkeit der Bildung, das es historisch kaum je gegeben haben dürfte, als vielmehr dem Kurzschluß vom Refus der rezenten Funktionalisierung der Bildung zum Wirtschaftsgut auf die gegenteilige Vorstellung, Bildung habe sich aller Indienstnahme und Inanspruchnahme zu entziehen.«[305]

Selbst das vielzitierte Bildungskonzept Humboldts zielt, richtig verstanden, auf die Erlangung gewisser Kompetenzen, die sich im Alltag zu bewähren haben.[306] Und doch scheint es so, als würde die Idee des Selbstzwecks umso mehr mit Heilsversprechen überladen, je weniger die gesellschaftlichen Ver-

---

304 Vgl. dazu beispielhaft Roche 2015, der der deutschen Wissenschaft das eher fragwürdige Kompliment macht, hier habe die selbstzweckhafte Bildung noch eine Heimstatt, oder die damalige Bundeswissenschaftsministerin Schavan, die im Kontext der Bildungsproteste von 2009 in einem Zeitungsbeitrag aus demselben Jahr sagt: »Dass Bildung vor allem Selbstzweck ist, gilt entgegen dem Klischee von der Ökonomisierung ja nach wie vor [...].«

305 Zöller 2009: 44.

306 Vgl. Benner 2003: 52.

hältnisse Raum für dieses Ideal bieten, wie auch Adorno in seiner *Theorie der Halbbildung* bemerkt hat: Je widriger die Bedingungen, desto mehr

>»wird der Gedanke an die Zweckbeziehung von Bildung verpönt. Nicht darf an die Wunde gerührt werden, daß Bildung allein die vernünftige Gesellschaft nicht garantiert. Man verbeißt sich in die von Anbeginn trügende Hoffnung, jene könne von sich aus den Menschen geben, was die Realität ihnen versagt. Der Traum der Bildung, Freiheit vom Diktat der Mittel, der sturen und kargen Nützlichkeit, wird verfälscht zur Apologie der Welt, die nach jenem Diktat eingerichtet ist.«[307]

Es gilt, einen Mittelweg zu finden zwischen zwei Extremen: Auf der Seite steht die dem Zeitgeist entsprechende Verknappung des Bildungsbegriffes auf die ökonomischen Aspekte seiner Nutzbarkeit. Auf der anderen Seite aber lässt sich aufseiten der Bildungstheoretiker – ebenso bedenklich – allzu oft der destruktive Gestus der Fundamentalopposition ausmachen: Man entzieht sich der Frage nach einer sinnvolleren weil umfassenderen Nützlichkeitskonzeption.

Beispiele dafür lassen sich viele finden. So schreibt Konrad Paul Liessmann in einem Sammelband, der sich der Suche nach einem zeitgemäßen Bildungsbegriff widmet, in seinem Beitrag über (Schul-)Fächer wie die Alten Sprachen, die Philosophie, die Mathematik oder die Kunst und die Musik: »Alle Versuche, diesen Fächern ihre Legitimität zu bewahren, indem auf deren Nützlichkeit für das anstrengende Leben in der Wettbewerbsgesellschaft verwiesen wird, mögen bemüht sein, sind letztlich aber nur peinlich.«[308] Es ist nicht unwahrscheinlich, dass in diesen Worten eine Grundaversion gegen die Wettbewerbsgesellschaft zum Ausdruck gebracht werden soll. Nun ist es das eine, Gesellschaftszustände kritisch zu evaluieren, etwas anderes – und der Aufgabe des Bildungstheoretikers angemessener –, zu fragen, welche Bildungsinhalte Individuen befähigen, vor dem Hintergrund gegebener gesellschaftlicher Verhältnisse ein gelungenes Leben zu führen. Ein gutes Bildungskonzept mag über die Verbesserung des Einzelnen ultimativ in einer besseren Gesellschaft münden, aber es darf nicht so angelegt sein, dass es die bessere Gesellschaft von Anfang an als notwendig voraussetzt.

Was für die »Bildung um der Bildung willen« gilt, gilt ebenso für die »Wahrheit um der Wahrheit willen«: Auch sie scheint eine unter pragmatischen Gesichtspunkten untaugliche Idee zu sein. Die Vorstellung, sie könnte

---

307 Adorno 1972: 98.
308 Liessmann 2009: 153.

den Kern eines zeitgemäßen Wissenschaftsbegriffes bilden, lässt sich – wie
auch aus den zuvorgegangenen Ausführungen ersichtlich geworden sein
dürfte – schwer halten. Wenn wir etwa, wie der Konstruktivismus es nahe-
legt, selbst die Urheber jener Wirklichkeiten sind, die wir zu erkennen vermögen, dann hat dies für die Idee »Wissenschaft als Wahrheitssuche« zur
Folge, dass

> »eine distanzierende Selbstreflexion im Rahmen dieses Modells nicht möglich ist,
> denn in ihm und den auf seinem Boden erzeugten Theorien begegnen sich in der
> Rückwendung auf sich selbst nur mehr Konstrukteure in ihren Konstrukten«[309].

Zugleich erscheint es als ratsam, uns nicht zu leichtfertig von dem Begriff
der Wahrheit zu verabschieden. Unser Spiel kann von einem zentralen Leit-
konzept profitieren, auf das alle Spielaktivitäten hingeordnet sind. Vermittels eines solchen Konzepts nämlich lässt sich greifbar machen, was es denn
ist, das jene Formen der Wissenschaft, die nicht wie Erkenntnismaschinen
funktionieren, auszeichnet und als fördernswert legitimiert. Es bietet sich
insofern durchaus an, auf das bewährte und im kulturellen Gedächtnis mit
der Wissenschaft eng verknüpfte Konzept der »Wahrheitssuche« zurückzugreifen. Die Frage ist: Wie können wir uns der universalistischen Strahlkraft
und Eingängigkeit des Wahrheitsbegriffes bedienen, ohne zugleich Gefahr
zu laufen, uns der zeitgenössischen epistemologischen Kritik am Wahrheitsbegriff auszusetzen?

Die hier vorgeschlagene Lösung ist ein Spiel, bei dem so getan wird,
»als ob«. Johan Huizinga hat in seinem bis heute im Hinblick auf den
Spielbegriff maßgeblichen Werk *Homo ludens* das Spiel als eine Handlung
oder Beschäftigung definiert, die innerhalb bestimmter räumlicher und zeit-
licher Grenzen ausgeführt wird. Die Teilnahme ist freiwillig, doch wer sich
zu ihr entschließt, hat gewisse Regeln als unbedingt bindend zu akzeptieren.
Huizingas Definition gemäß hat das Spiel sein Ziel in sich selbst.[310] Dies bezieht sich, ist unbedingt zu ergänzen, allein auf die Perspektive des Spielers:
Als Spieler ist das Spiel Selbstzweck; global betrachtet kann es durchaus eine
Funktion haben. Die Wissenschaft als Spiel zu konzipieren, bedeutet, selbstzweckhafte und funktionale Elemente zu verbinden. Die WaS ist eine Welt,
in der sich die Akteure – freiwillig in eine spielhaft strukturierte Sphäre ein-

---

309   Benner 2003: 226–227.
310   Vgl. Huizinga 1987: 37.

tretend – die Wahrheitssuche auf die Fahnen geschrieben haben, und zugleich die Simulation einer Welt, in der diese Wahrheitssuche tatsächlich zur Wahrheit führt. Wahrheit fungiert als nicht mehr und weniger denn als Leitidee, die eine soziale Praxis prägt. Diese Idee ist nicht abhängig davon, dass ihr Inhalt in einem ontologischen Sinne ultimativ Bestand hat, dass also so etwas wie »Wahrheit« in der Welt existiert und durch Wissenschaft auffindbar ist.

Der entscheidende Vorteil wäre, dass das Spiel sogar dann funktioniert, wenn die Leitidee der Wahrheit nicht nur nicht in ontologischer Hinsicht fundiert sein sollte, sondern darüber hinaus auch von den Wissenschaftsakteuren selbst als Schimäre wahrgenommen wird – kurz: wenn das Spiel von den Spielern als solches identifiziert wird. Schließlich ist es auch für die Fußball- oder Schachspielerin möglich, sich ganz ihrem Spiel zu widmen, darin zu versinken, darin große Leistungen zu erbringen – und sich dennoch der Tatsache bewusst zu sein, dass es sich »nur« um einen Kunststoffball oder Holzfiguren, also »nur« um ein Spiel handelt. Die das Spiel konstituierenden Regeln sind auf Wahrheitssuche ausgerichtet, und sie – nicht die Wahrheit selbst – sind es, die das Ethos des Wissenschaftlers normativ ausformen. Ein guter Wissenschaftler muss nicht glauben, dass er tatsächlich »der Wahrheit« auf der Spur ist – er muss lediglich epistemisch rational handeln und die Regeln des Spiels achten. Durch positives soziales Feedback bei Befolgung und negatives soziales Feedback bei Missachtung werden diese Regeln internalisiert.

5.3.3 Freiheit der Ziele

Bevor die normativen Grundlagen des Spiels formuliert werden, gilt es zunächst, einige Bemerkungen zur Begründung eines zentralen Merkmals der WaS zu machen: Wissenschaft als Spiel bedeutet weitgehende Entscheidungsfreiheit der Wissenschaftler über ihre Forschungsagenden. Oben haben wir gesehen, dass die Wissenschaft als Erkenntnismaschine maßgeblich von den Interessen ihrer Auftraggeber bestimmt wird. Nun kommentiert die Wissenschaftsphilosophie Vorgänge vom Typus WEm mit Vorliebe kritisch. Nicht selten wirkt sie dabei realitätsfremd, wenn sie einer Vorstellung das Wort redet, nach der *disinterestedness* im althergebrachten Sinne, die »neutralen«, im Elfenbeinturm residierenden Wissenschaftler also, die einzige legitime – oder jedenfalls die hochwertigste – Quelle wissenschaftlichen Wissens zu sein habe. Dies vollzieht sich freilich zumeist eher zwischen den Zeilen. Carrier schreibt:

> »Anwendungsorientierte Forschung wird in beträchtlichem Maß in Industrieunternehmen und mit Gewinnorientierung durchgeführt. Es ist nicht das Streben nach Wissen, das solche Projekte vorantreibt; vielmehr wird Forschung als Investition aufgefasst, deren Rendite mindestens die Kosten decken soll.«[311]

Man könnte die Situation indes auch anders akzentuiert beschreiben: Was solche Projekte vorantreibt, ist durchaus das Streben nach Wissen – jedoch nach einem bestimmten Wissen: solchem, das in einer konkreten Hinsicht nutzbar ist und deshalb von gesellschaftlichen, politischen oder ökonomischen Kräften bemüht wird. Wissen, nach dem nicht verlangt werden und dessen Generierung deshalb ceteris paribus nicht finanziert werden würde, würde die entsprechende Kosten-Nutzen-Rechnung aufseiten des Auftraggebers dagegensprechen. Bei näherem Hinsehen erscheint es jedoch als falsch, solches Wissen per se – also seinem Wesen nach – als korrumpiert zu erachten.

Richtig ist zum einen, wie nachfolgend zu zeigen sein wird, dass dieses Wissen nicht das einzige bleiben sollte, das die Wissenschaft hervorbringt. Richtig dürfte zum anderen sein, dass für dieses Wissen hinsichtlich der zu gewährenden Freiheiten andere Regeln gelten sollten als für Wissen, das nicht im Dienste der unmittelbaren Genese eines Markt- oder Machtvorteiles erzeugt wird. Es ist diese Grundintuition, von der die Aufspaltung in die WEm und die WaS motiviert ist. Sie kommt auch in jenem eingängigen Prinzip zum Ausdruck, das der Politikwissenschaftler Don K. Price in *The Scientific Estate* von 1967 formuliert hat.[312] Stellen wir uns ein Spektrum vor, dessen äußerste Punkte die Überschriften »power« und »truth« tragen, gänzliche und unmittelbare gesellschaftliche Eingebundenheit also auf der einen Seite, die mönchische, auf selbstzweckhafte Wahrheitssuche ausgerichtete Elfenbeinturmexistenz auf der anderen Seite. Je näher sich die Wissenschaft nun am zweitgenannten Pol befindet, desto mehr Anspruch kann sie laut Price auf das Vorrecht der Selbstbestimmung erheben. Zu eben dieser Selbstbestimmung gehört die freie Setzung der Forschungsziele.

311 Carrier 2013: 375–376.
312 Vgl. Price 1967: 137.

Weshalb ist diese Freiheit von so hoher Bedeutung? Betrachten wir zur Veranschaulichung einen Auszug aus einer juristischen Abhandlung zum Verhältnis von Hochschulsponsoring und Wissenschaftsfreiheit. Daniel Hampe schreibt resümierend:

> »So sind Einflussnahmen des Sponsors auf die Wahl der Fragestellung grundsätzlich unschädlich. [...] Auch Einflussnahmen des Sponsors auf die Wahl der Methode nehmen dem geförderten Projekt nicht seine Wissenschaftlichkeit, sofern der Hochschullehrer der Auffassung ist, trotz der Vorgaben die größtmögliche Annäherung an die Wahrheit erzielen zu können.«[313]

Angenommen, man sieht über die etwas unglückliche Formulierung »sofern der Hochschullehrer der Auffassung ist« hinweg, die auf eine subjektive Wahrnehmung abstellt, wo objektive Sachverhalte gelten sollten (ein Tatbestand kann schließlich auch dann problematisch sein, wenn der Täter nicht der Auffassung ist, dass er es sei). Lassen wir außerdem unberücksichtigt, dass ein Eingriff in die Methodologie vor dem Hintergrund der bisher gemachten Ausführungen unter allen Vorzeichen als kritisch erscheint, und betrachten wir nur den Teil des Arguments, der sich auf die Beschränkung der Freiheit der Ziele durch den Sponsoren bezieht. Die Idee wäre hier also: Wenn einem Projekt von außen ein enger Rahmen hinsichtlich der Zielsetzung gesteckt wird – im Wesentlichen ist dies die Idee, auf der die WEm fußt –, dann ist dies noch kein Problem, solange innerhalb dieses Rahmens lege artis operiert wird.

Nun mögen solche Instanzen unbedenklich erscheinen, wenn man sie isoliert betrachtet. Doch die Wissenschaft *als ganze* bliebe unter ihren Möglichkeiten, würde sie sich ausschließlich aus solchen Projekten zusammensetzen. Dies gilt in mehrerlei Hinsichten:

▫ Wer an das Argument der verzögerten Nutzbarkeit glaubt, muss auch dafür Sorge tragen, dass wissenschaftliche Theorien entstehen und sich weiterentwickeln können. Da es in diesem Kontext ausschließlich darum geht, welche Theorieentwürfe und Forschungsgegenstände in fachlicher Hinsicht interessant und vielversprechend sind, sollte den Wissenschaftlern – gemäß dem klassischen Modell der Gelehrtenrepublik[314] – freie Hand auch bei der Wahl der Ziele gelassen werden. An dieser Stelle kommt auch jenes Argument zum Tragen, das in 3.1.1

---

313 Hampe 2009: 191.
314 Vgl. Müller-Böling 2000: 19–20.

skizziert wurde: Grundsätzlich ist die dezentralisierte, in den jeweiligen Fächern durch die Wissenschaftler selbst vorgenommene Agendasetzung eine gute Lösung, wenn es darum geht, die notwendige Pluralität von Forschungsansätzen sicherzustellen, die eine lebendige Weiterentwicklung wissenschaftlicher Theorien benötigt.

◻ Die WEm bedarf qualifizierten Personals; die WaS hilft, dieses Personal zu generieren. Die Forschungslandschaft der eigenen Disziplin daraufhin zu befragen, welche Forschungsprojekte vielversprechend sein könnten, und schließlich eine fachlich fundierte Entscheidung für bestimmte Projekte und gegen andere zu fällen, erfordert bestimmte Kompetenzen. Wer diese Kompetenzen im Makrobereich der Wahl von Forschungsagenden innehat, wird – so die Hypothese – nicht überfordert sein, wenn es bei der WEm im Mikrobereich der methodologischen Freiheit darum geht, Forschungsentscheidungen zu treffen.

◻ Es gibt Erkenntnisse, die wichtig sind, und die dennoch nicht in Auftrag gegeben werden – insbesondere jene, die keinen unmittelbaren Nutzen versprechen.

Die Wissenschaft als Spiel ist entsprechend als der Ort zu konzipieren, an dem die Wissenschaftler nicht nur methodologische Freiheiten, sondern auch Freiheiten der Ziele genießen. Die Erkenntnispfade, auf denen die WaS wandelt, sind breiter als jene der WEm. Im Grundsatz bedeutet das: Die Wissenschaftler selbst können frei entscheiden, welche Forschungsprojekte sie in Angriff nehmen wollen. Sie haben sich dabei nicht nach dem Wissensbedarf Wissenschaftsexterner zu richten. Die Finanzierung erfolgt zu hundert Prozent über staatliche Mittel. Die Höhe der Mittel ist Ausdruck eines gesellschaftlichen Verständigungsprozesses: Je umfangreicher die WaS sein soll (und natürlich auch: je mehr die Haushaltslage einer politischen Gemeinschaft es zulässt), desto höher fallen die Mittel aus.

Wie umfangreich diese Mittel auch sein mögen, sie werden nicht ausreichen, um alle Projekte, die die Wissenschaftler gerne umsetzen würden, tatsächlich umzusetzen. Die staatliche, nicht an spezifische Projekte gebundene Finanzierung stellt aber sicher, dass die Projekte, die umgesetzt werden, frei von unmittelbaren praktischen Nutzenerwartungen und den Partikularinteressen der Wirtschaft, Gesellschaft und Politik bleiben. Dies stellt auf der Seite der Forschungsfragen ein gewisses Maß an Pluralität sicher.

Die WaS kann nur dann funktionieren, wenn auch auf der Output-Seite keine Erwartungen vorherrschen, die enttäuscht werden können. Alle Ergebnisse sollen gleichermaßen erwünscht sein, es soll möglichst große Ergebnisoffenheit herrschen, sodass sich über die WaS das sagen lässt, was Müller über die Wissenschaft im Allgemeinen sagt: »Sie ist das geistige Billett für ein Forschen mit offenem Ausgang, für – immer noch schwer erkämpfte – Paradigmenwechsel, für den Einspruch der Wirklichkeit gegen die Erwartung.«[315]

Die Wissenschaft als Spiel zu konzipieren, hat nicht nur den Vorteil, dass sie auf diese Weise von Fremdinteressen weitgehend abgegrenzt werden und so ihren Unparteilichkeitsanspruch aufrechterhalten kann: Darüber hinaus birgt der Modus des Spielens besonderes kreatives Potenzial, wie es im Rahmen der WEm-Konzeption nicht freigesetzt wird. In einem der meistrezipierten populären Beiträge der jüngeren Zeit zum Thema Kreativität hat der Autor und Schauspieler John Cleese auf die Bedeutung dessen hingewiesen, was er als »open mode« bezeichnet. Dabei handelt es sich um einen Modus der Produktivität, der entspannt und verspielt, von Neugier und Humor geprägt ist – im Gegensatz zum fokussierteren, zugleich aber nur wenige Freiheiten gewährenden »closed mode«. Cleeses Argument ist nun, dass Kreativität in besonderem Maße dort freigesetzt wird, wo Akteure sich einen räumlich und zeitlich klar definierten Freiraum schaffen, innerhalb dessen sie zur Ideenfindung den offenen, spielerischen Modus praktizieren können. Das gilt, wie Cleese anhand der Erfindung des Penizillins nachweisen will, auch für die Wissenschaft:

> »When Alexander Fleming had the thought that led to the discovery of penicillin, he must have been in the ›open mode‹. The previous day, he'd arranged a number of dishes so that culture would grow upon them. On the day in question he glanced at the dishes and he discovered that on one of them no culture had appeared. Now, if he'd been in the ›closed mode‹, he would have been so focused upon his need for dishes with cultures grown upon them. When he saw that one dish was of no use for him for that purpose he would have quite simply thrown it away. But thank goodness he was in the ›open mode‹, so he became curious about why a culture had not grown upon this particular dish. And that curiosity, as the world knows, led him [...] to penicillin.«[316]

---

315 Müller 2014.
316 Cleese 2015: 7:48–8:42.

5.3.4 Die Regeln des Spiels

Die oben getroffene Feststellung, »Wahrheitssuche« sei das Leitprinzip der Wissenschaft als Spiel, ist näher zu erläutern. Gemeint sein könnte damit ja zweierlei:

1. Die gewichtungsfreie Suche nach Erkenntnissen: Ex ante ist jede von Wissenschaftlern in Angriff genommene Forschungsagenda, insofern sie sehr allgemeinen Mindestanforderungen der Wissenschaftlichkeit wie der prinzipiellen Falsifizierbarkeit genügt, als gleich wertvoll einzustufen. Zwar mag es Agenden geben, die ex post als erfolgreicher zu bewerten sind als andere. Doch zunächst einmal geht diese Auffassung davon aus, dass jede Agenda ihren mit anderen Agenden gleichwertigen Beitrag zu jener Pluralität wissenschaftlicher Ansätze leistet, die als ideal angenommen wird. Auf der Agendasetting-Ebene gilt deshalb für den Wissenschaftler das Prinzip: Suche dir – je nach Interesse – innerhalb deines Fachgebietes eine beliebige offene Frage und sei bestrebt, sie mit den Werkzeugen der wissenschaftlichen Methodologie zu beantworten.

2. Die Gewichtung nach Prioritäten: Hinsichtlich der Frage, welche Forschungsagenda verfolgt wird, soll sich der Wissenschaftler nicht oder nicht ausschließlich von seiner intellektuellen Neugier leiten lassen, sondern (auch) von einem übergreifenden Leitprinzip.

Bei (1) und (2) handelt es sich um zwei unterschiedliche Möglichkeiten, wie die institutionalisierte Wissenschaft als gesellschaftliches Subsystem organisiert werden könnte. Die libertäre Auffassung (1) dürfte dabei die weiter verbreitete sein. Man könnte sie als eine Art Kohärenzmodell beschreiben: Anstatt die Organisation von Forschungsagenden auf einem bestimmten Prinzip fußen zu lassen, wird davon ausgegangen, dass die gänzlich freie Themensetzung dazu führt, dass der wissenschaftliche Prozess ideal abläuft.

Was spricht dafür, mit (2) zu arbeiten? Wir haben im Laufe dieser Abhandlung einige Probleme der gegenwärtigen Wissenschaftslandschaft kennengelernt, die es in Angriff zu nehmen lohnte. Wenn wir (2) und mit (2) ein gutes Leitprinzip wählen, ließen sich gewisse Fehlentwicklungen möglicherweise korrigieren. Aber stellte das nicht einen unzulässigen, wertgeleiteten Eingriff in die Wissenschaft dar? Es käme auf die Art des Prinzips an. Einerseits ist es nicht so, dass (1) eine in einem fundamentalen Sinne »objektive«

Lösung wäre. Philip Kitcher folgend soll hier argumentiert werden: Ob man sich nun auf (1) oder auf (2) beruft – welche Forschungsagenden in Angriff genommen werden ist nie vollkommen neutral, sondern immer auch eine Reflexion der historischen Bedingungen, in der sie entstehen.

»There is no ideal atlas, no compendium of laws or ›objective explanations‹ at which inquiry aims. Further, the challenges of the present, theoretical and practical, and even the world to be mapped or understood, are shaped by the decisions made in the past. The trail of history lies over all.«[317]

Wenn andererseits das Prinzip, für das wir uns entscheiden, zu konkret formuliert würde (»Forscht nur zu Fragen, die der aktuellen Regierung dienlich sind«), liefe dies der Intention der WaS zuwider: dafür Sorge zu tragen, dass sich Wissensgenerierung nicht ausschließlich im Modus der WEm und damit im Modus der Parteilichkeit vollzieht.

Das Leitprinzip der WaS wäre dann so zu formulieren, dass sich von einer De-facto-Unparteilichkeit sprechen lässt: Diese Form der Wissenschaft ist nicht interessengeleitet, sondern einzig am Gemeinwohl orientiert. Das Ziel der WaS muss dementsprechend dieser universalistischen Ausrichtung Rechnung tragen. Der Vorschlag des Verfassers lautet: Ihr Ziel ist ein *besseres Verständnis der Welt.* Die Subjekte, die dieses Verständnis erlangen sollen und auf die die WaS-Bemühungen letzten Endes abzielen, sind weder die Wissenschaftler selbst noch bestimmte Interessenvertreter, sondern die Bürger im Allgemeinen. Die Botschaft, die an die Wissenschaftler ergeht, lautet: Wenn du zwei Projekte zur Auswahl hast und eines davon nach bestem Wissen und Gewissen sichtlich weniger Potenzial hat, zum genannten Ziel beizutragen, dann solltest du dieses Projekt nicht in Angriff nehmen. Wie an späterer Stelle noch zu explizieren sein wird, gehört es wesentlich zur Idee der WaS, dass wissenschaftlich generiertes Wissen auch in adäquater Weise der allgemeinen Öffentlichkeit zugänglich gemacht wird.

Die WaS sorgt für eine Pluralität an Erkenntnissen, wie sie dem langfristigen Wohl der Gesellschaft dienlich ist. Dies geschieht freilich nicht, indem sich die Gemeinschaft der WaS-Wissenschaftler in einer Art konzertierter Aktion Gedanken darüber machte, welcher Erkenntnisse die Gesellschaft auf lange Sicht in besonderem Maße bedürfen könnte, um danach die jeweiligen Forschungsagenden in den Einzeldisziplinen auszurichten. Vielmehr geht es darum, dem Berufsethos, dem sich der einzelne Wissenschaftler ver-

---

317 Kitcher 2001: 82.

pflichtet sieht, einen neuen Akzent zu verleihen. Das Motiv der »Wahrheitssuche« wird rekonzipiert, weg vom gänzlich freien Erhellen beliebiger Zusammenhänge, über die zuvor Unwissenheit bestand, hin zu einem Spiel mit
bestimmten Regeln. Diese normative Struktur des Spiels ist es, durch die die
Gesellschaft um Erkenntnisse bereichert wird, die das WEm-Schema nicht
hervorgebracht hätte.

Greifen wir Morschers Bemerkung noch einmal auf, den Menschen
sei am besten gedient, wenn die Wissenschaftseinrichtungen die Wahrheit
anstreben könnten, »ohne dabei nach links oder rechts schielen zu müssen«[318]. Morscher hat das ursprünglich in Bezug auf eine Wissenschaft gesagt, die sich an der Wahrheit orientiert und insofern der WaS ähnelt. Doch
die hier vorgestellte Konzeption der Wissenschaft als Spiel ist gerade nicht
gedacht als »Wissenschaft mit Scheuklappen«. Wer WaS betreibt, der weiß,
dass zu diesem Spiel auch die Frage gehört: Welche Fragen sind wirklich
wichtig? Er hat eine evaluative, selbstbewusste, eigenständige Position zu
Relevanz und Priorität von Erkenntnisbestrebungen. In diesem Spiel, in dem
es um Wahrheit geht, wird somit auch die Frage nach der Relevanz der
Wahrheit Teil der Regeln.

Damit geht einher, dass nicht nur die Agendasetzung im Rahmen der
WEm, sondern auch jene im Rahmen der WaS in normativer Hinsicht nicht
als ausschließlich vom freien Interesse des Wissenschaftlers geleitet konzipiert wird. Wenn es um die Agendasetzung geht, soll sich der WaS-Wissenschaftler nach dieser Maxime richten: *Handle so, dass du deine Fähigkeiten
und Kenntnisse und die dir als Wissenschaftler zur Verfügung gestellten Ressourcen so effizient wie möglich zur Erweiterung eines Wissensbestandes nutzt, dessen
Zweck ein besseres Verständnis der Welt ist. Dir steht es unter dieser Maßgabe
frei, beliebige Forschungsprojekte in Angriff zu nehmen.*

Hubert Markl hat die Wissenschaft einmal als die »Gesamtheit der als
zuverlässig bewährten Aussagen über die Wirklichkeit« bezeichnet – um zu
ergänzen, dies sei »genau das [...], was wir alle an Kenntnissen und Fertigkei-
ten brauchen, wenn wir uns in dieser Wirklichkeit zurechtfinden sollen.«[319]
Das in der Maxime enthaltene Ziel des »besseren Verständnisses« ist davon

---

318   Morscher 2006: 93.
319   Markl 1990.

inspiriert. Gedacht ist es als eine Art *side constraint*[320], der die Wissenschaftler an den größeren Kontext ihrer Erkenntnisanstrengungen erinnert. Von dieser zentralen Maxime wären dann konkretere Regeln abzuleiten. Es handelt sich hierbei freilich um nicht mehr und nicht weniger als eine Skizze; wie solche Regeln konkret aussehen könnten, wäre an anderer Stelle zu durchdenken. Zweifelsohne geht mit ihnen die Implikation einher, dass Forschungsansätze, die im Modus der gewichtungsfreien Wahrheitssuche – siehe (1) oben – verfolgt würden, unter Umständen im Modus der WaS nicht verfolgt werden, weil sie zwar das Interesse eines Wissenschaftlers erregten, aber im Vergleich zu anderen Ansätzen in deutlich geringerem Maße zu einem besseren Verständnis der Welt beitragen. Die WaS-spezifischen Regeln ergänzen in dieser Konzeption jene der bloßen epistemischen Rationalität: Sie sind als Beitrag zu einem wissenschaftlichen Berufsethos zu verstehen, das nicht damit vorlieb nimmt, dass einzelne Erkenntnisatome methodologisch fehlerfrei erzeugt worden sind, sondern den Zweck des Wissensbestandes im Auge behält.

Die erfolgreiche Umsetzung der Maxime in die Praxis erforderte erstens die aufrichtige Selbstbefragung des Wissenschaftlers: Ist die Verfolgung des Forschungsprojekts X im Sinne der Maxime vertretbar? Darüber hinaus wären möglicherweise institutionelle Mechanismen zu etablieren, die dem neuen Akzent, den die WaS mit sich bringt, Nachdruck verleihen: Die Wissenschaftler sollen ja qua Ethos darauf verpflichtet werden, der Menschheit zu dienen, indem sie ihr zu einem besseren Verständnis von der Welt verhelfen. Insofern ist auch die WaS eine Dienstleisterin für die Gesellschaft – nicht (oder jedenfalls nicht unbedingt) im Sinne unmittelbarer praktischer Nutzbarkeit, sondern zunächst einmal in einem rein theoretisch-epistemologischen Sinne: Sie sorgt dafür, dass Wissen in die Welt kommt. Während die Wissenschaft als Erkenntnismaschine ganz unmittelbar die Interessen der Auftraggeber befriedigt, präsupponiert die Wissenschaft als Spiel die Ex-

---

320 Robert Nozick hat das Konzept des »side constraint« innerhalb der praktischen Philosophie nachhaltig geprägt. Er meinte damit, vgl. 1974: 26–33, *moralische* Beschränkungen, die der Verfolgung übergeordneter moralischer Ziele wie der allgemeinen Nutzenmaximierung dort entgegenstehen, wo individuelle Rechte verletzt werden. Der Kontext der vorliegenden Abhandlung ist freilich ein anderer. Übernommen werden soll hier der Gedanke, ein Ziel (»freie Wahrheitssuche«) sei erstrebenswert, seine Verfolgung habe aber an einem gewissen Punkt zu enden (dort, wo die Grenze zum Obskurantismus überschritten wird).

istenz eines Interesses, ohne dass dieses Interesse von einer Einzelperson, einer Firma oder einer Organisation explizit ausformuliert worden wäre. Man kann ihr daher einen pädagogischen und zu einem gewissen Grade paternalistischen Impetus zuschreiben, geht sie doch davon aus, dass es im langfristigen Interesse der Bevölkerung liegt, mehr darüber zu erfahren, wie die Welt beschaffen ist.

Drei Anmerkungen zu diesem Konzept. Erstens ist darauf hinzuweisen, dass die WaS-Konzeption auf der Überzeugung beruht, dass die WaS mehr relevantes Wissen zu generieren vermag als eine Wissenschaft nach dem gewichtungsfreien Modell. Diese Hypothese ist an dieser Stelle nicht umfassend – geschweige denn: empirisch – zu belegen und erforderte weiterführende Erwägungen. Zweitens ist die WaS nicht kompatibel mit dezidiert illiberalen Positionen in der Debatte um die Schädlichkeit der Publikmachung von Erkenntnissen. Wer glaubt, dem Interesse der Bevölkerung sei grundsätzlich dann am besten gedient, wenn zentrale Autoritäten Erkenntnisse nur selektiv freigeben, wird die WaS ablehnen. Das bedeutet im Übrigen nicht, dass es nicht auch im Rahmen der WaS-Konzeption Fälle geben kann, in denen wissenschaftsinduziertes Wissen zum Schutz der Bevölkerung nicht in Umlauf zu bringen ist. Aber dies stellt eine Ausnahme dar.[321]

Die dritte Anmerkung bezieht sich auf eine anthropologische Hypothese, deren Ursprünge weit zurückreichen, die aber auch heute noch bisweilen vorgebracht wird. Sie besagt: Die Wissenschaft sollte frei sein, weil der Mensch auf diese Weise seinem natürlichen Drang, viel und immer mehr wissen zu wollen, seiner intellektuellen Neugier also am besten nachgehen kann. Die Wissenschaft in ihrer institutionalisierten Form ist heute ein Beruf, den man sich auf dem Wege eines langwierigen Qualifikationsprozesses aneignen muss; die wissenschaftliche Erkenntnisgewinnung ist – von Randerscheinungen wie der »Bürgerwissenschaft«[322] abgesehen – das Geschäft nicht aller, sondern einer eng begrenzten Gruppe von Menschen. Doch die Neugier *der Wissenschaftler* kann es nicht sein, auf die die wissenschaftliche Unternehmung in letzter Instanz ausgerichtet sein kann. Sie mag ein produktivitätssteigernder Faktor innerhalb des wissenschaftlichen Betriebs sein, aber auch nicht mehr. In den Worten Bayertz': »Es wäre

---

321 Mehr hierzu im sechsten Kapitel.
322 Einführend zu diesem Thema: Reichholf 2015.

kaum anders als skurril zu nennen, wenn man die heutige staatliche Finanzierung von Wissenschaft mit dem Argument zu legitimieren versuchte, nur
dadurch könnten *die Wissenschaftler* glücklich werden.«[323] Wenn die WaS
also mit der Idee vereinbar sein sollte, dass sie der menschlichen Neugier
diene, dann geht es auch wirklich um die Neugier *aller Menschen*: wenn
nicht als empirische Einzelpersonen, so doch im abstrakten Sinne.

5.3.5 Skizze eines aktualisierten Bildungsarguments

Wie oben angedeutet, ist es eine Grundhypothese dieses Kapitels, dass die
WaS einen Beitrag zur Bildung zu leisten vermag. Wenn wir nachfolgend
den Versuch machen, zu skizzieren, wie sich dieser Bildungseffekt vollzieht,
ist indes voranzustellen, dass in diesem Zusammenhang Bescheidenheit geboten ist. Zum einen deshalb, weil man leicht dazu verführt wird, allzu
überzogene Hoffnungen in das Konzept Bildung zu setzen. In kaum einem
Bereich werde, hat es Liessmann pointiert formuliert, so viel gelogen wie in
jenem der Bildung; sie gelte heutzutage als Mittel, mit dem unter anderem
»Vorurteile, Diskriminierungen, Arbeitslosigkeit, Hunger, Aids, Inhumanität
und Völkermord verhindert, die Herausforderungen der Zukunft bewältigt
und nebenbei auch noch Kinder glücklich und Erwachsene beschäftigungs-
fähig gemacht werden sollen.«[324] Demgegenüber gilt: Nur ein realistisches
Bildungskonzept ist ein gutes Bildungskonzept – auch in Anbetracht der
Tatsache, dass dem Bildungsbegriff heute der Verdacht anhaftet, metaphy-
sisch überladen zu sein.[325] Zum anderen ist deshalb Vorsicht geboten, weil
das Thema Bildung zu den vielschichtigsten überhaupt gehört. Man vergisst
dies leicht in Anbetracht der wenig systematisch geführten öffentlichen Debatten dazu. Nachdem es in Ländern wie Deutschland praktisch niemanden
ganz ohne Bildungsbiographie gibt, niemanden, der keine Erfahrungen mit
den konkreten Auswirkungen des Bildungssystems gemacht hat, sind solche
Debatten oft reich an Anekdotischem aus der Praxis. Fundierte bildungs-
theoretische Überlegungen sind, gemessen an der Relevanz des Themas,
selten.

---

323 Bayertz 2000: 308.
324 Liessmann 2009: 146.
325 Vgl. Mikhail 2009: 19.

Solche Überlegungen müssten auf der begrifflichen Ebene verdeutlichen, auf welche Konnotation von »Bildung« überhaupt Bezug genommen wird und welche ideengeschichtlichen Implikationen damit einhergehen. Auf der deskriptiv-psychologischen Ebene dürfte eine philosophische Bildungstheorie ihre Beschränktheit nicht verschleiern: Pauschal zu sagen, welche Maßnahmen welchen Bildungseffekt zeitigen, stellt schließlich eine starke Verallgemeinerung dar, die es an konkreten Personen und Personengruppen mit dem Mittel empirischer psychologischer Studien zu überprüfen und zu verfeinern gälte. Auch auf der normativen Ebene ist Zurückhaltung geboten. Denn bei einer Suche nach einer Antwort auf die Frage, in welchem Ausmaß und in welcher Weise Menschen beeinflusst werden sollen, ist in Rechnung zu stellen, dass nationale Bildungssysteme in Zeiten pluralistischer Gesellschaften – jedenfalls der hier vertretenen liberalen Auffassung – einen Wertekanon vermitteln sollten, der unterschiedlichen Menschen mit unterschiedlichen kulturellen Vorprägungen und Weltanschauungen ermöglicht, ein erfülltes Leben zu führen. Das Nachfolgende ist deshalb lediglich als bescheidener Versuch zu verstehen, auf gewisse Zusammenhänge hinzuweisen.

Das Spiel als Schutzraum

Wird »Bildung« in der Alltagssprache heute häufig mit »Ausbildung« gleichgesetzt, so wird von Bildungstheoretikern ebenso oft betont, das Konzept der Bildung sei umfassender zu begreifen. Nach Blasche ist sie ein »die Gesamtformung des individuellen Menschen umfassender Begriff«, der seit jeher auf die allgemeine Orientierung des Menschen ziele.[326] Dem Grundtenor dieser umfassenderen Interpretation des Bildungsbegriffs will sich der Verfasser anschließen, ohne jedoch zu hohe Erwartungen damit zu verknüpfen. Seine Prämisse ist: Die Bildung, von der hier die Rede sein soll, ist in der Lage, Menschen Fähigkeiten an die Hand zu geben, die ihnen in manchen (auch) außer-beruflichen Situationen das Leben erleichtern. Wer sind diejenigen, die diesem Konzept zufolge Bildung erfahren? Wie bei der Einführung des Bildungsarguments im dritten Kapitel angedeutet, sind dies zunächst einmal all jene, die Wissenschaft betreiben: die Wissenschaftler,

---

[326] Blasche 1980: 313.

erstens, und zweitens jene, die im Rahmen eines Studiums mit der WaS konfrontiert werden.

Der Wissenschaft als Spiel kommt in diesem Zusammenhang die Aufgabe zu, einen Schutzraum zu schaffen, in dem die freie Erkenntnisgewinnung praktiziert werden kann. Ziehen wir zur Veranschaulichung den Vergleich mit der Bildung im schulischen Bereich heran. Auch die Schule ist in anderer, aber analoger Weise als Schutzraum zu beschreiben, den man aus gutem Grund vor den rein interessengeleiteten Sphären des öffentlichen Lebens abschirmt. Bedenklich ist, wenn sich hier – wie es auch im in diesen Fragen eher konservativen Deutschland der Fall ist – Unterrichtsmaterial finden lässt, das von Wirtschaftsunternehmen bereitgestellt worden ist. Dabei mag es sich im Einzelfall um der öffentlichen Unterfinanzierung geschuldete Kompromisse und Notlösungen handeln, die in gewissem Umfang vertretbar sein mögen; dass dies indes kein zukunftsträchtiges Modell für die allgemeine Finanzierung von Schulbildung sein kann, sollte sich mit einer weit verbreiteten Intuition decken. Eine Schule voller Werbeeinblendungen, Firmensignets und nach Dax-Unternehmen benannten Klassenräumen – diese Vorstellung dürften Eltern, Pädagogen und Bildungspolitiker in gleicher Weise zurückweisen. Aber woher kommt diese Intuition?

Die genannten Materialien entstammen einer Quelle, bei der eine Gewinnorientierung vorherrscht; sie sind interessengeleitet und deshalb mit sehr hoher Wahrscheinlichkeit einseitig und entsprechend didaktisch fragwürdig.[327] Die kritische Intuition mag aber nicht nur von der Vermutung geprägt sein, die Materialien würden eine mindere Qualität aufweisen, sondern auch von jenem weit grundsätzlicheren Diskurs, der sich gegen die »Ökonomisierung« einst von Märkten freien Lebensbereichen richtet und in den letzten Jahren an Intensität zugenommen hat. Michael Sandels Buch *What Money Can't Buy* hat diesen Diskurs vielleicht am prominentesten aufgegriffen. Die Politik, sagt Sandel darin, habe es bisher versäumt, sich in einer großen Debatte mit der Frage auseinanderzusetzen, in welche Bereiche des öffentlichen Lebens marktförmiges Denken vordringen dürfe und in welche nicht: Wollen wir eine Marktwirtschaft oder eine Marktgesellschaft?[328]

---

327 Wie der Verbraucherzentrale Bundesverband in einer Studie (2014) belegt hat.
328 Vgl. Sandel 2012: 11.

Im Grunde ist dies ein altes Motiv der kapitalistischen Systemkritik. In der seit Marx virulenten Feststellung, dass die industrialisierte Welt in zunehmendem Maße von einer Fixierung auf die Ware – die Marx als Elementarform gesellschaftlichen Reichtums gilt – durchdrungen wird, schwang immer auch die Klage darüber mit, dass man dort, wo einst eine Vielfalt von Werten und Formen der Wertschätzung ihren Platz hatte, dazu übergegangen ist, allem und jedem einen Preis zuzuordnen. Das Geld, durch welches ein Preis zum Ausdruck kommt, hat ja die bemerkenswerte Eigenschaft, eigentlich Inkommensurables kommensurabel zu machen. Diese Tatsache erleichtert zwar einerseits den Tausch jedweder Gegenstände und Dienstleistungen, ihr wohnt aber auch die Tendenz inne, in einer auf Dauer dem kapitalistischen Wirtschaften unterworfenen Gesellschaft die Annahme zu begünstigen, die Pluralität menschlicher Wertvorstellungen könne sozusagen verlustfrei in die Sprache des Geldes übersetzt werden. So werden wir alle tagtäglich mit der Tatsache konfrontiert, dass ökonomische Denkweisen zunehmend in Sphären vordringen, in denen vormals ganz andere Werte und Regeln vorherrschten als jene, die Angebot und Nachfrage, Markt, Anreiz und Profit vorgeben.

Sandel nun spricht sich dafür aus, dieses Marktdenken in gewissen Schranken zu halten. Anhand des Bildungsbereiches lässt sich anschaulich zeigen, weshalb in der Tat zu wünschen gilt, dass es weiterhin Sphären gebe, in denen wenn nicht absolute Unparteilichkeit, so doch das Streben nach möglichst hoher Objektivität vorherrscht. Weder Schulen noch Universitäten mögen dieser Objektivität eine perfekte Heimstatt bieten; und doch macht es einen Unterschied, ob man das Ideal der Wahrheitsfindung verfolgt und dabei aufgrund des Soseins der Welt daran scheitert – oder ob man das Ideal gänzlich aufgibt und sich von Anfang an einem Wahrheitszynismus hingibt. Und wie sollten Menschen sich mit Souveränität und Urteilskraft in einer Welt bewähren, die von Parteilichkeit und dem Aufeinandertreffen unterschiedlicher Interessen geprägt ist, wenn sie niemals ernsthaft und vorbehaltlos die Perspektive der Unparteilichkeit kennengelernt und eingenommen haben? Die WaS fungiert als eine solche Sphäre der Unparteilichkeit.

Von der Wissenschaftler- zur Bürgertugend

Theoretische Postulate zu den Werten der wissenschaftlichen Kultur sind Legion. Zu denken wäre etwa an Mertons in der Mitte des 20. Jahrhunderts formulierte Charakterisierung des wissenschaftlichen Ethos anhand der Begriffe Universalismus, Kommunismus, Uneigennützigkeit und organisierter Skeptizismus, die schon im ersten Kapitel thematisiert worden ist.[329] Etwas später, zu Beginn der 1970er Jahre, haben Cournand & Zuckerman der Wissenschaft attestiert, die folgenden Tugenden zu kultivieren: intellektuelle Redlichkeit und Objektivität; Toleranz gegenüber abweichenden und neuartigen Einsichten; methodischer Skeptizismus gegenüber etablierten Meinungen; Kritikfähigkeit; Uneigennützigkeit; ein Zugehörigkeitsgefühl zu einer größeren – nämlich der wissenschaftlichen – Unternehmung; die Bereitschaft, die Prioritäten, die andere Forscher bei der Erkenntnisgewinnung setzen, anzuerkennen.[330]

Es ist bemerkenswert, dass sich im Laufe der letzten Jahrzehnte, jedenfalls in der theoretischen Beschreibung, wenig geändert zu haben scheint. Einzig das sowohl von Merton als auch von Cournand & Zuckerman angeführte Konzept der Uneigennützigkeit des Wissenschaftlers ist, wie schon in 5.2.1 angedeutet, offenbar nicht mehr zeitgemäß. So ist es denn auch nicht weiter überraschend, dass es in einer aktuellen Aufzählung von »habits of mind«, die charakteristisch für die akademische Welt seien, fehlt. Für Noonan sind dies: geistige Unabhängigkeit; Objektivität; Wahrheitsliebe, Neugier; Aufgeschlossenheit; Lernbereitschaft; das Wissen um die Grenzen der eigenen Erkenntnisfähigkeit und die Kollektivität jenes großen Projektes, das sich der Erweiterung menschlichen Wissens widmet. Diese Tugenden seien auch in der außerakademischen Sphäre wichtig, weil sie uns ermöglichen, friedvolle, tolerante und herzliche Beziehungen zu anderen aufzubauen.[331]

Von der Wissenschaft lässt sich im besten Falle lernen, als Philosoph, nicht als Sophist aufzutreten[332], als jemand, der dem Advocatus Diaboli tatsächlich Gehör schenkt, als jemand, der ein aufrichtiges Interesse daran hat,

---

329 Vgl. Merton 1985: 89–99.
330 Vgl. Cournand & Zuckerman 1970: 943.
331 Vgl. Noonan 2014: 17.
332 Vgl. dazu Nussbaum 2012: 65–96, die dafür plädiert, sokratisches Denken als zentralen Bildungsinhalt zu etablieren.

tatsächlich herauszufinden, wie sich die Dinge verhalten, anstatt sie immer nur in dem Licht darzustellen, das gerade vorteilhaft erscheint. Von der intellektuellen zur menschlichen Redlichkeit; von einer Offenheit, die sich aus der akademischen Gepflogenheit ergibt, Theorien eingehend zu prüfen, hin zu einer allgemeineren Offenheit, die dazu beiträgt, dass Menschen im persönlichen Bereich unvoreingenommen und als Bürger mit der notwendigen kritischen Haltung agieren: Sollte dieser Zusammenhang tatsächlich bestehen, ließe sich auf ihm eine Bildungstheorie errichten, die ihrem Wesen nach humanistisch ist. Der Humanismus beruht ja, wie Julian Nida-Rümelin ausgeführt hat, wesentlich auf der anthropologischen Annahme, dass Menschen sich in ihren Handlungen und Überzeugungen von den besseren Gründen leiten ließen. Die ethische Konsequenz aus dieser Annahme ist eine egalitäre Grundhaltung: Allen Menschen wird dieselbe Achtung entgegengebracht; und jeder darf an der auf Gründen basierenden Verständigung teilhaben.[333]

Nun könnten diese Ausführungen auch für die Wissenschaft als Erkenntnismaschine gelten: Auch hier sind die Wissenschaftler dazu angehalten, uneigennützig im oben beschriebenen, engeren Sinne zu sein und Theorien mit methodologischer Strenge aufzustellen und zu evaluieren. Ein Wissenschaftler im Sinne der WaS aber ist nicht nur mit der Aufgabe konfrontiert, ein einmal gesetztes Forschungsziel methodisch sauber zu verfolgen, sondern auch mit jener, diese Forschungsziele überhaupt erst festzulegen. Es ist dieser »spirit of free inquiry«, den Bernard Barber in *Science and the Social Order* als einen Geist bezeichnet hat, der zwar vor allem von Wissenschaftlern professionell kultiviert werde, aber – Barber ging hierin sehr weit – in allen gesellschaftlichen Gruppen als Wert anerkannt sei: Schließlich sollten, allgemein gesagt, alle Menschen das Recht haben, Fragen zu stellen und auf diese Weise die Ansprüche zu befriedigen, die die eigene Vernunft an sie stellt.[334] Der Idee nach ist die Kultur der Freiheit, wie sie die Wissenschaft als Spiel bereithält, ein Nährboden für unabhängige, intellektuell selbstbewusste Menschen: Sie fordert nicht nur das methodologisch korrekte Abarbeiten eines Pensums, sondern auch Innovationskraft und

---

333   Vgl. Nida-Rümelin 2009: 126–127.
334   Vgl. Barber 1953: 63.

Schaffensgeist. Es gehört oft Mut dazu, Fragen zu stellen; die WaS honoriert diesen Mut.

Eine Wissenschaftsgesetzgebung, die das Konzept WaS berücksichtigt und die entsprechenden Wissenschaftszweige mit formalen wie auch materialen Freiheiten ausstattet, erkennt an, dass dieser intellektuelle Mut wesentlicher Bestandteil und Triebkraft der Wissenschaft ist. Zum intellektuellen Mut gehört auch, Fragen unabhängig von Kriterien der sozialen Erwünschtheit zu diskutieren.[335] Eine sinnvolle Leitfrage wäre beispielsweise nicht die affirmative, weshalb die Demokratie die beste Staatsform sei. Zu fragen wäre vielmehr allgemeiner: Was ist die beste Staatsform? Unter diesen Vorzeichen hat es – solange man sich mittels sachlicher Argumente äußert – keine verbotenen Fragen, keinen Giftschrank der Tabuthemen zu geben. In diesem Sinne ist die WaS der Ort, an dem eine Elite darin geschult wird, das Recht auf freie Meinungsäußerung in einem emphatischen und vorbildhaften Sinne auszugestalten. Eine Universität, die der WaS einen hohen Stellenwert beimisst, wäre dann tatsächlich so etwas wie eine »Sozialisationsagentur für die Heranführung des Nachwuchses an die komplexeren Fragen von Welt, Leben und Gesellschaft«[336], wie sie etwa Dirk Baecker vor Augen hat.

Wie aus innerakademischen Wissenschaftlertugenden außerakademische Bürgertugenden werden können, hat Ronald Dworkin 1996 in einem kurzen, aber gehaltvollen Essay mit dem Titel »Why Academic Freedom?« eindrücklich beschrieben. Die Freiheit im akademischen Bereich ist für Dworkin Teil eines größeren liberalen Erziehungsprogrammes, das dazu dient, bei der Bevölkerung ein Überhandnehmen von Konformismus zu bekämpfen:

»Ethical individualism needs a particular kind of culture – a culture of independence – in which to flourish. Its enemy is the opposite culture – the culture of conformity, of Khoumeni's Iran, Torquemada's Spain, and Joe McCarthy's America – in which truth is collected not person by person, in acts of independent conviction, but is embedded in monolithic traditions or the fiats of priesthood or junta or majority vote, and dissent from that truth is treason. That totalitarian epistemology – searingly identified in the finally successful campaign of Orwell's dictator to make his victim

---

335 Vgl. dazu auch Butler 2011, die die Funktion der Universität als eine Agentur zur Förderung kritischen Denkens betont hat.
336 Baecker 2007: 101.

believe, through torture, that two and two is five – is tyranny's most frightening fea-
ture.«[337]

Dass man eine solche Bildungsidee indes nicht als bloße Vervollkomm-
nungslehre autistisch-selbstbezogener Subjekte verstehen sollte, können wir
von Max Horkheimer lernen. Bildung mag an den Individuen ansetzen.
Doch sie wird nicht durch den Rückzug ins Selbst, sondern im Gegenteil gerade durch die Auseinandersetzung mit Gegenständen bestimmt, die außerhalb dieses Selbst liegen. »Gebildet wird man nicht durch das, was man ›aus
sich selbst macht‹«, sagte Horkheimer in seiner an die Frankfurter Erstse-
mester gerichteten Rektoratsrede von 1952, »sondern einzig in der Hingabe
an die Sache, in der intellektuellen Arbeit sowohl wie in der ihrer selbst be-
wußten Praxis.«[338]

5.4   Synthese: Wann ist Wissenschaft gesellschaftsdienlich?

Die bislang gemachten Ausführungen zum Wesen der Wissenschaft als Erkenntnismaschine und als Spiel haben zunächst offengelassen, wie sich beide Konzepte in der Praxis wissenschaftlicher Fachdisziplinen verorten lassen. Das siebte Kapitel wird auf diesen Gesichtspunkt näher eingehen. An
dieser Stelle gilt es zunächst, abschließende Bemerkungen zur theoretischen
Einordnung der WEm und der WaS zu machen.

Innerhalb des hier vorgestellten konzeptionellen Rahmens können wir
eine differenzierte Antwort auf die eingangs gestellte Frage nach der Gesellschaftsdienlichkeit der Wissenschaft formulieren: Die WEm ist gesellschaftsdienlich insofern, als sie Institutionen, Organisationen und Unternehmen dabei behilflich ist, unmittelbar nutzbare Erkenntnisse zu erzeugen.
Es ist davon auszugehen, dass die WEm in der Regel die besten verfügbaren
Antworten liefert; aber sie stellt nicht alle Fragen, die für uns von Belang
sind. Deshalb ist sie um eine weitere Konzeption zu ergänzen, die WaS. Sie
ist gesellschaftsdienlich, weil sie die Bevölkerung mit Erkenntnissen ver-
sorgt, die ihr ein besseres Verständnis der Welt ermöglichen. Darüber hinaus
lehrt sie Wissenschaftler und insbesondere Studierende, also jene, von de-

---

337   Dworkin 1996: 252.
338   Horkheimer 1985: 415.

nen in besonderer Weise erwartet wird, dass sie gesellschaftliche Verantwortung übernehmen, kritisch zu denken und mit dem für lebendige Demokratien notwendigen intellektuellen Mut Fragen zu stellen. Außerdem ist sie Zulieferin für die WEm: Sie bildet Wissenschaftler aus und führt Blue-Skies-Forschung durch, die die WEm zu einem späteren Zeitpunkt für praktische Anwendungen nutzen kann.

Die zu Beginn dieses Kapitels dargelegte Fragestellung, wie der Erfolg der Wissenschaft sich umreißen lasse, könnte damit in groben Zügen so beantwortet werden: Erfolgreich ist wissenschaftliches Handeln, erstens, in dem Maße, in dem es neues Wissen generiert und dabei in direkter oder indirekter Weise jene gesellschaftlichen Zwecke erfüllt, die im Rahmen der funktionalistischen Beschreibung der WEm und der WaS expliziert worden sind. Diese Überlegung ließe sich, zweitens, um einen Aspekt der guten Nutzung gesellschaftsseitig zur Verfügung gestellter Ressourcen ergänzen: Wissenschaftliche Projekte und Bestrebungen sind als umso erfolgreicher zu bezeichnen, je effizienter sie die genannten Ziele erreichen. Unumgänglicherweise hinterlässt eine solche Beschreibung Fragezeichen – und damit Desiderate. Die weitere Ausarbeitung dessen, was effiziente Wissensgenerierung im Detail bedeuten kann, wäre eine lohnende Aufgabe für die Wissenschaftstheorie; die nähere Bestimmung dessen, was genau »gesellschaftsdienlich« in diesem Zusammenhang heißt und nicht zuletzt auch, welche Rolle Fragen der gerechten Verteilung des gesellschaftlichen Nutzens der Wissenschaft spielen, eine Aufgabe der praktischen Philosophie.

Wollte man nun die WEm-WaS-Dichotomie theoretisch verorten, man hätte sie zwischen zwei Extrempunkten zu platzieren; denn wenn es in jüngerer Zeit darum ging, die Wissenschaftsfreiheit in größere politische Entwürfe einzubinden, ließen sich zwei Tendenzen ausmachen. Einerseits der oft übersimplifizierende Ruf nach grenzenloser Freiheit der wissenschaftlichen Institutionen unter Berufung auf absolute Zweckfreiheit, der im Rahmen dieser Abhandlung (etwa in 5.3.2) bereits einer Kritik unterzogen worden ist. Zur Veranschaulichung sei hier eine Passage aus Plínio Prados *Das Prinzip Universität (als unbedingtes Recht auf Kritik)* von 2010 zitiert:

> »Die *autonomia* des kritischen Denkens, die Verantwortung vor diesem und die ethische Strenge, von der sie untrennbar ist [...], erfordern also, dass in den Universitäten unbedingt ein Ort der nicht-zweckgebundenen Aktivitäten, Forschungen, Untersuchungen und Lehren erhalten, geschützt und ermutigt wird: kostenlos, interesselos,

nicht utilitaristisch, nicht funktionalisiert und nicht rentabel. Das ist das Wesen dessen, was man Universität nennt.«[339]

Der gegenüberliegende Extrempol besteht in der Vorstellung, es sei nicht nur unproblematisch, sondern sogar geboten, Wissenschaft direkt für politische Zielsetzungen einzuspannen. Er ist beseelt vom relativistischen Geist des Sozialkonstruktivismus: Wenn die vermeintlichen Wahrheiten, die die Wissenschaft produziert, ohnehin nur gesellschaftliche Konstrukte sind, dann können wir als Gesellschaft auch direkt in die Wissenschaft eingreifen, um beispielsweise gewisse politisch-moralische Ideale durchzusetzen. Eine wenig elegante Lösung wäre es, missliebigen Wissenschaftlern für die vermeintlich gute Sache den Mund zu verbieten. Man findet diese Ansicht heute selten ausformuliert vor, aber sie existiert, auch in intellektuelleren Kreisen. Im *Harvard Crimson*, einer renommierten, international beachteten Studentenpublikation, erschien 2014 ein kontrovers diskutierter Aufsatz von Sandra Y. L. Korn mit dem Titel »The Doctrine of Academic Freedom«. Darin schlägt die in zahlreichen linken Gruppen engagierte Studentin vor, das Prinzip der akademischen Freiheit durch jenes der »akademischen Gerechtigkeit« zu ersetzen: »When an academic community observes research promoting or justifying oppression, it should ensure that this research does not continue.« »If our university community opposes racism, sexism, and heterosexism«, fragt sie herausfordernd, »why should we put up with research that counters our goals simply in the name of ›academic freedom‹?«[340]

Es muss nicht erläutert werden, welchen Gefahren ein Nährboden bereitet würde, nähme man Korns Aufsatz ernst. Im Grunde scheint die ganze liberale Tradition seit Mill darauf ausgerichtet, eben solchen Meinungen mit guten Gründen entgegenzutreten. Es ist eine in dieser Tradition kultivierte Grundüberzeugung, dass die Frage nach der gerechten Ausgestaltung der Gesellschaft sich auf Basis des besten Wissens über die Welt zu vollziehen hat. Eine Vorstellung von der guten Gesellschaft, die nur dann Bestand haben kann, wenn bestimmtes Wissen für bestimmte Gruppen unterdrückt wird, entspricht nicht den Prinzipien der liberalen Demokratie. Wir werden diese Fragen im sechsten Kapitel unter dem Schlagwort des (vermeintlich) schädlichen Wissens besprechen.

---

339   Prado 2010: 38.
340   Korn 2014.

Einen subtiler vorgetragenen und zugleich inhaltlich radikaleren Vorschlag, wie sich außerwissenschaftliche Werte in der Wissenschaft verankern ließen, hat Helen Longino vorgebracht. Longino stellt etablierte wissenschaftstheoretische Grundsätze zur Disposition: die Berufung nämlich auf sogenannte superempirische Werte.[341] Solche Werte – beispielsweise Einfachheit oder Konsistenz mit anderen Theorien – werden von Wissenschaftlern herangezogen, wenn die empirischen Befunde nicht eindeutig für die eine oder andere Hypothese sprechen; sie könnten und sollten nach Longino durch alternative – etwa feministisch geprägte – Konzepte ersetzt werden. Statt auf die männlich dominierte Idee der Vereinheitlichung zu setzen, solle beispielsweise der Wert der Vielfalt angestrebt werden. Dabei wird ein Grundmotiv der feministischen Wissenschaftskritik erkennbar.[342] Die Idee einer unvoreingenommenen, objektiven Wissenschaft sei abzulehnen; vielmehr seien die tradierten Normen und Werte – auch jene der Methodologie – letztlich in erster Linie Machtinstrumente, mit denen bestimmte Gruppen (insbesondere: die Männer) ihre Interessen durchsetzen. Dementsprechend – und damit wären wir wieder bei Longino – spricht, wenn man diese Perspektive einnimmt, nichts dagegen, mit anderen, ebenso wenig objektiven Machtinstrumenten dagegenzuhalten und sich aktivistisch für bestimmte benachteiligte Gruppen (insbesondere: die Frauen) zu engagieren.

Nun ist es zweifelsohne erstens notwendig, die Grundlagen der wissenschaftlichen Theoriebildung stets aufs Neue zu diskutieren und im Zuge dessen auch die Frage zu stellen, inwieweit epistemisch irrationales, also beispielsweise männlich-chauvinistisches Denken die Wissenschaft, vielleicht sogar bis auf die Ebene der Methodologie hinunter, dominiert. Auf dieser methodologischen Ebene aber erscheint es – wenn wir der Wissenschaft ein Mindestmaß an Objektivitätsstreben zugestehen wollen – widersinnig, der männlichen Dominanz mit weiblicher Dominanz zu begegnen. Wir haben uns darüber zu unterhalten, ob unsere superempirischen Werte die richtigen sind, aber dann nicht aufgrund politischer Motivationen, sondern um die Objektivität der Methodologie zu erhöhen. Dies ist auch in An-

---

341 Vgl. Longino 2013.
342 Deutlich zutage tritt dieses Motiv etwa in Donna Haraways klassischem Aufsatz »Situated Knowledges: The Science Question in Feminism and the Privilege of Partial Perspective« (1988).

betracht der Tatsache ein erstrebenswertes Ziel, dass so etwas wie absolute Objektivität niemals realisierbar sein wird.

Damit Longinos Ansatz erfolgreich sein kann, müsste er demgegenüber zu zeigen imstande sein, dass die Idee der Objektivität, die die moderne Wissenschaft seit jeher prägt, in Gänze erratisch ist: dass also auch die grundlegendsten Rationalitätskriterien, die der wissenschaftlichen Methodologie zugrunde liegen, letztlich beliebige Kriterien sind, die sich historisch im Kräftespiel gesellschaftlicher Gruppen herausgebildet haben. Würde dieser Ansatz zu Ende gedacht und in die Praxis umgesetzt – die Wissenschaft wäre nicht mehr die, die wir kennen. Zu vermuten ist, dass diese neue Wissenschaft, insofern sie dann noch so genannt werden kann, viele der Funktionen, die WEm und WaS erfüllen, nicht mehr zu erfüllen im Stande wäre.[343]

Die Auseinandersetzung mit Longinos Position ist in meinem Zusammenhang wichtig, weil sie hilft, zu verdeutlichen, welche Ideen von »politisierter Wissenschaft« das WEm-WaS-Konzept ausschließen will. Nämlich solche, bei denen nicht nur der Output dezidiert für gesellschaftliche Zwecke nutzbar gemacht werden soll, sondern bei der die Gesellschaft auch in die basalsten Strukturen der Strategien zur Erkenntnisgewinnung eingreift. Entscheidend ist, dass weder bei der WEm noch bei der WaS der methodologische Kern der epistemischen Rationalität angetastet wird. Man kann diese Überlegungen wie nachfolgend dargestellt schematisieren. Unter der »maximal freien« Wissenschaft in der rechten Spalte soll dabei eine Wissenschaft verstanden werden, der so viele Freiheiten eingeräumt werden, wie unter praktischen Gesichtspunkten nur irgend möglich ist.

---

343   Zur Kritik an Longinos Ansatz siehe auch Koertge 2013.

Politisierte Wissenschaft	Wissenschaft als Erkenntnismaschine	Wissenschaft als Spiel	Maximal freie Wissenschaft
Gesellschaftliche Vorgaben sowohl hinsichtlich der Erkenntnisziele als auch hinsichtlich der methodologischen Grundlagen.	Weitgehende methodologische Freiheit. Erkenntnisziele werden von außen vorgegeben.	Freiheit hinsichtlich der Methodologie und – unter Berücksichtigung der Spielregeln – der Erkenntnisziele.	Maximale Freiheit hinsichtlich der Methodologie und der Erkenntnisziele.
Nicht gesellschaftsdienlich, da durch Eingriffe in die Methodologie die Grundlagen funktionsfähiger Wissenschaft zerstört werden.	Gesellschaftsdienlich qua Output.	Gesellschaftsdienlich qua Tätigkeit (Bildung und Ausbildung des Wissenschaftlernachwuchses) und qua Output (als Zulieferin für die Maschine und als Erzeugerin vielfältigen Wissens für die Bevölkerung).	Vergleichbar mit der Wissenschaft als Spiel, jedoch weniger gesellschaftsdienlich, da Raum für Obskurantismus.

6 Das Verantwortungsproblem

6.1 Problemaufriss: Wissenschaftsethik und Folgenverantwortung

Im vierten Kapitel ist, ausgehend von einer Beschreibung der wichtigsten Phänomene der Praxis und zentraler theoretischer Fragestellungen zur Wissenschaftsfreiheit, ein Schema von Interessenkonflikten entwickelt worden. Der Schlussteil des vierten Kapitels versuchte zu skizzieren, an welchen Stellen dieses Schema durch weiterführende Überlegungen zu ergänzen sei. Zwei der Fragen, in Bezug auf die besonderer Klärungsbedarf besteht, will die vorliegende Abhandlung eingehender behandeln. Die erste Frage, worin der Wert der Wissenschaft auch jenseits der unmittelbaren Verwendbarkeit ihres Forschungsoutputs liege, war Gegenstand des fünften Kapitels. Dieses sechste Kapitel nun will jene Konflikte in den Blick nehmen, die in unserem Schema mit den Siglen A4 und A6 versehen worden sind. Die Wissenschaftler sind in diesen Szenarien bestrebt, frei darin zu sein, Forschungen durchzuführen und die Resultate zu publizieren (A4) und ihre Forschungsagenden frei zu bestimmen (A6); dabei entstehen gewisse Risiken für die Allgemeinheit. Grundsätzlich sind, wie Özmen sagt, zwei Strategien denkbar, wenn es darum geht, solche Konflikte zu regulieren:

> »Man könnte einerseits dafür argumentieren, Verantwortung zu individualisieren, um sich über solche fach- und ethikkundigen einzelnen Wissenschaftler der Autonomie der Wissenschaft zu versichern. Andererseits könnte die Verantwortung der Wissenschaft auch durch externe Akteure, d.h. politisch-rechtlich ›von außen‹ gesteuert werden.«[344]

Die zweitgenannte Möglichkeit liefe auf eine funktionale Trennung hinaus. Die Sphäre, in der wissenschaftliches Wissen produziert wird, wäre demnach von Erwägungen der Folgenverantwortung zu entbinden. Wissenschaftsfreiheit bedeutete dann für den Wissenschaftler im wörtlichsten Sinne das, was Conrad Russell als die »freedom to follow a line of research

---

344 Özmen 2015: 70.

where it leads, regardless of the consequences«[345] beschrieben hat. Die Entscheidungen über die Nutzung des Wissens außerhalb der Mauern der Wissenschaftseinrichtungen und damit auch die Verantwortung für etwaige negative Konsequenzen dieser Nutzung lägen dann einzig bei Gesellschaft und Politik. Diese Lösung besticht durch ihre Klarheit, sieht sich aber auch mit Problemen konfrontiert.

Zu bedenken ist, dass es bei den Entscheidern in vielen Fällen an der notwendigen Expertise fehlen dürfte, um neue Forschungsentwicklungen so tief zu durchdringen, wie es für eine fundierte Einschätzung der Risiken neu erzeugten Wissens eigentlich erforderlich wäre – insbesondere wenn die Entscheidungsorgane aus weitgehend fachfremden Verwaltungsbeamten bestünden. Selbst dann, wenn sich Externe in die jeweiligen Forschungen einarbeiteten, ist neben der ungeklärten Finanzierung solcher umfangreichen Maßnahmen immer noch der Faktor Zeit zu bedenken. Denn eine solche Einarbeitung ist nicht nur kostenintensiv, sondern auch langwierig; und währenddessen ticken die Uhren weiter: Einmal erzeugtes Wissen lässt sich, zumal in Zeiten weltumspannender Kooperationsprojekte, immer schwerer zurückhalten; und Wissen, das einmal in der Welt ist, ist irreversibel in der Welt. Vor diesem Hintergrund erscheinen die genannten Entscheidungsprozesse als überaus zäh. Zudem könnte ein solches System zur Evaluation wissenschaftlichen Wissens bestenfalls grobe Risikobewertungen abgeben. Aus diesen Bewertungen ergibt sich indes noch keine Handlungsempfehlung: In einem idealen Entscheidungsfindungsprozess wären sie erst vor dem Hintergrund der Progressivität oder des Konservatismus, der Risikoaffinität oder der Risikoaversion der Gesellschaft zu evaluieren. Solche Verständigungsprozesse sind zeitaufwändig. Dies gilt insbesondere dann, wenn das erzeugte Wissen die Gesellschaft mit Fragen konfrontiert, die sich – wie etwa beim Thema Human Enhancement – in dieser Art in der Menschheitsgeschichte noch nicht gestellt haben.

Vieles spricht also dafür, jenes Modell auf seine Praktikabilität hin zu prüfen, das die Verantwortung nicht vollständig auslagert. Ein solches Modell zu entwickeln, ist einer gängigen Auffassung gemäß die Aufgabe der Wissenschaftsethik. Einer sehr basalen Definition von Paul Hoyningen-Huene zufolge ist sie »diejenige Disziplin, die sich mit ethischen Fragen be-

---

345   Russell 1993: 18.

schäftigt, die sich spezifisch im Bereich der Wissenschaft stellen«[346]. Für Hoyningen-Huene hat die Wissenschaftsethik vier Gegenstandsbereiche: moralische Fragen, die sich aus spezifischen Anwendungen ergeben, etwa jene nach der Zulässigkeit von Humanexperimenten oder der Embryonenforschung; die Regeln guter wissenschaftlicher Praxis; die Frage nach der Rolle der Wissenschaften innerhalb der Gesellschaft – und schließlich die hier thematisierte Verantwortungsproblematik.[347] Nicht jeder Wissenschaftsethiker wird den Wissenschaftlern die moralische Verantwortung für die Folgen des von ihm generierten Wissens zusprechen. Gleichwohl wird diese These – in der einen oder anderen Form – sehr häufig vertreten. Man könnte darin eine schlichte Notwendigkeit sehen, die sich auf die Beschränktheit des oben genannten ersten Ansatzes, der gänzlichen Befreiung des Wissenschaftlers von seiner Verantwortung also, zurückführen lässt. Unter legitimatorischen Gesichtspunkten könnte man die Forderung nach Verantwortungsübernahme aber auch als vertretbare Bürde, gewissermaßen als Preis für die gesellschaftsseitig gewährten großen Freiheiten der Wissenschaftler verstehen. Andererseits werden die Wissenschaftler selbst – grundsätzlich gesprochen – nur dann besondere Verantwortungspostulate akzeptieren, wenn sie besondere Freiheiten genießen.[348]

Indes: Wenn die Existenzberechtigung staatlich alimentierter Wissenschaftler in erster Linie darin liegt, Wissen zu generieren, wenn ihre gesamte langwierige Ausbildung und professioneller Sozialisationsprozess auf eben dieses Ziel hingeordnet ist: Wie sollte es möglich sein, die Berufsbeschreibung der Wissenschaftler durch äußeren Zwang dergestalt zu modifizieren, dass sie diesem qua professioneller Identität verinnerlichten Drang zur Wissensproduktion zuwiderhandeln sollen? Kann und soll man Wissenschaftler dazu erziehen, Forschungen mit Verve und Innovationsgeist anzustoßen, sie aber immer dann abzubrechen, wenn sich vor dem inneren Auge des Forschers die Möglichkeit abzeichnet, dass jemand in einer fernen Zukunft mit den Resultaten der Forschungen Schaden anrichten könnte? Die

---

346 Hoyningen-Huene 2009: 11.
347 Vgl. Hoyningen-Huene 2009: 11–13.
348 So sagt Markl: »Wenn von Verantwortung von Wissenschaft und Forschung die Rede ist, so muß [...] sofort auch von der Freiheit der Forschung die Rede sein, denn es gibt keine Verantwortung – weder beim einzelnen noch in der organisierten Gemeinschaft – ohne die Freiheit der Entscheidung zum Handeln oder zum Unterlassen.« (1991: 40)

Frage nach der Verantwortung der Wissenschaft, sagt Özmen, bleibe auch deshalb umstritten, weil bei ethischen Zwecksetzungen eine »Konventionalisierung, Funktionalisierung oder Finalisierung – und damit eine Verletzung des epistemischen Ethos, eine Gefährdung der Autonomie der Wissenschaft«[349] – zu befürchten sei. Hier liegt eine Spannung, die sich nicht leicht auflösen lässt – und die gerade deshalb Gegenstand unserer Überlegungen zu sein hat. Das zentrale Problem der Wissenschaftsethik, sagt Nida-Rümelin, bleibe »das Verhältnis zwischen dem Ethos epistemischer Rationalität einerseits und dem Ethos wissenschaftlicher Folgenverantwortung andererseits«[350]. Dieses Spannungsverhältnis zwischen epistemischer Rationalität und Verantwortung – ob es sich dabei tatsächlich um einen Konflikt zweier Ethoi handelt, muss einstweilen hintangestellt werden – dürfte sich auch in Zukunft nicht ohne Weiteres in ein Verhältnis der Harmonie überführen lassen. Auch die nun folgenden Ausführungen werden dies zweifelsohne nicht leisten können. Indem sie andeuten, wie die genannten Probleme innerhalb des konzeptionellen Rahmens der WEm-WaS-Dichotomie gehandhabt werden könnten, vermögen sie der Debatte, so die zugrunde liegende Hoffnung, dennoch einen neuen Impuls zu geben.

6.2 Schädliches Wissen

Unsere Überlegungen nahmen ihren Ausgang bei der Problemstellung potenzieller Gefahren wissenschaftlichen Wissens für die Allgemeinheit: Wissen, bei dem sich die Frage stellt, ob und wann es geboten sei, es zu verhindern. Zur Disposition steht das an die Wissenschaftler gerichtete Postulat der Verantwortung für die – insbesondere negativen – Folgen der Ausübung ihres Berufes im Sinne der epistemischen Rationalität. Unumgänglich ist es daher, den Begriff der negativen Folgen näher zu bestimmen.

---

349 Özmen 2015: 69.
350 Nida-Rümelin 2005: 854.

6.2.1 Verhinderungszeitpunkte

Die nachfolgenden Überlegungen beruhen auf der Annahme, dass es zwischen dem Zeitpunkt der ersten Beschäftigung mit einer gegebenen Forschungsfrage – nennen wir ihn t_a – und jenem der Publikation – kurz: t_z – einen vor t_z liegenden Zeitpunkt t_u gibt, zu dem die in die Erkenntnisproduktion involvierten Wissenschaftler ein einigermaßen realistisches *Urteil* über mögliche wissenschaftsexterne Folgen der Erkenntnisse fällen können. t_u beschreibt einen Moment, zu dem die Urteilsmöglichkeiten für die Wissenschaftler nicht signifikant geringer sind als zum Zeitpunkt t_z, zu dem sich das In-die-Welt-Kommen der Erkenntnisse aber noch verhindern lässt. Diese Prämisse anzunehmen bedeutet, dass sich Überlegungen zu Verantwortung der Wissenschaftler auf eine Klasse von Ereignissen nicht erstrecken können: auf jene Fälle nämlich, in denen die Tragweite für die Wissenschaftler nach bestem Wissen und Gewissen erst nach dem Zeitpunkt t_z offenbar werden konnte. Wenn nachfolgend von »erzeugten« Erkenntnissen die Rede ist, dann geht es uns um bereits gut dokumentierte, konsistente, prinzipiell publikationsfähige Erkenntnisse, die den t_u-Status erreicht haben.

Mit Blick auf die öffentliche Zugänglichmachung wissenschaftlichen Wissens schließlich ist zu ergänzen, dass eine Unterscheidung in eine »wissenschaftsinterne« und eine »allgemeine« Öffentlichkeit unzweckmäßig ist. Die Wissenschaft ist in weiten Teilen keine hermetische Sphäre. Informationen, die in der Form schriftlicher Fachpublikationen kursieren, sind für die Öffentlichkeit ohnehin abrufbar – hierzu reicht in aller Regel ein Bibliothekszugang aus. Selbst im Falle der Nichtschriftlichkeit ist die These von der Möglichkeit einer reinen Wissenschaftsöffentlichkeit mit Skepsis zu betrachten. Wenn beliebige interessierte Wissenschaftler Zugang zu bestimmten Informationen haben, ist kaum vorstellbar, wie es dann noch zu verhindern sein sollte, dass diese Informationen, etwa durch die Vermittlung fachlich wohlinformierter Wissenschaftsjournalisten, an die Öffentlichkeit gelangen. Entweder also Erkenntnisse verbleiben bei einigen wenigen »eingeweihten« Wissenschaftlern – oder sie müssen als publik gelten, mit all den Konsequenzen, die daraus erwachsen können.

Wenn wir nun fragen, ob wissenschaftliches Wissen zu verbieten sei, dann beziehen wir uns grundsätzlich auf Wissen, das t_u erreicht hat und für das eine Publikmachung, also eine Überführung hin zu t_z geplant ist. Was die Gefahren betrifft, soll hier deshalb nicht zwischen Erkenntnissen zum

Zeitpunkt t_u mit *Publikationsabsicht* und solchen Erkenntnissen, die t_z bereits faktisch erreicht haben, unterschieden werden – auch wenn es sich dabei formal betrachtet um zwei Prozessschritte handeln mag. Wir haben im zweiten Teil bereits einige Diskurse kennengelernt, die auf der Annahme beruhen, Erkenntnisse seien in der einen oder der anderen Weise potenziell schädlich für die Allgemeinheit. Doch in keinem dieser Fälle würde man auch nur von einem Problem sprechen, bestünde nicht zumindest die Möglichkeit, dass die jeweiligen Erkenntnisse über t_z hinaus technisch weiterverarbeitet oder zumindest in einer relevanten Weise kognitiv von außerhalb der Wissenschaft stehenden Personen rezipiert werden.

Diese Bemerkungen beinhalten wohlgemerkt nicht die Behauptung, es komme in der Praxis gar nicht vor, dass Erkenntnisse zunächst generiert, dann aber unter Verschluss gehalten werden. Ein Sonderfall, der zur Sprache kommen muss, weil er zur wissenschaftlichen Realität gehört, ist jener der Auftragsforschung ohne Publikationsabsicht. Sie lässt sich (am ehesten) dem Konzept der Wissenschaft als Erkenntnismaschine zuordnen. Wie oben beschrieben, bedarf die WEm ja, ebenso wie die WaS, weitgehender methodologischer Freiheiten. Nun ist im ersten Kapitel erläutert worden, weshalb man die Publikationsfreiheit auch als Teilaspekt der methodologischen Freiheit betrachten kann. Deshalb ist an dieser Stelle zu ergänzen, dass Instanzen der WEm existieren, bei denen zwar weitgehende methodologische Freiheit herrscht, diese Freiheit jedoch nicht die Publikationsfreiheit enthält: nämlich dann, wenn sich Forschung exklusiv und ohne Aussicht auf Veröffentlichung für einen einzelnen Auftraggeber vollzieht.[351] Zu denken wäre hier etwa um Vereinbarungen von der Art, wie sie das Bundesministerium für Wirtschaft und Technologie in seiner Aufstellung unterschiedlicher Mustervereinbarungstypen von Wirtschafts-Wissenschafts-Kooperationen unter der Kategorie »Werk-/Dienstvertrag« (in Gegensatz zu: »Auftragsforschung« und »Kooperationsforschung«) mit diesen Schlagworten charakterisiert: »Eindeutiges, bekanntes Ziel. Definierter Weg der Ausführung. Hochschule beansprucht Vollkostenübernahme. Keine Interpretation

---

351   Dies stellt, um es der Klarheit halber noch einmal zu betonen, nicht das Standardszenario der WEm dar. Zwar werden hier die Forschungs*ziele* immer durch die Auftraggeber bestimmt, doch die Forschungs*ergebnisse* werden in aller Regel öffentlich gemacht.

von Daten oder Ergebnissen durch den Forscher notwendig. Kein Publikationsinteresse. Erfolg geschuldet.«[352]

Nachdem die Wissenschaftler sich hier zwar auf gesicherte wissenschaftliche Erkenntnisse und Methoden stützen, ihre eigenen Erkenntnisse dann aber nicht an die Scientific Community zurückgeben, befinden sich solche Fälle im Grenzgebiet zwischen epistemisch rationaler Wissenschaftlichkeit und Nichtwissenschaftlichkeit. Auf welcher Seite der Grenze man sie letztlich verortet, ist eine wissenschaftstheoretische Frage, die sich an anderer Stelle ausführlicher zu behandeln lohnte. Richtig ist: Würde es nur solche Forschung geben, gäbe es keine Wissenschaft im heutigen Sinne mehr, zumal es auch keine wissenschaftsinterne Kommunikation gäbe. Richtig ist zudem: Solche Forschung ist in der Praxis gerade deshalb möglich, weil es eben auch andere – nämlich auf Kommunikation ausgelegte – Forschung gibt. In unserem Zusammenhang könnte man jedenfalls darauf hinweisen, dass hier trotz der fehlenden Publikationsabsicht Wissen entsteht, das in der Welt ist, jedenfalls dann, wenn der Auftraggeber nicht (etwa durch rechtliche Bestimmungen) daran gehindert wird, das exklusiv für ihn erzeugte Wissen in der einen oder anderen Form für die eigenen Produkte oder Dienstleistungen weiterzuverarbeiten.

Überlegungen dazu, ob Auftraggeber mit regulativen Bestimmungen zu bedenken seien, werden an einer späteren Stelle dieses Kapitels noch eine Rolle spielen. Innerhalb der wissenschaftlichen Sphäre hingegen gibt es für uns, zusammenfassend gesprochen, zwei sinnvolle Ansatzpunkte, wenn wir die Welt vor den negativen Folgen wissenschaftlichen Wissens schützen wollen. Entweder wir greifen zum Zeitpunkt t_a ein und untersagen von außen, zu gewissen Fragen zu forschen. Dies liefe in der Umsetzung wohl oder übel auf recht breit gefächerte Zensurmaßnahmen hinaus, auf einen Entzug negativer Wissenschaftsfreiheiten. Oder wir verhindern dieses Wissen, indem wir dafür Sorge tragen, dass die in die Wissensproduktion involvierten Wissenschaftler selbst zum Zeitpunkt t_u gegebenenfalls verhindern, dass bestimmtes Wissen über ihren Wirkungsbereich hinaus nach außen dringt. Die letztgenannte Lösung ist zielgenauer, aber auch schwieriger zu implementieren.

---

[352] BMWi 2010: 10.

6.2.2 Welche Schäden sind relevante Schäden?

Welches Wissen gilt es überhaupt zu verhindern? Man könnte die unterschiedlichsten Formen von Wissen in einem weit gefassten Sinne als schädlich klassifizieren. Doch obschon jeder Nachteil, den jemand durch das In-der-Welt-Sein von Wissen hat, prima facie ein Grund zur Verhinderung des Wissens sein mag, ist nicht jeder Nachteil ein *starker* Grund dafür: ein Grund, Wissen zu verhindern, der so gewichtig ist, dass er rechtfertigt, die Nachteile einer beschränkter Meinungsfreiheit und reduzierter epistemischer Produktivität in Kauf zu nehmen. Es sind Überlegungen eben dieser Art, die im Zentrum politisch-philosophischer Theoriebildung in der Tradition des klassischen Liberalismus stehen. Mills vielzitierte These lautet,

> »that the sole end for which mankind are warranted, individually or collectively, in interfering with the liberty of action of any of their number, is self-protection. That the only purpose for which power can be rightfully exercised over any member of a civilized community, against his will, is to prevent harm to others.«[353]

Von dieser häufig als »Schadensprinzip« bezeichneten These können wir an dieser Stelle durchaus etwas lernen. Nicht unbedingt deshalb, weil sich vermittels des Prinzips allein die Frage nach der Freiheit der Wissenschaft beantworten ließe. Als Mill sein Prinzip einführte, tat er das mit Blick auf die sehr allgemeine Fragestellung, unter welchen Bedingungen der Staat das Individuum durch Zwang an bestimmten Handlungen hindern darf. Die Leitfrage dieser Abhandlung hingegen geht, wie bereits deutlich gemacht worden ist, über eine lediglich negative Konzeption von Freiheit hinaus; die Regulation eines zum großen Teil gesellschaftsseitig finanzierten Wissensproduktionssystems ist unter Rekurs auf den Meinungsfreiheitsdiskurs allein nicht erschöpfend zu behandeln. Für unsere Zwecke nützlich ist das Schadensprinzip dennoch, und zwar deshalb, weil sich daran aufzeigen lässt, dass die Abwägungskalküle, die nach dem Preis der Verhinderung von Schaden fragen, mit der Definition des Schadensbegriffes stehen und fallen.

Nicht ohne Weiteres einsichtig ist nämlich, was genau ein »harm« im millschen Sinne sein soll. Es gibt eindeutige Fälle: Wer seinen Nachbarn schlägt, um die eigenen Gewaltfantasien auszuleben, der schädigt jemanden, ganz ohne Zweifel; seine Freiheit wäre nach Mill dahingehend einzuschränken, dass er an der Gewaltausübung – notfalls mit Gegengewalt – zu hin-

---

353   Mill 1998: 14.

dern wäre. Doch selbst die Konfrontation mit bloßen Ideen oder Vorstellungen, die frei und öffentlich geäußert werden, können Menschen ängstigen – und damit in gewisser Weise schädigen. Mill sah dieses Problem; er machte gewisse Einschränkungen, was als Schaden zu gelten habe. Ihm war bewusst, dass nicht jedes Gefühl der moralischen Empörung, das eine Äußerung auslösen mag, ein hinreichender Grund für die Unterbindung solcher Äußerungen sein kann.[354] Dennoch gilt sein Schadensprinzip im Hinblick auf die Bestimmung des Schadensbegriffes als dürftig. So sagt John Gray:

> »It is plain that, for Mill's principle to be the ›one very simple principle‹ that he sought to enunciate, he needs a conception of interests that is fairly determinate in its applications, and which can be deployed non-controversially by persons with divergent moral outlooks. If, however, as seems highly plausible, conceptions of harm, and in particular judgements about the relative severity of harms, vary with different moral outlooks, then Mill's principle will be virtually useless as a guide to policy.«[355]

Prinzipien wie jenes von Mill, die Freiheitsgüter mit dem Schaden, der Menschen entsteht, abwägen, sind für sich genommen wenig aufschlussreich. Sie sind in entscheidender Weise davon abhängig, ob es uns gelingt, plausibel darzulegen, was ein relevanter Schaden sei: ein Schaden also, der so schwer wiegt, dass seine Verhinderung selbst dann geboten ist, wenn dadurch andere wichtige Güter oder Rechte eingeschränkt werden. Dies nun gilt nicht nur für den Meinungsfreiheitsdiskurs, sondern auch für die damit verwandte, aber nicht deckungsgleiche Frage nach der Verhinderung wissenschaftlichen Wissens vor dem Hintergrund des Prinzips der Wissenschaftsfreiheit. Welche Lösung man findet, mag – wie in Grays Äußerung angedeutet – im Detail von individuell verschiedenen Auffassungen davon abhängen, was genau dem Wohle der Menschen zuträglich sei. Man muss die Skepsis Grays jedoch nicht in ihrer ganzen Grundsätzlichkeit teilen. Dass man im Angesicht soziokultureller – und allgemein: menschlicher – Vielfalt keine empirisch vollkommene Schadenstheorie aufstellen kann, muss nicht bedeuten, dass sich überhaupt keine validen allgemeinen Feststellungen zur Frage nach relevanten und irrelevanten Schäden treffen ließen – wie auch der nachfolgende Abschnitt zeigen soll.

---

354 Vgl. Wilson 2014: § 13.
355 John Gray in seiner Einleitung zu *On Liberty* (Mill 1998: xviii).

6.2.3 Zwei Schadenstypen

Mit Blick auf die Wissenschaftsfreiheitsdebatte lohnt es sich, Mills Idee aus-
zubauen, dass nicht alles, was Empörung auslöst, zu einem relevanten Schaden führt. Betrachten wir zwei potenziell für die Allgemeinheit schädliche
Szenarienkomplexe. Sie stellen gewissermaßen zwei Pole dar: hier die Schädigung in einem sehr handfesten, physischen Sinne, dort die Schädigung in
einem hochgradig ideellen, geistig-weltanschaulichen Sinne.

A. **»How-to«-Anleitungen zur Erzeugung hochgefährlicher Technologi-
   en.** Auf dem Wege der Wissenschaft erzeugtes und publiziertes Wissen, das beliebige Akteure – ein gewisses fachliches Verständnis und
   den Besitz der notwendigen Werkzeuge und Materialien vorausgesetzt – in die Lage versetzt, Technologien nutzbar zu machen, die Gefahren für Leib und Leben der (Welt-)Bevölkerung bedeuten können,
   Gefahren insbesondere, die sich in ihrer Wirkung zeitlich und örtlich
   kaum eingrenzen lassen. Klassische, oben bereits ausführlicher behandelte Beispiele hierfür sind wirkmächtige Bioagenzien oder nukleare
   Massenvernichtungswaffen.[356]

B. **Unangenehme Einsichten.** Auf wissenschaftlichem Niveau entwickelte, d. h. gut durchdachte und hinreichend belegte, allgemeine Erkenntnisse über die Natur und insbesondere über den Menschen, deren Schädigungspotenzial nicht in der Schaffung neuer Handlungsmöglichkeiten auf dem Wege der Technologie, sondern in der Indig-
   nation oder Kränkung von Menschen liegt. Erkenntnisse, die Weltanschauungen zu desavouieren und sozial-politische Agenden zu kon-
   terkarieren vermögen.

---

356 Die Idee, dass Wissen in Form von Anleitungen ein besonderer ethischer Status zu-
     kommen könnte, ist dem Aufsatz »Scientific Liberty and Scientific Licence« von Hil-
     ary Putnam entlehnt. Er weist dort darauf hin, dass auch in liberalen Demokratien
     nicht jede Erkenntnis, mag sie auch sorgfältig erzeugt und formuliert worden sein,
     publiziert werden sollte: »A short handbook might give carefully stated findings
     about how to make an atom bomb, but there would be massive objections to publish-
     ing and advertising such a handbook.« (1987: 47) Dass solcherlei Anleitungswissen
     eine besondere Rolle zukommt, wird beispielsweise auch an der US-amerikanischen
     Debatte darüber ersichtlich, ob die Verbreitung von Dateien, die 3-D-Drucke von
     Handfeuerwaffen ermöglichen, von der Meinungsfreiheit geschützt seien. Siehe dazu
     Atherton 2015.

Man kann sich darüber streiten, ob es Werte und Prinzipien gibt, denen auch dann zur Geltung verholfen werden sollte, wenn darüber die Welt zugrunde geht. Von der Gerechtigkeit ist dies zuweilen behauptet worden[357], und schon diese Behauptung hatte etwas verstörend Kontraintuitives (wozu sollte eine Gerechtigkeit gut sein, die niemandem mehr dienen kann, weil niemand mehr existiert?). Dass aber die maximal mögliche Freiheit im Allgemeinen und die maximal mögliche Wissenschaftsfreiheit im Besonderen zu diesen Werten und Prinzipien zählen sollten, kann getrost ausgeschlossen werden, jedenfalls ist dem Verfasser kein Denker bekannt, der dies ernsthaft postuliert hätte.[358] Für Schadenstyp A nun lässt sich mindestens ein konkretes Anwendungsszenario denken, bei dem die Welt im wahrsten Sinne des Wortes, oder jedenfalls große Teile ihrer Bevölkerung, zugrunde gehen. Das vergangene Jahrhundert hat in der Tat gezeigt, dass sich die Menschheit in die Lage versetzt hat, sich selbst mit Waffengewalt auszulöschen: Der nukleare Weltkrieg war während der schlimmsten Phasen der Ost-West-Konfrontation nicht nur eine dystopische Fiktion, sondern ein greifbares, ein mögliches unter mehreren Zukunftsszenarien. Es lassen sich ohne besondere Fantasie Fälle denken, in denen die möglichen negativen Konsequenzen einer wissenschaftlichen Erkenntnis so verheerend sind, dass ihrer Verhinderung ohne jeden Zweifel Vorrang vor der wissenschaftlichen Freiheit einzuräumen ist.

Dass diese Einsicht keine Banalität ist, erkennen wir, wenn wir auf Typ B blicken. Er scheint harmloser, wenn auch nicht gänzlich harmlos zu sein. Falsch wäre es, der Vorstellung das Wort zu reden: Die Wahrheit zu erfahren kann doch niemandem schaden, denn die Wahrheit selbst kann un-

---

357 »Fiat iustitia, et pereat mundus«, so soll der Wahlspruch des deutschen Kaisers Ferdinand I. gelautet haben (vgl. Duden 2016). Zuvor hatte Luther den für Papst Hadrian VI. erstmals bezeugten Ausspruch in einer Predigt so übersetzt: »Es geschehe, was recht ist, und solt die welt drob vergehen.« Dass die Sentenz ursprünglich nicht einen Gerechtigkeitsfanatismus um jeden Preis gemeint hatte, erläutert Höffe: Hadrians Worte hätten eigentlich besagt, »daß auch die ›Welt‹ im Sinne der ›Großen und Mächtigen‹ dem Arm der Justiz nicht entzogen sein darf« (2001: 54).

358 Wenn es um die Frage gehe, was Forschung anderen antuen könne, dann sei es, schreibt Peter Singer, erst einmal »relatively straightforward to show that there are ethical limits to scientific inquiry, and the question is merely *where the boundary is to be drawn.*« (1996: 218, Hervorhebung durch den Verfasser)

möglich als etwas Schädliches gedacht werden![359] »Die Wahrheit ist dem Menschen zumutbar«[360] – das berühmt gewordene Diktum Ingeborg Bachmanns scheint nicht vollständig universalisierbar zu sein. Ein gängiges Beispiel, das zeigt, dass es geboten sein kann, die Realität beschreibendes Wissen vorzuenthalten, ist jenes des Todkranken. In der Tat kommt es vor, dass eine Person, die nicht von einem Arzt über ihren verheerenden Gesundheitszustand aufgeklärt wird, ein im Vergleich zur schonungslosen Aufklärung glücklicheres Leben fristet. Für manche Menschen kann es besser sein, friedlich und mit einer (freilich trügerischen) Hoffnung auf Genesung zu entschlafen als sich im Todeskampf während in beständiger Furcht zu sterben. Die These, über die Faktenlage genau Bescheid zu wissen sei zwar oft schwer verdaulich, aber letzten Endes besser, verkennt, dass es Einsichten gibt, die auch unter dem Strich für eine Person nachteilig sind. So argumentiert auch Jess Whittlestone:

> »Many truths are painful to hear *initially*, but we still think it's valuable to learn them. Finding out that your new boss hates the reports you've been handing in can be disheartening at first, but it seems better to know this in the long run. Other truths, though, make us feel bad without actually helping us in any way. If you have a terminal illness that's completely untreatable, you might genuinely be happier living your last months in ignorance.«[361]

Wer schließt aus, dass Ähnliches für Kränkungen gilt, die aus neuen wissenschaftlichen Erkenntnissen hervorgehen? Bliebe man in der abstrakten Theorie, ließe sich durchaus postulieren, dass es – im Prinzip – geboten sei, Typ B zu verhindern, wenn die Kränkung nur schwer genug und die negativen Folgen eindeutig genug vorhersagbar wären. In der Anwendungsperspektive aber ergeben sich gewichtige Einwände. Um so ein Vorgehen durchsetzen zu können, müsste man vorausahnen – und dies weit in die Zukunft hinein – welche Einsichten für welche Menschen wie stark und wie dauerhaft kränkend sind. Die Überlegungen wären schließlich mit den Vorteilen des entsprechenden wissenschaftlichen Wissens abzuwägen. All dies wäre sehr aufwändig und setzte Zensoren voraus, die das notwendige Wissen und einen sehr hohen Grad an weltanschaulicher Unparteilichkeit auf-

---

359 Ähnlich Wilson & Herrnstein: »Honest, open scientific inquiry that results in carefully stated findings cannot be ethically wrong, unless one believes that truth itself is wrong.« (1985: 468)

360 Bachmann 1978: 275.

361 Whittlestone 2015.

wiesen, damit sichergestellt wäre, dass sie ihre Zensurberechtigung nicht für eigene Ziele nutzten.

Neben diesem praktischen gibt es einen gewichtigeren theoretischen Einwand. Während Wissen vom Typ A fundamentale Rechte des Einzelnen wie das Recht auf Leben und körperliche Unversehrtheit zu gefährden droht, gilt Selbiges nicht für Wissen vom Typ B. Schließlich existiert in den gängigen Grundrechtskatalogen aus guten Gründen kein Recht, nicht in seinem Weltbild erschüttert zu werden. Wenn wir nun aber bei der Hervorbringung von Typ B nicht besorgt sein müssen, Rechte einzelner zu gefährden, dürften auch Nonkonsequentialisten sich nicht gegen eine langfristige aggregative Abwägung von Kosten und Nutzen dieses Wissen für die Bevölkerung verwehren. Wir können eine solche Abwägung freilich aus prinzipiellen Gründen nur »über den Daumen gepeilt« vornehmen. Es gibt dafür keine belastbaren empirischen Methoden. Der Verfasser plädiert dafür, anzunehmen, dass Typ B alles in allem ein Nutzenplus erzielt. Dass diesem Typ – um die Plusseite zu betrachten – ein gewisser Wert und auch Nutzen zukommt, dafür ist im fünften Kapitel argumentiert worden. Was ist auf der Minusseite zu verbuchen?

Gewiss: Viele neue wissenschaftliche Erkenntnisse laufen unserem Alltagsverständnis von der Realität zuwider. Sie fordern uns heraus, zwingen uns, Fixpunkte in unseren weltanschaulichen Koordinatensystemen zu verrücken. Sigmund Freud hat vor einhundert Jahren drei fundamentale Kränkungen des Menschen beschrieben, die allesamt wissenschaftlich bedingt waren: Der Mensch befindet sich erstens ebensowenig im Zentrum des Universums, wie es die Erde tut. Er steht zweitens nicht außerhalb des Tierreichs, sondern ist gattungsgeschichtlich ein Teil davon. Drittens entzieht sich sein Geistesleben stärker als einst geglaubt seiner Kontrolle, zumal er von unterbewussten Vorgängen beeinflusst wird.[362] Darauf aufbauend findet sich bei Gerhard Vollmer eine erweiterte Liste, die auch Kränkungen der jüngeren Zeit verzeichnet. Unter anderem spekuliert Vollmer, ob die Neurobiologie unser Selbstverständnis in Zukunft gänzlich umzuwerfen vermöge.[363] Auch wenn es heute, mehr als zwei Jahrzehnte nach der Veröffentlichung von Vollmers Aufsatz, noch immer schwer abzusehen ist, wie groß die

---

362 Vgl. Freud 1917.
363 Vgl. Vollmer 1994.

Durchbrüche dieser Disziplin tatsächlich sein werden: Vorstellbar ist ohne Zweifel, dass unser Selbstverständnis sich aufs Neue fundamental wandeln wird, wenn wir Hirnvorgänge besser verstehen lernen.

Kränkend können im Übrigen nicht nur solche Paradigmen umstürzenden Erkenntnisse sein, sondern auch schon bloße methodologische Prämissen der Wissenschaft. Wenn im Rahmen sozialwissenschaftlicher Armutsforschung etwa ein bestimmter Personenkreis anhand vorher festgelegter, objektivierender Kriterien als »arm« definiert wird, wird vonseiten der betreffenden Personen häufig Unmut laut: Verletzend sei es, mit dem Attribut der Armut versehen zu werden – schließlich empfinde man sich selbst nicht als arm.[364] Typ B ist offensichtlich kein gänzlich zu vernachlässigender Faktor. Aber gibt es bei diesem Typ auch, so wie bei Typ A, ein »Fiat scientia, et pereat mundus«-Szenario?

Schlechthin nicht vorstellbar ist es, wie Kränkungen und zerstörte Weltbilder annähernd so schlimme Folgen haben sollten. Der Mensch wird keinen Weltkrieg überstehen, bei der all die Waffengewalt, die wissenschaftlich-technologische Entwicklungen möglich machen, real zur Anwendung kommt (Typ A); aber sollte die Menschheit an einer Einsicht über sich selbst (Typ B), gleichsam an einem gebrochenen Herzen, tatsächlich physisch zugrunde gehen? Bislang ist dies jedenfalls nicht passiert: Die Welt ist nicht untergegangen, nicht nach der kosmologischen, nicht nach der psychologischen Wende – und aller Voraussicht nach auch nicht nach einer wie auch immer gearteten neurobiologischen Wende. Der Mensch hat auch die größten Kränkungen verwunden. Die These, die hier vertreten werden soll, lautet demnach: Jede Beschreibung eines Teilaspekts der Welt, die mit Sorgfalt und methodologischer Strenge entstanden ist, die also eine hohe epistemische Qualität aufweist (und nicht How-to-Anleitungen zur Anfertigung gefährlicher Technologien enthält), und die mit Fingerspitzengefühl und ohne polemische Zuspitzung vermittelt wird, ist den Menschen in der Tat zuzumuten. Nicht zu bestreiten ist indes, dass solche Beschreibungen für einzelne Personen tatsächlich unangenehm sein können. Aber dabei von einem *relevanten Schaden für die Allgemeinheit* im Sinne des Ende des vierten Kapitels aufgestellten Schemas und der in diesem Abschnitt gemachten Bemerkun-

---

364   Ich danke Sophie Künstler für diesen Hinweis. Dieser Fall gehört freilich eher in die Kategorie des wissenschaftsinduzierten Schadens Einzelner als in jene des Schadens der Allgemeinheit.

gen zu sprechen, erscheint als nicht angebracht. Nachfolgend wollen wir uns deshalb auf Wissen des Typs A konzentrieren.

Voraussetzung dafür, dass wir Typ B zu den Akten legen können, ist aber die Existenz einer Form von »Wissenschaft als Spiel«: Es braucht Wissenschaftler, die im Sinne der WaS frei von persönlichen Agenden sind und sich der Zielsetzung eines besseren Verständnisses der Welt mit Unparteilichkeit widmen. Und es braucht Instanzen, die dieses erneuerte Weltverständnis im Geiste der Unparteilichkeit an die Bevölkerung vermitteln. Nur dann ist kränkendes Wissen vom Typ B zumutbar. Briggle schildert einen gegenteiligen Fall, bei dem vermeintliche grundstürzende Erkenntnisse über den Menschen von einem Forscher produziert wurden, der eine rassistische Agenda verfolgte:

> »In the mid-nineteenth century, the physician Samuel G. Morton used a collection of more than 1000 human skulls to rank various races in terms of intelligence, putting whites on the top, blacks on the bottom, and American Indians in between. The results were presented as inevitable conclusions, compelled by objective facts. However, Morton's racial dogma shaped not only his theory but also the data from which it was derived. He juggled the numbers to get the results that he wanted (e.g., by excluding subgroups and individuals with small skulls when he wanted to raise the group average).«[365]

Man mag sich streiten, ob Mortons Forschungen in einem der WEm entsprechenden Sinne noch als epistemisch rational zu bezeichnen sein könnte; denkbar ist jedenfalls, dass die Forschungsfragen so gestellt werden, dass Morton dafür nicht gänzlich unbrauchbare Antworten geliefert hätte. Aber selbst in dem Fall, dass in ihr ein Fünkchen epistemische Rationalität enthalten ist, widerspräche sie zweifelsohne der Idee der WaS.

6.2.4 Unterhalb der Weltuntergangsschwelle

Ein Werk, das im Kontext der Verantwortungsdebatte nach wie vor gerne zitiert wird und diese Debatte mitgeprägt hat, ist Hans Jonas' *Das Prinzip Verantwortung* aus dem Jahr 1984. Jonas hat dort Risiken zum Thema gemacht, die die Existenz der Menschheit als ganze gefährden. Die enorme zeitliche und räumliche Reichweite, die unsere Handlungen heute technisch bedingt haben können, gäben – die Formulierung nimmt Anleihen bei Kants kategorischem Imperativ – Anlass für eine neue Art von Norm: »Handle so, daß die

---

365 Briggle 2012: 42.

Wirkungen deiner Handlung verträglich sind mit der Permanenz echten menschlichen Lebens auf Erden [...].«[366] Es finden sich auch in der jüngeren Zeit vergleichbare Formulierungen. Pieter Drenth etwa hat die folgende These aufgestellt: »Research is not justifiable in cases where the nature and the consequences of the research are in conflict with basic human values.« Zu diesen Werten zählen nach Drenth nicht nur die »solidarity with mankind, which guarantees regard and acceptance of fellow human beings on the basis of equality«, sondern auch die »solidarity with posterity, which embodies the broader responsibility for sustained development of a planet that is to be left to future generations«[367].

Praktiker mögen angesichts der mangelnden Konkretion solcher Imperative skeptisch werden, und in der Tat ist schwer zu sagen, welche Handlungsanweisungen aus ihnen folgen sollen. Andererseits ist dies die Aufgabe der Philosophie: Wenn sie etwas Allgemeines zur wissenschaftlichen Folgenverantwortung sagen will, muss sie es mit Formulierungen tun, die auf Universalisierbarkeit angelegt sind. Bemerkenswerter ist: Solche Formulierungen scheinen sich vorwiegend auf die Extremfälle, auf Weltuntergangsszenarien vom Typ A zu beziehen. Es geht ihnen nicht um weniger als darum, den Planeten bewohnbar zu halten. In der Tat wird heute, um den Juristen und früheren DFG-Ombudsman für die Wissenschaft Hans-Heinrich Trute zu zitieren, oft ein »schon in die Terminologie hineinreichender Überbietungsdiskurs gepflegt, bei dem enorme Schadenspotenziale beschworen werden«[368]. Doch wie verhält es sich mit Wissen, das zwischen den Polen A und B angesiedelt ist? Wir wollen dieses Wissen A' nennen. Wie A, ist auch A' Wissen mit »How-to«-Aspekten und hat potenziell negative Konsequenzen, Konsequenzen aber, die nicht so verheerend sind, als dass gleich von einem veritablen Weltuntergangsszenario zu sprechen ist. Gleichwohl besteht auch bei A' die Möglichkeit, dass dieses Wissen daran beteiligt sein könnte, Menschen einen relevanten Schaden zuzufügen.

Auch in der Folge der Herstellung von Wissen des Typs A' werden möglicherweise Rechte verletzt, allerdings sind hier die Verletzungen weniger einschneidend und die Kausalketten deutlich schwerer nachzuvollzie-

---

366 Jonas 1984: 36.
367 Drenth 2002: 127–128.
368 Trute 2015: 100.

hen. Wenn das typische Beispiel für A die Atombombe, für B die koperni-kanische Wende ist, was wäre dann ein Beispiel für A'? Wer sich vom Extrempol A in Richtung Mitte bewegt, dem mögen vielleicht zunächst all die Technologien in den Sinn kommen, die zwar nicht sofort zu einem im wahrsten Sinne des Wortes apokalyptischen Szenario führen, die aber den-noch kausal an einer langfristigen Verschlechterung der Lebensverhältnisse auf dem Planeten beigetragen haben oder beitragen könnten. Etwa deshalb, weil sie einen wesentlichen Beitrag zur Industrialisierung und zur Globali-sierung der Warenströme leisten – und damit auch zur Ausbeutung natürli-cher Ressourcen: von der Dampfmaschine bis zur Serverfarm. Doch im Grunde kann hier über solche plakativen Beispiele hinaus praktisch jede beliebige Technologie angeführt werden, denn jede Technologie kann miss-braucht werden. Wissen etwa, das dazu führt, dass die Klingen von Haus-haltsmessern schärfer werden, ist unter Umständen auch Wissen, das Mord und Totschlag erleichtert.

Aus diesen Gründen erscheint es im Übrigen als nicht besonders fruchtbar, den Hinweis auf den »Dual-Use«-Charakter von Wissen so sehr ins Zentrum wissenschaftsethischer Debatten zu rücken, wie es gegenwärtig der Fall ist. Der Begriff des Dual Use entstammt ja eigentlich der Exportkon-trolle[369] und bezieht sich nicht auf alle möglichen missbrauchbaren Techno-logien, sondern konkret auf Listen, in denen ganz bestimmte Güter mit dop-peltem – sprich: militärischem – Verwendungszweck angeführt werden, für die besondere Bestimmungen gelten. In letzter Zeit scheint der Begriff je-doch in seiner Bedeutung verallgemeinert zu werden und mittlerweile auf die Ambivalenz von Anwendungswissen im Allgemeinen abzustellen.[370] Pro-blematisch daran ist zum einen, dass es sich letztlich um einen Truismus handelt: Es ist evident, dass nur jenes Wissen relevant für die jeweiligen De-batten ist, das (auch) für negative Zwecke genutzt werden kann; insofern lässt sich der Dual-Use-Aspekt in der zweitgenannten, allgemeineren Ausle-gung vernachlässigen. Spricht man schlicht von Gefahren oder potenziellem Schaden, ist nichts verloren. Dass auch potenziell schädliches wissenschaft-liches Wissen seiner Struktur nach ambivalent ist, ist nicht weiter aufsehen-

---

369   Siehe insbesondere die EG-Verordnung Nr. 428/2009 (Dual-Use).

370   So definiert ein Dokument der DFG und der Leopoldina die Dual-Use-Problematik beispielsweise als die »Gefahr, dass nützliche Forschungsergebnisse missbraucht wer-den können« (DFG & Leopoldina 2014: 8).

erregend: Wir betreiben die Wissenschaft im Allgemeinen ja auch deshalb, weil wir uns einen Anwendungs*nutzen* davon versprechen.

Auf der anderen Seite wird dieser Truismus dann aber selten tatsächlich beim Wort genommen. Es wäre zu begrüßen, würde man sich – jedenfalls auf der Ebene der ethischen Theorie – auch auf die Folgen von A' konzentrieren, von Wissen, das »ein bisschen schädlich« oder »ziemlich schädlich« sein kann. Wissen vom Typ A, Wissen, das »extrem schädlich« ist, mag ein dringliches Problem darstellen, das die Bevölkerung in besonderem Maße emotionalisiert; dies allein aber stellt keinen hinreichenden Grund dar, den Gegenstandsbereich einer Reflexion über die Regulation schädlichen Wissens auf die Extremfälle zu beschränken. Wenn wir es mit dem Verantwortungspostulat wirklich ernst meinen, dürfen wir nicht sagen: Die Wissenschaft sollte unreguliert bleiben, es sei denn, es treten Szenarien auf, die die Permanenz menschlichen Lebens gefährden. Sonst entlastete man die Verantwortungsträger (wer diese auch sein mögen) um die Verantwortung für weniger extreme Fälle, ohne dafür eine stichhaltige Begründung ins Feld zu führen.

6.3   Freiwillige Verantwortung

6.3.1   Das Begriffspaar »Freiheit« und »Verantwortung«

Wenn es einen Grund dafür geben sollte, die auf epistemische Produktivität ausgerichtete Einrichtung Wissenschaft an der Erzeugung bestimmten Wissens zu hindern, dann dort, wo dieses Wissen in der Tat eine Gefahr für die Bevölkerung darstellt. Im zurückliegenden Abschnitt ist begründet worden, weshalb nur bestimmte Formen wissenschaftlichen Wissens als »schädlich in einem relevanten Sinne« zu klassifizieren sind. Im Hinblick auf dieses Wissen ist eine Richtlinie erforderlich, nach welchen Kriterien sich die folgende Abwägung vollziehen soll: Es gilt einerseits, das In-die-Welt-Kommen des genannten schädlichen Wissens zu unterbinden, ohne andererseits – auf der wissenschaftsinternen Ebene – die epistemische Produktivität durch allzu pauschale Wissenschaftsverbote zu dämmen, und darüber hinaus ohne – auf der allgemein-gesellschaftlichen Ebene – die Meinungsfreiheit über Gebühr zu strapazieren. Das Modell, das im Rahmen wissenschaftsethischer Diskurse für gewöhnlich als Lösung für dieses Problem angedacht wird, ist in 6.1 angedeutet worden: Die Verhinderung schädlichen Wissens soll weitgehend der Verantwortung der Wissenschaftler überlassen werden. Es soll also – vgl. 6.2.1. – möglichst keine Zensur in der Form eines grundsätzlichen Verbots bestimmter Typen von Forschung zum Zeitpunkt t_a geben; als Ansatzpunkt wird vielmehr t_u betrachtet.

Die Verantwortung nun – und dies ist in Anbetracht des Themas der vorliegenden Abhandlung von besonderer Bedeutung – gilt vielen als eine Art Komplementärbegriff zur Freiheit. Auf der Ebene handelnder Subjekte wird in der Moralphilosophie seit langer Zeit ein Streit über Bedeutung und Gültigkeit der These ausgetragen, nur wer einen freien Willen habe, könne auch für sein Handeln verantwortlich gemacht werden. Wir aber wollen eine andere Brücke zwischen dem Freiheits- und dem Verantwortungskonzept in Augenschein nehmen. Sie ist insofern weniger anspruchsvoll, als sie nicht auf der Willens-, sondern bloß auf der Handlungsfreiheit fußt. Der Zusammenhang lautet: Nur dem werden durch übergeordnete Machtinstanzen dauerhaft besondere Handlungsfreiheiten eingeräumt, der auch durch sein Verhalten glaubhaft machen kann, dass er diese Freiheiten nicht missbraucht, also »verantwortlich« mit ihnen umgeht. So mahnte etwa Susanne Baer, Richterin des Ersten Senats des Bundesverfassungsgerichts, in einer Festansprache im Rahmen der DFG-Jahresversammlung 2015, die Freiheit der Wissenschaft sei »ein Privileg [...], das sorgsam gehütet sein will«[371]. Man muss diesem Zusammenhang nicht unbedingt den Status einer genuin moralischen Norm einräumen. Zunächst einmal ist er nicht mehr als eine Klugheitsregel: Wer nicht auf die Vorteile seiner Freiheiten verzichten möchte, der sollte gewisse Verhaltensweisen an den Tag legen.

Als Hermann von Helmholtz im Oktober 1877 sein Rektorat an der Berliner Universität antrat, strich er vor der zuhörenden Studentenschaft mit diesen Worten mahnend die ihr zugestandene Freiheit heraus:

> »Sie haben, meine jungen Freunde, in dieser Freiheit der deutschen Studenten ein kostbares und edles Vermächtniss der vorausgegangenen Generationen empfangen. Wahren Sie es und hinterlassen Sie es den kommenden Geschlechtern, wo möglich noch gereinigt und veredelt. Zu wahren aber haben Sie es, indem Sie, jeder an seiner Stelle, dafür sorgen, dass die deutsche Studentenschaft dieses Vertrauens werth blei-

---

371 Baer 2015: XIX.

be, welches ihr bisher einen solchen Grad der Freiheit eingeräumt hat. *Freiheit bringt nothwendig Verantwortlichkeit mit sich.«*[372]

Hervorzuheben ist das »bisher«. Es insinuiert: Das Vertrauen kann euch auch wieder entzogen werden, wenn ihr es nicht durch euer Handeln rechtfertigt. Es lässt sich nicht leugnen, dass alltagssprachlich in der Tat ein Zusammenhang von der Art besteht, wie er im letzten Satz des Zitates zum Ausdruck gebracht wird. Streng begrifflich gedacht aber ist er mit Feststellungen wie »Freiheit bedeutet Verantwortung« nur unzureichend beschrieben. Insofern Freiheit heißt, nach eigenem Dafürhalten ungehindert etwas tun oder lassen zu können, widerspricht das Prinzip der Verantwortung im eben beschriebenen Sinne dem Prinzip Freiheit: Diese Verantwortung bedeutet, gebunden zu sein. Im eigentlichen Sinne gibt es hier keinen »Missbrauch« von Freiheit: Wenn nämlich die die Freiheit einräumende Instanz das Handeln der die Freiheit genießenden Akteure evaluiert und als Missbrauch einstuft, und wenn sie dann die Akteure mit Freiheitsentzug sanktioniert (und den Akteuren die Möglichkeit der Sanktion bewusst ist), waren sie nie gänzlich frei. Richtig beschrieben wäre der Zusammenhang dann so: Freiheit bedeutet nicht in derselben Hinsicht Verantwortung; vielmehr kann Freiheit in der einen Hinsicht für Verantwortung in einer anderen Hinsicht eingetauscht werden. Der Wissenschaftler ist erst einmal frei, gemäß der eigenen Vorstellungen (zu unproblematischen Themen!) zu forschen und zu lehren. Dafür erklärt er sich dazu bereit, hinsichtlich problematischer Themen die eigene Forschung und Lehre einzuschränken.

Hinzuweisen ist in diesem Zusammenhang auf den Unterschied zweier Auffassungen: Verantwortung, die a priori bindend ist, und freiwillig übernommene Verantwortung. Zu fordern, jemand solle sich seiner Verantwortung *stellen*, ist etwas anderes als darauf hinzuweisen, es sei schön und wichtig, würde eine Person oder ein Personenkreis freiwillig Verantwortung *übernehmen*. Letzteres setzt die Möglichkeit voraus, die Verantwortung auch *nicht* zu übernehmen.[373] Angenommen, Maria ist zur Chefin der Firma F aufgestiegen und hat im Zuge dessen eingewilligt, für das Management von F letztverantwortlich zu sein. Wenn nun F durch schlechtes Management Schaden in der Welt anrichtet, kann sich Maria vielleicht noch ins Ausland absetzen und sich so von ihrer Verantwortung davonstehlen – eine legitime

---

372   Helmholtz 1878: 18–19. Hervorhebung durch den Verfasser.
373   Vgl. Banzhaf 2002: 151.

Möglichkeit, nicht verantwortlich zu sein, hat sie indes nicht. Sie kann die Verantwortung gar nicht *übernehmen*, denn sie hatte sie ohnehin bereits inne. Die Übernahme von Verantwortung in dem hier beschriebenen Sinne hingegen vollzieht sich freiwillig; man kann vielleicht hoffen, dass sie übernommen werde, vielleicht auch dazu mahnen, aber man zwingt niemanden vermittels Sanktionsandrohung dazu.[374]

Wann immer nun jemand den Hinweis an die Wissenschaft ergehen lässt: »Wenn ihr Freiheit wollt, dann müsst ihr auch verantwortungsvoll handeln!«, und damit das eben beschriebene Tauschgeschäft »Freiheit gegen Verantwortung« meint, bei dem unerwünschtes Handeln als Vertragsverletzung sanktioniert wird, supponiert, dass ein solches Tauschgeschäft für beide Seiten von Vorteil ist. Im Hinblick auf die Wissenschaft scheint dem jedoch nicht unbedingt so zu sein: Je weniger sie mit Sanktionen bedroht wird, desto weniger Aufwand hat die Gesellschaft als Freiheitsgewährerin. Die Freiwilligkeit erscheint also grundsätzlich als die attraktivere Alternative. Aber ist sie umsetzbar?

6.3.2 Die Appelle in der Praxis

Wie motivieren wir Wissenschaftler auch dann zur Verantwortungsübernahme, wenn wir keine harten Sanktionsmöglichkeiten haben oder darauf absichtlich verzichten? Anders gefragt: Haben diejenigen, deren Verhalten der Staat indirekt über das Prinzip »Freiheit plus Hoffen auf Verantwortungsübernahme« regulieren will, überhaupt einen guten Grund, sich in dieser Weise regulieren zu lassen (unabhängig davon, ob sie es empirisch tatsächlich tun)? Was, wenn sie ihre Freiheit genössen und über die Verantwortungskomponente hinwegsähen? Wenn wir uns nun mit Forderungen nach freiwilliger Verantwortungsübernahme befassen, dann sollten wir uns zunächst die Art und Weise vergegenwärtigen, wie solche Forderungen heute in der Praxis vorgetragen werden, nämlich wohl oder übel im Modus des »Es wäre schön, wenn ...«. Ihren (fehlenden) faktischen Bindungscharakter können wir erahnen, wenn wir diese transkribierte Passage aus einem Videobei-

---

374 Der Übergang zwischen den beiden Konzepten mag fließend und nicht mit vollkommener Trennschärfe definiert sein (wo fangen Appelle an, zwingend und nicht bloß mahnend zu sein?). Um eine relevante Unterscheidung handelt es sich dennoch, wie auch die folgenden Abschnitte belegen sollen.

trag über ein Hearing zum Thema »ethische Grenzen biotechnischer Forschung« im Rahmen des »Tutzinger Diskurses« lesen:

> [Einführung durch die Sprecherin:]
>
> »[...] Kirsten Jung: Als studierte Biochemikerin hat sie den Lehrstuhl für Mikrobiolo-
> gie an der Münchner Universität inne. Sie ist im täglichen Umgang mit Mikrowesen
> tätig und setzt als Wissenschaftlerin im Bereich der Grundlagenforschung vor allem
> auf die Verantwortung des Einzelnen [...].«
>
> [Jung:]
>
> »Regulatorien haben wir insofern [...], dass man mit gentechnisch veränderten Or-
> ganismen im Rahmen des Gentechnikgesetzes arbeitet, dass man als Mikrobiologe
> natürlich den Regeln des Seuchengesetzes unterliegt [...]. Den Ethikrat, die Empfeh-
> lungen – ich verfolge das, ich finde das sehr gut. Aber eher nicht als Regulatorium für
> die Wissenschaftler und Wissenschaftlerinnen, sondern eher als Schnittstelle zwi-
> schen Politik und Wissenschaft.«[375]

Man kann das so verstehen: Wir als Wissenschaftler halten uns selbstverständlich an die Gesetze. Appelle an eine »Verantwortung des Wissenschaftlers« jenseits juristischer Verbindlichkeit aber sind für uns keine »weichen
Regulatorien«: Sie sind überhaupt keine Regulatorien, sondern höchstens
Wünsche, die vonseiten der Politik und der Gesellschaft im Rahmen eines
Gesprächs an uns herangetragen werden. Vielleicht gibt es einzelne Wissenschaftler, die sich von diesen Wünschen inspirieren und in ihrem individuellen Handeln beeinflussen lassen, aber all dies hat den Charakter des Unverbindlichen. Im Gegensatz zu Drohungen, die ja mindestens implizit mögliche Sanktionen enthalten, ist es das Wesen des Appells, in dem Fall, dass er
ignoriert wird, folgenlos für den Ignorierenden zu bleiben.

Der folgende Absatz stammt aus der Denkschrift *Wissenschaftsfreiheit
und Wissenschaftsverantwortung* der Deutschen Forschungsgemeinschaft
und der Nationalen Akademie der Wissenschaften Leopoldina von 2014.

> »Forschung ist eine wesentliche Grundlage für den Fortschritt. Voraussetzung hierfür
> ist die Freiheit der Forschung, die durch das Grundgesetz besonders geschützt ist.
> Mit freier Forschung gehen jedoch auch Risiken einher. [...] Diese Risiken sind durch
> rechtliche Regelungen nur begrenzt erfassbar. Die Deutsche Forschungsgemeinschaft
> (DFG) und die Nationale Akademie der Wissenschaften Leopoldina appellieren an die
> Wissenschaftler, sich nicht mit der Einhaltung der gesetzlichen Regelungen zu be-
> gnügen. Denn Forscher haben aufgrund ihres Wissens, ihrer Erfahrung und ihrer
> Freiheit eine besondere ethische Verantwortung, die über die rechtliche Verpflich-
> tung hinausgeht.«[376]

---

375   Hyperraum 2012: 0:44–1:55.
376   DFG & Leopoldina 2014: 8.

Auch hier haben wir es mit Appellen an eine Verantwortungsübernahme der Wissenschaftler zu tun, die freiwillig erfolgen soll. Schließlich ist es – entgegen dem, was die im DFG-Leopoldina-Zitat gemachten Formulierungen insinuieren – nicht der Fall, dass im wahrsten Wortsinne Gesetzes*lücken* existieren, für die es nur diese zwei Möglichkeiten gibt: Entweder werden sie durch die freiwillige Verantwortungsübernahme der Wissenschaftler kompensiert – oder eben nicht, dann jedoch gibt es sie unverändert weiter. Die Risiken der Wissenschaft sind – theoretisch – durchaus erfassbar. Man müsste dazu allerdings, wie in 6.2.1. expliziert, sehr pauschale Verbote aussprechen, müsste breitflächig agieren und unter Umständen ganze Fachdisziplinen verbieten. Dass es sich dabei um ein Opfer handelt, das zu bringen wenig attraktiv erscheint, liegt auf der Hand: Solche Verbote schaffen, wie aus den bisherigen Ausführungen deutlich geworden sein sollte, kein Klima der epistemischen Produktivität.

Beachtenswert ist nun die Begründung für die besondere ethische Verantwortung im letzten Teil des Zitates, die neben der Freiheit auch auf Wissen und Erfahrung der Wissenschaftler abstellt. Eine vergleichbare Formulierung findet sich bei Morscher:

> »Wissenschaftlerinnen und Wissenschaftler sind nicht nur als Bürgerinnen und Bürger, sondern auch für alles, was sie als Wissenschaftlerinnen und Wissenschaftler tun, moralisch und rechtlich verantwortlich – und zwar aufgrund ihrer besonderen Kompetenz und ihres Wissens sowie mit der damit verbundenen besonderen Macht in einem besonders hohen Maße.«[377]

In solchen Passagen spiegelt sich also die Bestrebung, die freiwillige Verantwortungsübernahme unter Verweis auf die exponierte epistemische Position der Wissenschaftler anzumahnen, sie also durch ein moralisches Argument zu überzeugen. Betrachten wir die logische Struktur dieses Arguments, das man als »Verantwortungsargument qua Freiheit und qua Wissen« bezeichnen könnte. Es besteht zunächst aus der folgenden Überlegung.

---

[377] Morscher 2006: 96.

(1) Verantwortung übernehmen kann nur, wer die Kompetenzen hat, ein realistisches Urteil über mögliche Folgen seiner Handlungen zu fällen.

(2) Die Wissenschaftler sind die Einzigen, die im Hinblick auf Handlungsfolgen im Wissenschaftskontext die Kompetenzen haben, die notwendig sind, um ein realistisches Urteil abgeben zu können.

(3) Nur die Wissenschaftler können Verantwortung für wissenschaftliches Wissen übernehmen. Wenn sie es nicht tun, tut es niemand.

Diese Konklusion können wir nun als Prämisse in eine Schlussfolgerung einsetzen, die den zweiten Teil des Arguments bildet.

(3) Nur die Wissenschaftler können Verantwortung für wissenschaftliches Wissen übernehmen. Wenn sie es nicht tun, tut es niemand.

(4) Aus der Tatsache, dass die Gesellschaft in einer bestimmten Hinsicht auf die freiwillige Verantwortungsübernahme einer bestimmten Gruppe angewiesen ist, erwächst dieser Gruppe die moralische Pflicht zur Verantwortungsübernahme.

(5) Die Wissenschaftler haben die moralische Pflicht, Verantwortung für die Folgen wissenschaftlichen Wissens zu übernehmen.

Man könnte diesen Schluss anzweifeln, etwa, indem man Prämisse 4 daraufhin befragte, ob die Gesellschaft wirklich auf eine Verantwortungsübernahme »angewiesen« sei, und könnte versuchen, vielmehr dafür zu argumentieren, dass Wissenschaftler *keine* moralische Verpflichtung hierzu haben. Man bewegte sich dann im diskursiven Rahmen der Wissenschaftsethik. Der Verfasser möchte demgegenüber eine grundsätzlichere, eine metaethische Position einnehmen, die danach fragt, ob es überhaupt sinnvoll ist, in moralischen Appellen *allein* die Lösung für Folgenproblematiken zu suchen, die sich aus der Funktionsweise ausdifferenzierter gesellschaftlicher Subsysteme wie der Wissenschaft ergeben.

Rufen wir uns ins Gedächtnis, was es bedeutet, dass die Forderung nach Verantwortungsübernahme nicht mit Sanktionen verknüpft wird: Das, was Ethikkommissionen, Arbeitskreise und dergleichen erarbeiten, hat eben nur den Charakter einer allgemeinen Empfehlung. Ihnen stehen in der Praxis andere Quellen der Normativität entgegen, die spezifischer und für den einzelnen Wissenschaftler folgenreicher sind. Es sind dies, kurz gesagt, die Imperative, die sich aus der Anwendung epistemischer Rationalität unter den Bedingungen des gegenwärtigen Wissenschaftssystems ergeben: Wer sich nicht im Wettbewerb um die Wissensproduktion behauptet, der unterliegt auch im Rennen um Mittel und Positionen. Wie wirken in Anbetracht dieser Verbindlichkeiten solche unverbindlichen Empfehlungen auf die Handlungssubjekte der Wissenschaft? Die Suche nach einer empirisch-psychologischen Antwort auf diese Frage muss den Studien der Psychologie und der Wissenschaftsforschung überlassen bleiben. Der ergänzende Beitrag, den die Philosophie hierzu zu leisten vermag, ist es, die Frage zu reflektieren, welchen Status moralische Appelle haben, die, wie nun ausführlicher erläutert werden soll, mit einer strukturellen Überforderung einhergehen.

6.3.3 Verantwortungsübernahme und Überforderung

Noch unterbestimmt ist bislang geblieben, welche Implikationen die Forderung nach der Übernahme von Verantwortung für die Wissenschaftler konkret mit sich bringt. Damit ist der Tatsache Rechnung getragen worden, dass Forderungen nach Verantwortungsübernahme häufig auch tatsächlich in diesem allgemeinen Duktus vorgebracht werden. In analytischer Hinsicht ist es darüber hinaus nicht ohne Nutzen, sich zunächst mit dem Problem in seiner Grundkonstellation auseinanderzusetzen: ob und wie nämlich Wissenschaftler für den Zweck der Verhinderung bestimmten, potenziell schädlichen Wissens einzubinden seien. Nun aber geht es daran, jene These zu prüfen, die der vorhergehende Abschnitt exponiert hat: Die Wissenschaftler drohten, nähmen sie die Forderung nach freiwilliger Verantwortungsübernahme ernst, einer Überforderungssituation anheimzufallen. Um diese These zu erläutern, ist es hilfreich, eine Differenzierung vorzunehmen. Betrachten wir nun zwei Versionen des Verantwortungspostulats.

X. Die Bitte, die Wissenschaftler möchten übergeordnete wissenschafts-interne Stellen informieren, wenn sich herausstellen sollte, dass sich aus ihrer Forschung sehr große Gefahren (insbesondere Gefahren des Typs A) ergeben.

Y. Die Mahnung, die Wissenschaftler hätten die Pflicht zu einer beständigen Evaluation jenes Wissens, in dessen Erzeugung sie involviert sind, hinsichtlich möglicher Folgeschäden (auch vom Typ A') – um dann jeweils die Wissensproduktion selbstständig zu unterbinden. Der Wissenschaftler als »Folgenmanager«.

Als Beispiel für X lässt sich eine Formulierung finden, die es bemerkenswerterweise (und ausnahmsweise) sogar in einen Gesetzestext geschafft
hat.[378] So besagt das Hessische Hochschulgesetz:

> »Alle an Forschung und Lehre beteiligten Mitglieder und Angehörigen der Hoch-
> schulen haben die gesellschaftlichen Folgen wissenschaftlicher Erkenntnis mitzu-
> bedenken.«

Für sich genommen, scheint dieser Satz einer umfangreichen Verantwor-
tungszuschreibung mit weitreichenden Implikationen, also Y gleichzukommen. Dem Kontext des Gesetzestextes nach zu urteilen, dürfte er indes eher
als bloße Hinführung zu der folgenden konkreteren Handlungsnorm zu verstehen sein:

> »Werden ihnen Ergebnisse der Forschung, vor allem in ihrem Fachgebiet, bekannt,
> die bei verantwortungsloser Verwendung erhebliche Gefahr für die Gesundheit, das
> Leben oder das friedliche Zusammenleben der Menschen herbeiführen können, sol-
> len sie den zuständigen Fachbereichsrat oder ein zentrales Organ der Hochschule da-
> von unterrichten.«[379]

Das Bundesverfassungsgericht hat diese Passage für rechtens erklärt. Es verwies mit einiger Plausibilität darauf, die dort niedergelegte Informations-
pflicht sei »nichts, was man angesichts der schweren Gefahren, welche die
Entwicklung der modernen Wissenschaften in sich birgt, von [den Wissen-
schaftlern] vernünftigerweise nicht ohnehin erwarten darf«[380].

Während es zweifelsohne zumutbar ist, X zu fordern, dürfte eine Forderung im Sinne von Y eine massive Überforderung darstellen. Weshalb ist
dem so? Zunächst scheint sich eine bestimmte Art der Begründung aufzu-
drängen: Y ist überfordernd, weil die Folgen wissenschaftlichen Wissens im
Detail kaum abzusehen sind. Dies trifft zweifelsohne zu, reicht jedoch nicht
aus, um zu begründen, weshalb Y als unzumutbar zu verwerfen sei. Denn
Handlungsfolgen sind in der empirischen Welt nie absehbar; das hindert
uns im Alltag trotzdem nicht daran, Kosten-Risiken-Abwägungen vorzunehmen und unser Handeln danach auszurichten. Wir ziehen dann eben die
besten uns zur Verfügung stehenden Informationen als Entscheidungs-

---

378 Von einer Forderung nach *freiwilliger* Verantwortungsübernahme lässt sich hier den-
     noch sprechen, zumal die Formulierung viel zu allgemein und unpräzise ist, als dass
     sie dazu dienen könnte, in der Praxis konkrete Wissenschaftler für eine Zuwider-
     handlung zu sanktionieren.

379 § 1 (3) HHG vom 14.12.2009, zuletzt geändert am 28.09.2014.

380 BVerfG 47, 327: 384. Das Urteil bezog sich seinerzeit auf die inhaltsgleiche Passage im
     damaligen § 6 des hessischen Universitätsgesetzes in der Fassung von 1974.

grundlage heran. Die Wissenschaftler können bestimmt keine nach absoluten Maßstäben perfekte Kosten-Risiken-Analyse vornehmen, aber vielleicht doch die bestmögliche der unter den jeweiligen Umständen praktisch realisierbaren.

Dennoch wären solchen Analysen natürlich überaus aufwändig. Wie im zweiten Kapitel veranschaulicht worden ist, leiden die Wissenschaftler schon heute daran, nur einen Bruchteil ihrer Gesamtarbeitszeit für die Erkenntnisproduktion aufwenden zu können. Nähmen sie Y wirklich ernst, würde eine weitere Schicht von Evaluations- und Managementprozessen ihre Forschertätigkeit überlagern. Die begrenzt verfügbare Ressource der Zeit gut ausgebildeter Wissenschaftsakteure müsste auf noch mehr unterschiedliche Aktivitäten aufgewandt werden – und die Ressourcenlage würde sich weiter verschärfen. Würde sich ein heutiger Wissenschaftler spontan dazu entschließen, ab sofort nach Y zu handeln, so bliebe sein Handeln dennoch weiterhin eingebettet in einen professionellen Kontext, der nicht auf umfassende Folgenevaluation und Verantwortungsübernahme hin angelegt ist. Y zu tun, würde schlicht nicht honoriert werden. Ein Normenkonflikt mit den anderen Wissenschaftlern bzw. mit der etablierten normativen Struktur der Wissenschaft wäre die Folge. Ein Konflikt, der sich für unseren Einzelwissenschaftler wohl in verringerten Karriereaussichten niederschlagen würde.

»Ultra posse nemo oblitagur« gilt als bewährtes Moral- und Rechtsprinzip. Zu Handlungen, die man nicht ausführen kann, darf man nicht verpflichtet werden. Bei Y handelt es sich gewiss nicht um ein Nichtkönnen in jenem harten Sinne eines physischen Unvermögens. Ein Wissenschaftler könnte durchaus Y gemäß handeln, ihn hindern daran jedenfalls keine physischen Barrieren oder Zwänge. Um sich aber jenen psychosozialen Sanktionen, die ein Konflikt mit dem Ethos der epistemischen Rationalität mit sich bringt, zu entledigen, wäre nicht weniger notwendig, als die Definition dessen, was es heißt, ein guter Wissenschaftler zu sein, mit moralischen Postulaten zu überformen. Es gälte sicherzustellen, dass Wissenschaftler, die Y gemäß handeln, Lob und Anerkennung anstatt Indifferenz oder sogar Geringschätzung von ihren Peers erfahren. Doch selbst wenn es gelänge, diese Mammutaufgabe zu bewältigen, wäre damit wohl nichts gewonnen, zumal die Wissenschaft in der Folge wesentlich an epistemischer Produktivität einbüßen würde.

Fassen wir zusammen. An die Wissenschaftler gerichtete Folgenver-
antwortungspostualte haben allzu häufig den Tenor: Der Wissenschaftler ist
immer persönlich verantwortlich für alle Folgen des von ihm erzeugten Wissens. Zu explizieren wäre, dass in der Regel nur eine Reihe besonderes frap-
pierender Fälle gemeint sein dürfte, wie sie X beschreibt. Wir haben es bei X
zweifelsohne mit einer Notwendigkeit, jedoch auch mit einer Selbstverständlichkeit zu tun (jedenfalls für viele Wissenschaftler), bei Y hingegen mit
einer kaum realisierbaren Forderung. In beiden Fällen erscheinen deshalb
Appelle, die zur freiwilligen Verantwortungsübernahme mahnen, daher als
wenig einträglich. Nicht zuletzt deshalb, weil sie mit anderen wirkmächtigen normativen Strukturen konfligieren, wie nun verdeutlicht werden soll.

6.4   Regulierte Verantwortung

6.4.1 Normative Einflussgrößen – eine Skizze

Wir haben in 6.3.1 zwei Weisen kennengelernt, wie Subjekte zu Verantwor-
tungsinhabern werden können: indem sie Verantwortung aus freien Stücken
und ohne Zwang übernehmen, oder indem sie sich einer ohnehin bestehender Verantwortungslast stellen. Zweiteres setzt voraus, dass die Verantwor-
tungsinhaber zuvor in ein Verantwortungsverhältnis eingetreten sind – richtiggehend erzwungen oder auch als derjenige Preis, den sie zahlen, um auf
der anderen Seite Vorteile (Freiheit, Macht ...) zu erwerben. Der vorhergehende Abschnitt diente dazu, aufzuzeigen, dass ein Pochen auf die erstgenannte Variante bestenfalls – aber auch nicht mit Sicherheit – bei sehr extrem Fällen eine Wirkung zeitigt, wenn es um Wissenschaftler und die
Folgen wissenschaftlichen Wissens geht. Gerade wenn die Fälle extrem und
die Schadenspotenziale sehr groß werden, erscheint ein bloßes Hoffen auf
den *good will* der Wissenschaftler als unbefriedigend. Unbefriedigend ist zudem die Tatsache, dass – siehe Fall X in 6.3.3 – der Appell zur bloßen Infor-
mationsweitergabe an übergeordnete Stellen erst einmal nur eine Verlage-
rung der Zuständigkeiten bedeutet. Sie kann Teil der Lösung sein, wäre
dann aber um weitere Maßnahmen zu ergänzen. Vieles spricht für das
zweitgenannte Modell, auch wenn es mit größerem regulatorischen Auf-

wand verbunden sein dürfte. Die Verantwortung des Wissenschaftlers wäre demnach durch Mechanismen zu forcieren, die über eine stärkere Durchschlagskraft verfügen.

Wir wollen in diesem Punkt grundsätzlich Hermann Lübbe folgen, der argumentiert hat, es gebe Verantwortung nur, »soweit es Instanzen gibt, die über die Wahrnehmung dieser Verantwortung wachen und zur Verantwortung ziehen«[381]. Die Absolutheit dieser Aussage macht freilich angreifbar, und man könnte sich in der Tat darüber streiten, ob nicht bestimmte Fälle denkbar werden, in denen Personen gänzlich »unüberwacht« Verantwortung übernehmen. Entscheidend ist in unserem Zusammenhang aber, dass wir uns auf eine solche ungezwungene Verantwortungsübernahme nicht verlassen, nicht mit ihr kalkulieren können. Insofern ist Lübbes Überzeugung zuzustimmen, dass

> »der allgemeine Appell, soziale Verantwortung zu übernehmen, nur den moralisch-pädagogischen Sinn der Mahnung und Ermunterung haben kann, sich gegebener Verantwortung nicht zu entziehen. Sofern Verantwortung aber tatsächlich gegeben ist, ist sie konkret und funktionell differenziert gegeben. Die diffuse Rede von sozialer Verantwortung reflektiert dagegen lediglich den prekären Charakter einer gesellschaftlichen Situation, in der wir uns in wachsendem Maße mit Problemen von Bedrohlichkeitscharakter konfrontiert finden, für die technische Lösungen nicht tradiert und organisatorisch klare Verantwortlichkeiten nicht begründet sind.«[382]

Diese Auffassung impliziert freilich, dass es letztlich die Gesellschaft ist, der eine starke und unabweisbare Rolle bei der Ausgestaltung von Wissenschaft zukommt. »Gesellschaftliche Verantwortung« heißt in diesem Zusammenhang dann nicht nur Verantwortung *für*, sondern auch Verantwortung *durch* die Gesellschaft. Es liegt an ihr, die Aufgabe der Wissenschaftsregulation auf kluge Weise zu lösen, und das heißt zuallervörderst: zu entscheiden, an welchen Stellen Sanktionen – respektive ihre ins Positive gewendeten Counterparts, die Anreizstrukturen – in die bestehende Wissenschaftslandschaft zu implementieren seien.

Betrachten wir nachfolgend eine Skizze, die die Situation eines an einer Universität beschäftigten Wissenschaftlers darstellt. Sie soll wichtige Einflussgrößen wiedergeben, die auf den Wissenschaftler einwirken und die von ihm an den Tag gelegten Handlungsweisen normativ ausformen. Die Grafik beschränkt sich wohlgemerkt auf jene Elemente und Zusammenhän-

---

381 Lübbe 1974: 178.
382 Lübbe 1974: 178.

ge, die für unseren Argumentationsgang wesentlich sind. Ergänzt werden könnte beispielsweise, dass die wissenschaftsspezifischen Gesetze selbstverständlich mit den allgemeinen Gesetzen eines Landes kompatibel zu sein hätten; dies gilt weiterhin auch für die Handlungen der Auftraggeber von Wissenschaft. Und natürlich könnte man die Grafik im grauen Bereich mit – je nach Individuum verschiedenen – weiteren Einflussgrößen füllen, die sich auf die jeweiligen Moralvorstellungen auswirken: moralische Vorbilder, Ideologien, Glaubenslehren u. dgl. m.

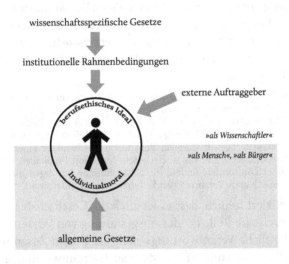

Abbildung 2.

Eine Folge der zunehmenden Kontextualisierung der Wissenschaft ist es, dass auch verstärkt die Notwendigkeit der Abwägung, der Verhandlung zutage tritt – es treffen unterschiedliche inner- wie außerwissenschaftliche Interessen aufeinander, die miteinander in Einklang gebracht werden müssen. Oder in den Worten von Gibbons & al.: »Knowledge is always produced under an aspect of continuous negotiation and it will not be produced unless and until the interests of the various actors are included.«[383] Dass die in der Grafik angeführten normativen Einflussgrößen konfligieren können, lässt sich an unserer Typologie der Interessenkonflikte aus dem vierten Kapitel

---

383   Gibbons & al. 1994: 4.

verdeutlichen. Um nur ein Beispiel zu nennen: Ein Wissenschaftler, der ausschließlich gemäß der epistemischen Rationalität (also gemäß dem berufsethischen Ideal) handelt, hätte vielleicht Interesse daran, an einem bestimmten Probanden Experimente durchzuführen, zumal diese neue Erkenntnisse versprächen – auch wenn der Proband in der Folge schwere körperliche Schäden davontrüge. Doch die allgemeinen Gesetze und womöglich auch das moralische Gewissen des Wissenschaftlers (»als Mensch«, »als Bürger«) sprechen dagegen.

Steigen wir in die Skizze mit der Frage ein: Woher lernt ein Wissenschaftler, wie er sich als Wissenschaftler zu verhalten hat? Eine mögliche Antwort könnte lauten: indem er sich durch Imitation Verhaltensweisen der etablierten Kollegen aneignet und so nach und nach – wie etwa von Bourdieu beschrieben[384] – den für das soziale Feld der Wissenschaft charakteristischen Habitus erwirbt. Der Habitus der anderen Wissenschaftler ist hier nicht separat als normativer Einflussfaktor aufgelistet, sondern wird zu den institutionellen Rahmenbedingungen gezählt. Denn die Wissenschaftler sind Teil eines institutionellen Gefüges, das durch ein gewisses Maß an Autonomie und Eigendynamik geprägt ist. Zugleich wird dieses Gefüge von außen durch in spezifischen Gesetzen mündende Wissenschaftspolitik überformt. Das Schaubild gibt diese Tatsache wieder und verweist darüber hinaus auf eine weitere Quelle handlungsleitender Normen: die allgemeine Gesetzgebung und damit jene Gesetze, die für alle Bürger in allgemeiner Hinsicht gelten. Für den Fall, dass der Wissenschaftler in Kooperationen mit wissenschaftsexternen Partnern eingebunden sein sollte, sind auch die damit verknüpften Erwartungen und Vereinbarungen als weitere normative Quelle zu betrachten.

In diese Konstellation tritt nun unser Wissenschaftler. Er sieht sich – jedenfalls implizit – mit einem bestimmten Wissenschaftsideal konfrontiert. Dieses wird in unserem Schaubild als »berufsethisches Ideal« beschrieben, ein Ideal, das all das beinhaltet, was es heißt, in einem engen, instrumentel-

---

384 Vgl. Bourdieu 1988, 1998 und 1999.

len, nicht moralischen Sinne ein guter Wissenschaftler zu sein.[385] Klassischerweise wäre hier die Idee einzuordnen, der Wissenschaftler habe gemäß den im ersten Kapitel beschriebenen Imperativen der epistemischen Rationalität zu handeln. Es wäre sicherlich nicht gänzlich unzutreffend gewesen, hätte man es mit einem Pfeil als weitere normative Quelle eingezeichnet, die gewissermaßen von außen auf unseren Wissenschaftler wirkt. Als adäquater erscheint es aber, das Ideal sehr nahe bei der Persona des Wissenschaftlers zu verorten, zumal unser Modell die Erwartung beschreibt, der Wissenschaftler solle dieses Ideal nicht bloß wohlwollend zur Kenntnis nehmen, sondern richtiggehend internalisieren. Außerordentlich wichtig ist es, schon zu Beginn zu betonen, dass es sich hierbei tatsächlich um nicht mehr als eine Idealvorstellung handelt, und nicht um eine Ansammlung jener Werte und Überzeugungen, die Wissenschaftler faktisch im Hinblick auf ihre berufliche Tätigkeit innehaben. Die empirische Realität wird immer ein Ergebnis des Kräftespiels der genannten Haupt- und einer Vielzahl weiterer untergeordneter Einflussgrößen sein. Auch die oben erwähnte Reproduktion des akademischen Habitus ist in der Praxis zweifellos alles andere als ein perfekter Mechanismus zur Vermittlung des jeweiligen Wissenschaftsideals.

6.4.2 Erzwungene Verantwortung aus moralischen Gründen?

Bislang ist nur der Bereich beschrieben worden, der in unserer Skizze weiß hinterlegt ist: der Bereich, in dem normative Größen zu verorten sind, die berufsspezifischen Gegebenheiten geschuldet sind. Betrachten wir nun den Bereich »Individualmoral«. Er enthält moralische Überzeugungen, beschreibt also nicht, wie sich eine Person faktisch verhält, sondern das, was diese Person für moralisch richtig hält.[386] Schließlich wird im Zusammenhang mit Wissenschaftsfolgendiskussionen ja, wie oben ausführlich erläu-

---

385 Hier ist bewusst von einem berufsethischen *Ideal* und entgegen der Gepflogenheiten nicht von einem beruflichen *Ethos* die Rede. Das liegt daran, dass der Ethosbegriff eine doppelte Konnotation in sich trägt: Deskriptiv beschreibt er faktisch bei den Wissenschaftlern vorhandene Einstellungen, normativ jene Einstellungen, die sie haben *sollen*. Der Begriff des Ideals unterstreicht demgegenüber, dass es uns hier nur um den normativen Aspekt geht.
386 Sollte es sich um einen Amoralisten handeln, wäre dieser Bereich leer. Wie im weiteren Verlauf der Argumentation ersichtlich werden wird, stellt dies für die hier vorgestellte Konzeption kein Problem dar.

tert worden ist, immer wieder an die individuelle Verantwortung des Wissenschaftlers appelliert. Rekapitulieren wir die vierte Prämisse aus dem Abschnitt 6.3.2:

> (4) Aus der Tatsache, dass die Gesellschaft in einer bestimmten Hinsicht auf die freiwillige Verantwortungsübernahme einer bestimmten Gruppe angewiesen ist, erwächst dieser Gruppe die moralische Pflicht zur Verantwortungsübernahme.

Hier ist von einer Pflicht die Rede, die sich an das moralische Gewissen des individuellen Wissenschaftlers richtet. Es geht hier um Forderungen moralischer Natur. Dass es unangemessen wäre, mit Blick auf das Wissenschaftsfolgenproblem unsere Hoffnung auf solche Forderungen zu richten, ist eben gezeigt worden. Nun könnte man die Idee der Wissenschaftsverantwortung aus moralischen Gründen aber unter veränderten Vorzeichen einer neuerlichen Prüfung unterziehen, indem man sagte: Es kann doch auch jemand moralisch verantwortungsvoll handeln, wenn, wie Lübbe sagt, Instanzen über die Wahrnehmung von Verantwortung wachen!

Sucht man allerdings nach Beispielen dafür, wird man dort fündig, wo es um die moralische *Erziehung* geht – und damit um zu Erziehende, von denen auszugehen ist, dass sie erst nach und nach an die moralische Gemeinschaft heranzuführen sind, ohne ihrerseits bereits ein vollwertiges Mitglied dieser Gemeinschaft zu sein. Man denke an die Eltern, die ihr Kind mahnen, nicht zu lügen, und die es, wenn sie es beim Lügen ertappen, mit Hausarrest bestrafen. Kann man solche Überlegungen auf die Wissenschaft und die Wissenschaftler übertragen? Lassen sich die moralischen Überzeugungen der Wissenschaftler so verändern, dass Verantwortungsappelle fruchten? Eine regulatorische Lösung, die erwünschtes Handeln durch einen Eingriff in die Überzeugungen der Wissenschaftler gewissermaßen »sanft erzwingt«? Um diese Idee zu evaluieren, müssen wir mit Blick auf die oben stehende Skizze zunächst etwas genauer untersuchen, welche Fragen überhaupt zur Disposition stehen.

Das Entstehen und Wirken moralischer Überzeugungen ist eine überaus komplexe Angelegenheit, die zu verstehen in Zukunft noch der gebündelten Anstrengungen empirischer Studien und der Moraltheorie bedürfen wird. Wir wollen uns hier mit der folgenden allgemeinen Anmerkung begnügen: Berufsethische Normen – mögen sie auch moralanaloge Komponenten haben – erstrecken sich grundsätzlich nur auf das jeweilige Berufsfeld. Ein sinnvoller normativer Begriff von Moral aber muss dahingehend universalisierbar sein, dass sich damit alle Handlungen eines Menschen unabhängig vom jeweiligen sozialen Kontext beurteilen lassen. Die Moral gibt eine allgemeine Antwort auf die Frage, wie zu handeln sei. Gemeint ist damit wohlgemerkt nicht jene These von der Generalisierbarkeit moralischer Gebote und Verbote, wie sie für Kant ebenso von Bedeutung war wie für Sidgwicks und Hares Utilitarismus-Konzept[387]: Was für Person A gilt, gilt unter denselben Umständen auch für Person B. Gemeint ist vielmehr eine basalere und deshalb auch weniger kontroverse Einsicht: Die Moralvorstellungen von Person A haben, als allgemeine Antwort auf die Frage, wie man leben soll[388], keinen spezifischen Geltungsbereich, sondern erstrecken sich grundsätzlich auf jede Domäne des Lebens von Person A, jede ihrer sozialen Rollen. In der folgenden, an die vorhergehende angelehnten Abbildung soll diese Idee verdeutlicht werden: viele rollenspezifische Normen, aber nur eine Moral.

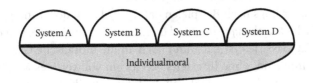

Abbildung 3.

Wenn dem so ist, dann ist darin implizit das Primat moralischer Normen über alle kontextabhängigen Normen enthalten. Man könnte einwenden: Wenn Moral in der Praxis überhaupt eine Rolle spielt, dann doch bestenfalls als ein Gesichtspunkt unter vielen. (Etwa so wie in der populären Redeweise: »Soll ich moralisch handeln oder zu meinem Vorteil?«) Eine nebengeordnete, von anderen Erwägungen bisweilen übertrumpfte Moral wäre – dies ist als moraltheoretischer Gegeneinwand anzumerken – indes nichts weiter als eine Instanz einer Moral, die faktisch nicht adäquat zur Geltung kommt.

Das bedeutet nun aber nicht, dass es nicht auch Handlungen geben kann, deren moralische Evaluation sich die Moral selbst verbietet. Schließlich enthält ein Gefüge von Moralvorstellungen, wenn es ein konsistentes

---

387   Vgl. Kutschera 1999: 34–35.
388   Vgl. Schweppenhäuser 2006: 14.

und vollkommenes Ganzes sein soll, auch Metaüberzeugungen, nämlich Anweisungen darüber, wann und in welchem Grade es moralisch erlaubt sei, die Eigengesetzlichkeit anderer normativer Systeme zu akzeptieren. Nicht jedes moralische Koordinatensystem enthält diese Anweisungen, doch es lässt sich plausibel dafür argumentieren, dass jedes *gute* System solche Anweisungen enthalten *sollte*. Im Idealfall enthält die Moral Antworten auf jede Frage der Handlungspraxis, und eine dieser Antworten kann auch sein: Dafür bin ich nicht zuständig. Das ist etwas anderes, als gar keine Antwort zu geben. Eine entsprechende moralische Regel könnte etwa lauten: Es ist dir erlaubt, dass du dich innerhalb des zeitlich und örtlich begrenzten Rahmens eines Boxkampfes auf die dafür vorgesehenen Regeln und Erwartungen einlässt. Obwohl es in den meisten anderen Kontexten moralisch untersagt ist, andere Personen zu schlagen, ist es hier sogar gewollt, jedenfalls aber erlaubt. Oder: Es ist dir nicht erlaubt, dich einer Mafiafamilie anzuschließen. Selbst wenn du dich »berufsethisch« tadellos verhältst, dich deinem Mafiaboss und deiner »Familie« gegenüber stets loyal verhältst, ist es alles in allem falsch, sich den Regeln des Systems Mafia auszuliefern. Im Hintergrund stehen jeweils übergeordnete moralische Erwägungen, die ein System und seine Wirkungen als Ganzes evaluiert: Der Boxer, könnte man beispielsweise argumentieren, trägt zu einem Sport- und Unterhaltungsgeschäft bei, an dem viele Menschen ihre Freude haben, der Mafioso perpetuiert eine kriminelle Struktur, an der viele zu leiden haben.

Was bedeutet all dies für die Wissenschaft? Das Postulat, das wir hier untersuchen wollen, lautet ja: Wenn du Wissenschaftler werden willst, musst du mitbedenken, dass du die Pflicht hast, für Wissenschaftsfolgen Verantwortung zu tragen. Vor dem Hintergrund der eben gemachten Ausführungen ist dieses Postulat nur dann plausibel zu deuten, wenn es die nachfolgende Regel impliziert: Es ist dir nur dann moralisch erlaubt, in das System Wissenschaft einzutreten und dich den dort vorherrschenden berufsethischen Normen zu unterwerfen, wenn du stark genug bist, diesen berufsethischen Normen zu widersprechen, wenn es darauf ankommt (sprich: wenn es moralisch geboten ist, aufgrund der negativen Folgen der Wissenserzeugung selbige zu unterbinden). Andernfalls ist es unmoralisch, Wissenschaftler zu werden.

Wer demnach Wissenschaftler werden will, hätte die supererogatorische Pflichterfüllung zum Habitus zu machen. Wir müssten die Hervorbringung einer großen Anzahl moralischer Helden forcieren, die bereit sind, Wissenschaftler zu werden und sich zugleich andauernd aus moralischen Gründen den Regeln ihres Berufs zu widersetzen. Um die gewünschte Wirkung zu erzielen, bedürfte es einer flächendeckenden, koordinierten Umerziehung. Aus Amoralisten, Menschen mit anderslautenden moralischen Überzeugungen und Menschen, die zwar die moralisch erwünschten Überzeugungen haben, jedoch nicht die nötige Willenskraft zur Realisierung dieser Überzeugungen, wären möglichst ausnahmslos Menschen zu machen, die die oben stehende Regel internalisiert haben. Auch ohne die historisch verbürgten Gefahren totalitär-staatlicher Umerziehungsmaßnahmen zu explizieren, dürfte dem Leser bereits klargeworden sein: Nicht nur haben wir keine Wissenschaftler, die *allesamt* bereit sind, moralische Verantwortung für die Folgen ihrer wissenschaftlichen Tätigkeiten zu übernehmen (vgl. 6.3.3), wir werden sie auch nicht bekommen – jedenfalls nicht ohne Opfer, die die Vorteile um ein Vielfaches überwiegen: Erwünschtes Verhalten auf dem Weg der Individualmoral zu forcieren, erforderte massive manipulativ-konditionierende Eingriffe. Dass wir diese Fragen in dieser Ausführlichkeit durchdekliniert haben, liegt daran, dass es notwendig erscheint, auf die Konsequenzen jener durchaus häufig vorgebrachten moralischen Appelle an die Wissenschaftler hinzuweisen. Widmen wir uns nun einem alternativen Lösungsansatz.

6.4.3 Wissenschaftsregulation und die WEm-WaS-Dichotomie

Nachdem sich der Versuch, die Wissenschaftler über die Individualmoral zuverlässig zu regulieren, als wenig aussichtsreich dargestellt hat, bietet es sich an, Lösungen in dem Bereich zu suchen, der in unserer Skizze weiß hinterlegt ist: Die Vermutung drängt sich auf, dass wir Änderungen bei den berufsspezifischen Bedingungen vornehmen müssen. Dies entspräche im Übrigen der Best Practice für andere Berufsgruppen, deren Fehlverhalten mit gravierenden Gefahren einhergehen können. Sollte beispielsweise bekannt werden, dass durch Lücken in der Ausbildung von Verkehrspiloten die Flugsicherheit nicht gewährleistet ist, appellieren wir schließlich auch nicht an die Moral der Piloten. Anstatt sie zu ermahnen, es sei ihre moralische Pflicht, sich den fehlenden Stoff selbst anzueignen, modifizieren wir die Curricula und die für die Piloten unumgänglichen Aus- und Fortbildungsmodalitäten solange, bis wir uns sehr sicher sein können, dass die entsprechenden Probleme nicht mehr auftreten. Wir zwingen den Piloten Kenntnisse und Anforderungen auf. (Analoges ließe sich etwa mit Blick auf Ärzte sagen.) Die Frage, die wir nun thematisieren wollen, lautet deshalb: Wie können wir es zu einem Teil der normativen Bedingungen des Wissenschaftlerberufes machen, in einem relevanten Sinne schädliches Wissen zu verhindern? Eine mögliche Antwort liegt in einer auf der WEm-WaS-Dichotomie aufbauenden Strategie; nachfolgend ein Vorschlag, der die unterschiedlichen Charakteristika der beiden Wissenschaftsideale berücksichtigt.

Beginnen wir mit dem einfacheren Fall und betrachten wir zunächst die Wissenschaft als Erkenntnismaschine. Die WEm-Wissenschaftler sind im fünften Kapitel als eine Gruppe beschrieben worden, deren normatives Koordinatensystem sich auf zwei Dimensionen erstreckt: In der Dimension der Zielsetzungen sind sie von den Auftraggebern abhängig, die ihrerseits Forschungsfragen vorgeben; in der methodologischen Dimension sind sie möglichst weitgehend frei. Das Werkzeug, das sie im Dienste externer Interessen zur Anwendung bringen, ist die epistemische Rationalität. Da die WEm gänzlich auf die Auftraggeber hingeordnet ist, existiert eine Art Pufferzone zwischen der wissenschaftlichen Erkenntnisproduktion und dem In-die-Welt-Kommen dieser Erkenntnisse: die Auftraggeber selbst. Den Auftraggebern obliegt es, darüber zu entscheiden, wie mit den Erkenntnissen weiter zu verfahren sei. Dabei aber können sie nicht nach Belieben operieren: Wie wirtschaftliche, gesellschaftliche und politische Akteure sich zu verhalten und was sie zu unterlassen haben, das wird – nicht nur im Hinblick auf die Anwendung neuen Wissens, sondern auch in vielen anderen Hinsichten – auf dem Wege der Gesetzgebung geregelt. Dabei mag nicht jede regulatorische Lösung zufriedenstellend sein, doch dort, wo sie es nicht ist, ist dies keine Frage von Wissenschaftsfreiheit und Wissenschaftsbegrenzung.

Die WEm lässt sich über die Auftraggeber regulieren. Die WEm-Wissenschaftler sind deshalb von einer umfassenden Verantwortung für die Folgen wissenschaftlichen Wissens für die Allgemeinheit, wie sie in diesem Kapitel zum Thema gemacht worden sind, zu entbinden. Verpflichtungen für die Wissenschaftler gibt es im WEm-Modell natürlich dennoch. Die Wissenschaftler haben in berufsethischer Hinsicht die Pflicht, im Sinne der epistemischen Rationalität zu handeln. Es ist im fünften Kapitel bereits angeklungen, dass auch die Auftraggeber gut beraten wären, dieses epistemisch rationale Handeln zu begünstigen, anstatt es durch zu enge Vorgaben, zu konkrete Erwartungen oder die Ausübung zu großen Drucks auf die Wissenschaftler zu desavouieren. Sollte sich herausstellen, dass aufseiten der Auftraggeber ein strukturelles Machtübergewicht gegenüber der WEm vorherrscht, das dazu führt, dass epistemisch rationales Handeln der Wissenschaftler verhindert wird, wäre dem durch geeignete gesetzgeberische Gegenmaßnahmen entgegenzuwirken.

Wissenschaft als Erkenntnismaschine

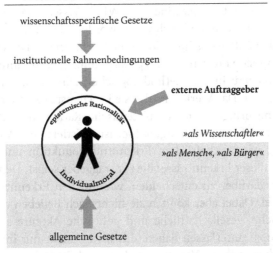

Abbildung 4.

Diese Überlegungen lassen sich an einem Thema veranschaulichen, das in jüngerer Zeit des Öfteren Gegenstand wissenschaftspolitischer Debatten war, nämlich an der Rüstungsforschung. Darf die Wissenschaft die Rüstungsindustrie mit Erkenntnissen beliefern? Darf sie sich an der Entwicklung von Waffensystemen und anderen militärisch genutzten Technologien beteiligen? Die Antwort, die infolge der obigen Ausführungen zu geben wäre, lautet: Es kommt darauf an, ob und inwieweit die Existenz der Rüstungsindustrie selbst für die Bürger eines Landes akzeptabel ist. Für eine Wissenschaft, die in eine demokratische Gesellschaft eingebettet ist, ist erst einmal jeder denkbare Auftraggeber ein legitimer Kooperationspartner, insoweit nicht diese Auftraggeber betreffende Gesetze dagegen sprechen. Wenn also die Existenz einer Armee, wenn Rüstungsproduktion und Auslandseinsätze von der politischen Gemeinschaft gewollt werden, spricht nichts dagegen, dass die WEm Erkenntnisse für diese Zwecke produziert.

Damit soll nicht gesagt sein, dass es auf der individuellen Ebene nicht gute Gründe geben könnte, sich als WEm-Wissenschaftler nicht an der Zuarbeit etwa für einen Kriegseinsatz – mag er auch demokratisch legitimiert sein – zu beteiligen. Denn auch demokratische Parlamente haben schon moralisch bedenkliche militärische Einsätze beschlossen, und nicht immer ist es geboten, solche Beschlüsse als Mehrheitsentscheidungen schlicht hinzunehmen. In solchen seltenen Extremfällen, in Situationen zumal, wo man – um in den Worten Rawls' zu sprechen – »mit Festnahme und Bestrafung rechnet und sie ohne Widerstand hinnimmt«[389], wäre eine Verweigerung der Wissenschaftler sogar als Ausdruck bürgerlichen Ungehorsams zu deuten. Dies aber wäre eine allgemein-moralische, keine berufsethische Angelegenheit. Hierin liegt ein Anknüpfungspunkt zu dem, was in 6.4.2 mit Blick auf die kontextübergreifende Universalität der Moral gesagt worden ist. Der WEm-Wissenschaftler *als Wissenschaftler* aber ist lediglich verpflichtet, epistemisch hochwertiges Wissen an den Auftraggeber zu liefern; mit welchen Auftraggebern aus moralischen Gründen nicht zu kooperieren sei, ist keine Frage, auf die die epistemische Rationalität eine Antwort bereithält.

Dass sich jener Teil der Lösung, der sich auf den konzeptionellen Rahmen der Wissenschaft als Spiel beruft, etwas anders gestaltet, wird schon daran ersichtlich, dass hier der Faktor »Auftraggeber«, über den das Folgenproblem bei der WEm reguliert wird, wegfällt. Die WaS ist idealiter ein Schutzraum, der vor dem Einfluss von Auftraggebern abgeschirmt ist. Ein weiterer Unterschied ist auf der Ebene des berufsethischen Ideals zu konstatieren. Ob jemand ein guter Wissenschaftler im Sinne der WaS ist, lässt sich nicht mit Blick auf die nackte epistemische Rationalität beantworten. Das berufsethische Ideal der WaS wird nicht nur durch epistemische Rationalität, sondern auch durch spezifische Spielregeln normativ ausgeformt.

---

389 Rawls 1977: 177.

Darüber hinaus gehen, wie in der Abbildung durch die weißen Pfeile angedeutet, mit der Wissenschaft des Typs WaS Bildungseffekte einher, von denen anzunehmen ist, dass sie sich auf jene Teile der Persönlichkeit erstrecken, die nicht nur für die berufsinterne Ebene, sondern auch für die Ebene »als Bürger«, »als Mensch« einen Wert haben. Unser Modell geht davon aus, dass derjenige, der WaS betreibt, hiervon auch in besonderer Weise allgemein-menschlich profitiert. Im fünften Kapitel ist aber auch deutlich gemacht worden, dass das WaS-Bildungsargument seine Grenzen hat. Der Gelehrte solle, tönte Fichte einmal, »der *sittlich beste* Mensch seines Zeitalters seyn: er soll die höchste Stufe der bis auf ihn möglichen sittlichen Ausbildung in sich darstellen«[390]. Niemand wird dies über heutige Wissenschaftler sagen. Hoffnungen wie jene, die Wissenschaft könne aus gänzlich schlechten reihenweise gänzlich gute Menschen machen, oder jene, sie ziehe nur die moralische Exzellenz an, sind gewiss überzogen. Dies gilt für die WEm, aber auch für die WaS, wenngleich bei Letzterer die Grenzlinie – jedenfalls in der Richtung von der berufsethischen zur individualmoralischen Sphäre – etwas permeabler zu sein scheint.[391]

Die WaS ist im Vergleich zur WEm die freiere Wissenschaftsform. Auch sie produziert möglicherweise Wissen, das als in einer relevanten Weise schädlich einzustufen ist. Da die Auftraggeber als Angriffspunkt für Regulation wegfallen, wäre bei der Wissenschaftsgesetzgebung und den institu-

---

390   Fichte 1971: 42.

391   Wie aber verhält es sich mit der umgekehrten Pfeilrichtung? Gibt es Wirkungen, die von der individualmoralischen Sphäre her die berufsethische Sphäre beeinflussen? Es ist nicht auszuschließen, dass es Personen mit bestimmten moralischen Haltungen leichter fallen könnte, die berufsethischen Normen der Wissenschaft zu internalisieren. Diese Feststellung aber beträfe lediglich den Grad der Harmonie zwischen den beiden Sphären und besagte nichts über eine etwaige gegenseitige Beeinflussung. Wenn wir nach Letzterer fragen, gilt es, den intersubjektiven Charakter des berufsethischen Ideals zu bedenken. Der Wissenschaftler nimmt es durch die Vermittlung der Wissenschaftlerkollegen in sich auf. Obgleich unterschiedliche Wissenschaftler faktisch in unterschiedlicher Intensität nach einem bestimmten Wissenschaftsideal handeln mögen, ist ein Wissenschaftsideal in normativer Hinsicht nicht als etwas zu konzipieren, das sich von Wissenschaftler zu Wissenschaftler individuell verschieden ausnimmt. Die Frage wäre also, wenn überhaupt, eher in einem kollektiven Sinne neu zu stellen: Wenn sehr viele Wissenschaftler bestimmte moralische Haltungen aufweisen, könnte sich dann das Wissenschaftsideal ändern? Das WaS- und das WEm-Modell sehen eine solche Änderung jedenfalls nicht vor, zumal das berufsethische Ideal durch die Theorie vorgegeben wird. Es lohnte sich aber, diese Thematik an anderer Stelle ausführlicher zu behandeln.

tionellen Rahmenbedingungen anzusetzen. Dies erscheint angemessener, als das berufsethische Ideal direkt in Angriff zu nehmen. Schließlich kommt ein solches Ideal einer Anleitung gleich, wie die berufsspezifische Aufgaben zu meistern seien. Je widersprüchlicher und weniger konsistent diese Anleitung ist, desto geringer ist ihre Wirkmacht.

Wissenschaft als Spiel

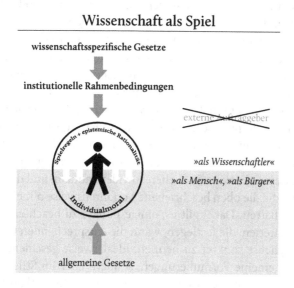

Abbildung 5.

Den Wissenschaftlern mitzuteilen, ihr berufsethisches Ideal habe ab sofort zu sein: Handle epistemisch rational, und zwar unter der Maßgabe, dass deine Handlungen zu einem besseren Verständnis der Welt beitragen, und außerdem achte beständig auf die Folgen des von dir hervorgebrachten Wissens und unterbinde es gegebenenfalls – all das zusammengenommen ergäbe in der Tat ein widersprüchliches Bild. Es wirkte ein wenig so, als riete man einem Autofahrer, beständig Gas- und Bremspedal gleichzeitig zu drücken. Nida-Rümelins Ruf nach einer »Erweiterung des tradierten Ethos epistemischer Rationalität um ein *Ethos wissenschaftlicher Verantwortung*«[392] ist deshalb zu widersprechen. Stattdessen soll eine Kompromisslösung vorgeschlagen werden, die auf eine funktionale Trennung abstellt, eine Lösung,

---

[392] Nida-Rümelin 2005: 847.

die die WaS-Wissenschaftler einigermaßen ungestört das tun lässt, wozu sie ausgebildet worden sind: unser Verständnis von der Welt zu verbessern. Die Folgenevaluation vollzöge sich dann auf zwei Ebenen.

1. Besonders schwerwiegende Fälle sind gesetzlich explizit zu regeln. Damit ist insbesondere Wissen des Typs A gemeint – vor allem dann, wenn offensichtlich ist, dass mit seiner Publikation gravierende Risiken einhergehen. Es ist in solchen Fällen zu verlangen, dass die in die Wissensproduktion involvierten Wissenschaftler einen entsprechenden Hinweis – ob mittels einer zwischengeschalteten wissenschaftsinternen Stelle oder auf direktem Wege – an staatliche Stellen zu übermitteln haben. Bis zu einer staatlichen Entscheidung über das weitere Vorgehen hat der Wissenschaftler dann von einer Publikation abzusehen. Wie in diesem Kapitel bereits erläutert worden ist, ist dies nichts, was man nicht ohnehin vernünftigerweise von einem Wissenschaftler verlangen könnte. Es geht hier also auch darum, diejenigen zu sanktionieren, die dem Selbstverständlichen zuwider handeln, und diejenigen zu stärken, die die oben beschriebene Verfahrensweise ohnehin an den Tag gelegt hätten. Dabei gilt es, einige Punkte zu beachten. Erstens sind die Kriterien, die festlegen, wann die entsprechenden Gesetze greifen, möglichst konkret zu nennen. Idealerweise geschieht dies nicht durch allgemeine Formulierungen, sondern eher im Stile jener katalogartigen Auflistungen, wie wir sie etwa von der Exportkontrolle kennen (vgl. 6.2.4).[393] Zweitens ist innerhalb der eng definierten Grenzen besonders schwerwiegender Fälle mit harten Sanktionen gegen den Gesetzen zuwiderhandelnde Wissenschaftler vorzugehen. Drittens sind für den Berichtsfall Verfahrensrichtlinien zu erarbeiten, die sicherstellen, dass der berichtende Wissenschaftler nicht mehr Nachteile als nötig hat; zu denken wäre insbesondere an Maßnahmen der Kompensation für gestoppte Forschungsprojekte. Viertens sind Routinen zu entwickeln, wie mit besonders gefährlichem Wissen auf staat-

---

393 Es ist offensichtlich, dass, wenn es um neu hervorzubringendes Wissen geht, nicht der Konkretionsgrad erreicht werden kann, der bei der Ausfuhr bereits existierender und daher besser einschätzbarer Technologien gegeben ist. Das Beispiel des Exports vermag dennoch zu zeigen: Den notwendigen politischen Willen vorausgesetzt, ist eine Ausformulierung von Anwendungsarten in der hier angedachten listenartigen Struktur durchaus realisierbar.

licher Seite weiter zu verfahren sei. Was für geheimdienstliche Aktivitäten in der Demokratie sinnvoll ist, dürfte es auch hier sein: Manche Informationen haben aus guten Gründen im Verborgenen zu bleiben; doch gerade deshalb gilt es, die höchstmögliche Transparenz zu gewähren, die vor dem Hintergrund von Sicherheitserwägungen tragbar ist, und diejenigen, die mit den geheimen Informationen umgehen, demokratisch legitimierten (typischerweise parlamentarischen) Kontrollen zu unterziehen.

2. Darüber hinaus empfiehlt es sich, den gesellschaftlichen Diskurs über das ganze Spektrum relevanter wissenschaftsinduzierter Schäden auch jenseits der besonders schwerwiegenden Fälle zu fördern. In 6.2.4 ist ja bereits angedeutet worden, dass es keinen Grund gibt, weshalb wir uns nicht intensiver über A'-artige Risiken austauschen sollten – denn auch diese Risiken können einen legitimen Grund darstellen, die wissenschaftliche Produktion gezielt zu hemmen. Die Voraussetzung dafür wäre eine Wissenschaft, die noch stärker zur Außendarstellung des eigenen Wirkens und möglicher gesellschaftlicher Folgen verpflichtet – und auch mit den entsprechenden Mitteln ausgestattet – würde. Der Aspekt der Notwendigkeit von Öffentlichkeitsarbeit und Transparenz für die WaS wird im siebten Kapitel weiter ausgeführt; er ist hier deshalb nur angedeutet worden. Im besten Falle führen diese Maßnahmen nicht nur zu einem verbesserten Dialog zwischen der Wissenschaft und der Gesellschaft, sondern setzen auch innergesellschaftliche Verständigungsprozesse hinsichtlich wichtiger Fragen in Gang: In welcher Welt wollen wir in Zukunft leben – und welche Rolle sollen wissenschaftliche Erkenntnisse in dieser Welt spielen? Wollen wir der Zukunft unter konservativen oder unter progressiven Vorzeichen entgegentreten?

6.5 Zusammenfassung

Fassen wir die Ergebnisse dieses Kapitels zusammen. Die Ausgangsfrage lautete: Wo verlaufen die Grenzen freier Wissenschaft in Anbetracht möglicher Schäden für die Allgemeinheit? In einem ersten Schritt ist dafür plädiert worden, dass der Gegenstandsbereich der Frage sich auf solches Wissen zu konzentrieren hätte, das den Charakter einer Anleitung hat bzw. als solche genutzt werden kann, und das es ermöglicht, gefährliche Technologien herzustellen – nicht aber auf jenes Wissen, das uns lediglich über allgemeine Weltzusammenhänge aufklärt. Wer Argumente dafür sucht, weshalb B verhältnismäßig unproblematisch sei, wird in der Tradition des Liberalismus fündig werden, wie sie nicht zuletzt im Grundrecht der Meinungsfreiheit ihren Niederschlag gefunden hat. Es mag Schnittmengen zwischen A und B geben; unproblematisch ist Wissen meinem konzeptionellen Rahmen gemäß dann, wenn es *nur* B ist. Enthalten bestimmte Forderungen beide Typen, gilt es, A- und B-artige Aspekte so gut wie möglich zu differenzieren. Weiterhin ist darauf hingewiesen worden, dass sich die Wissenschaftsfolgendiskussion bislang vor allem mit apokalyptischen Extremszenarien beschäftigt hat. Wollen wir Wissenschaftsschäden jedoch mit analytische Strenge betrachten, kommen wir nicht umhin, uns auch zu jenen Schäden zu beschäftigen, die keine Extremszenarien darstellen (Typ A'). Wie ist also mit Wissen des Typs A und A' umzugehen?

Geprüft worden ist zunächst jene Variante, die für den Gesetzgeber ebenso wie für die Wissenschaftler selbst am attraktivsten erscheint. Die Folgenverantwortung ist demnach eine freiwillig zu übernehmende. Hierbei handelt es sich, wie gezeigt worden ist, um keine zufriedenstellende Lösung. Unter Heranziehung der Dichotomie von »Wissenschaft als Erkenntnismaschine« und »Wissenschaft als Spiel« ist deshalb ein nach Wissenschaftstypen differenzierender Alternativvorschlag skizziert worden. Während bei der WEm der Ansatzpunkt für Wissenschaftsregulation letztlich bei den Auftraggebern zu verorten ist, gilt es bei der WaS, institutionelle Mechanismen innerhalb der Wissenschaft zu etablieren, die verantwortungsvolle Wissenschaftler belohnen und nicht verantwortungsvolle Wissenschaftler sanktionieren. Bei der WEm kommt damit das wissenschaftsethische Prinzip Verantwortung dezidiert nicht zum Tragen. Damit soll nicht gesagt sein, dass wir die besonderen Expertenkenntnisse der WEm-Wissenschaftler nicht nutzen sollten, wenn es gilt, schädliche Wissenschaftsfolgen zu verhindern. Der vorgestellte Ansatz will aber deutlich machen, weshalb es nicht ratsam wäre, bei der Aktivierung einer solchen kenntnisbasierten Folgenevaluation durch den einzelnen WEm-Wissenschaftler auf bloße Freiwilligkeit zu setzen.

Vierter Teil. Ausblicke

7 Anwendungsszenarien

7.1 Verortung im Wissenschaftssystem

Wie frei soll die institutionalisierte Wissenschaft des 21. Jahrhunderts sein? Die Auseinandersetzung mit diesem Ausgangsproblem hat uns zunächst zu der Erkenntnis geführt, eine Lösung sei dort zu suchen, wo es Interessenkonflikte einer nach Freiheit strebenden Wissenschaft und anderen Gruppen in adäquater Weise beizulegen gilt. Den Konflikten, so zeigte sich aber, würde nicht beizukommen sein, zögen wir einen monolithischen Wissenschaftsbegriff heran – zu vielgestaltig erscheint doch die Wissenschaftslandschaft. Aus diesen Gründen ist eine Binnendifferenzierung wissenschaftlicher Ideale in die Typen »Wissenschaft als Spiel« und »Wissenschaft als Erkenntnismaschine« vorgeschlagen worden. Offen geblieben ist in den theoretisch-konzeptionellen Ausführungen des fünften und sechsten Kapitels bislang die Frage nach Realität und Umsetzbarkeit der Konzepte. Dazu nun einige Überlegungen. Allgemein ist zu bedenken, dass es innerhalb des im fünften Kapitel entworfenen Rahmens keine wissenschaftlichen Disziplinen geben kann, die gänzlich ohne WaS-Anteil auskommen, denn die Ausbildung aller Wissenschaftler erfolgt im Modus der WaS. Zugleich gilt: Eine starke Vermischung von WaS und WEm in ein und derselben Wissenschaftlerpersönlichkeit führt wohl zu nicht unwesentlichen Rollenkonflikten. Ob und in welchem Maße aber solche Rollenkonflikte zu verhindern sind, ob sie notwendige Übel darstellen, oder ob sie vielleicht sogar erwünscht sein könnten, sind Fragen, die es an anderer Stelle zu erörtern gilt.

In welchem Grade beschreibt die WEm-WaS-Dichotomie die empirische Welt? Weder der WEm-, noch der WaS-Begriff ist aus der Luft gegriffen; beide Begriffe knüpfen in dem einen oder anderen Sinne an Auffassungen und Praktiken an, die sich auch in bestehenden Wissenschaftslandschaften wiederfinden lassen. Grundsätzlich ist die WEm eher – aber nicht ausschließlich – als deskriptiver Begriff zu verstehen; ihre Verwandtschaft zu bestehenden Konzepten wie der Anwendungs- oder der Auftragsforschung, aber auch zu Einrichtungen wie den Stiftungsprofessuren dürfte in den vorhergehenden Kapiteln ersichtlich geworden sein. Die WaS ist demgegenüber in höherem Maße mit utopischen Momenten angereichert. Das Spielerische mag auch in der heutigen Wissenschaft vorhanden sein, wird allerdings unter den Vorzeichen der Logik unmittelbarer Verwertbarkeit, die die Wissenschaftspolitik zunehmend prägt, nicht unbedingt gefördert. Wenn sich die Wissenschaft aber gemäß beider Ideale entwickeln soll, wäre dafür Sorge zu tragen, dass die Funktions- und Legitimationsgrundlagen sowohl der WaS als auch der WEm in den wissenschaftspolitischen Diskurs Eingang finden: hier ein Schutzraum mit Spielcharakter, dort eine Problemlösungsagentur und Wissenslieferantin, beide im Dienste der Gesellschaft.

Nun haben wir in abstracto eine Reihe von Eigenschaften kennengelernt, die die WEm und die WaS charakterisieren. Doch wo ist, konkret gesprochen, der Ort, an dem diese Wissenschaftstypen zu Hause sein sollten? Es bietet sich an, das vielfach ausdifferenzierte Fächerspektrum, das sich in den Wissenschaftseinrichtungen der Gegenwart finden lässt, zunächst der Übersicht halber in unterschiedliche Fächertypen zu unterteilen. Einen hilfreichen Ansatzpunkt liefert das Deutsche Zentrum für Hochschul- und Wissenschaftsforschung, das in seinem vielbeachteten »Studienqualitätsmonitor« drei solcher Typen nennt: erstens die »kritisch-reflexive Fachkultur der Sozial- und Kulturwissenschaften«, zweitens die »pragmatisch-berufliche Fachkultur der Rechts- und Wirtschaftswissenschaften« und drittens die »spezielle forschungs-methodische Fachkultur in der explorativen Auseinandersetzung mit Natur und Technik«[394].

Diese Dreiteilung trifft, mag sie auch etwas holzschnittartig sein, einen wichtigen Punkt: Die Wissenschaftsrichtungen werden in fundamentalerer Weise als lediglich durch ihre Forschungsgegenstände getrennt. Es sind auch die Herangehensweisen, die sich unterscheiden – und zwar nicht nur im Sinne unterschiedlicher Methoden, sondern auch im Sinne dessen, was jemand, der in einem bestimmten Fach Wissenschaft betreibt, üblicherweise erstrebt und erwartet. Wollte man es etwas freier, assoziativer ausdrücken, man könnte sagen, hier werde auf unterschiedliche Archetypen zurückgegriffen. Der Archetyp der ersten Fachkultur ist vielleicht der Denker, der die

---

394 Bargel & al. 2014: 119.

weltlichen Verhältnisse aus einer kritischen Distanz heraus evaluiert, vielleicht auch der gründliche, aufs Sammeln und Bewahren bedachte Philologe; jener der zweiten Kultur der rhetorisch und analytisch versierte, in der außerakademischen Welt erfolgreiche Anwalt oder Geschäftsmann; jener der dritten der von Entdeckergeist beseelte Naturforscher. Für sie hat Erfolg eine je verschiedene Bedeutung: Es ist etwas anderes, ob man nach einer bis in die Nuancen präzisen und darüber hinaus eleganten Formulierung strebt, einen Rechtsstreit gewinnen möchte oder einen Naturzusammenhang aufzudecken bestrebt ist. Angenommen, dies sind, grob gesprochen, die Eckpfeiler der gegenwärtigen Wissenschaft – wo lassen sich unsere beiden Wissenschaftsformen WEm und WaS in diesem Spektrum verorten?

☐ Bei den Sozial- und Kulturwissenschaften, die hier und in den folgenden Abschnitten unter dem Label der Geisteswissenschaften zusammengefasst werden[395], lässt sich großes Potenzial für die Etablierung einer Wissenschaft als Spiel vermuten. Die Deutung und Interpretation kultureller und gesellschaftlicher Phänomene und die Behandlung philosophischer Fragestellungen stehen in einer Tradition, die die Denkfreiheit betont; diese Fachbereiche gelten zudem bislang als verhältnismäßig unverdächtig, wenn es um externe Einflussnahmen geht (wobei es gerade in den Sozialwissenschaften auch die Tendenz gibt, empirische Studien für bestimmte politische Zwecke einzuspannen). Andererseits ist die Gefahr des Obskurantismus hier auch besonders hoch.

☐ Anders liegt der Fall bei den Rechts- und Wirtschaftswissenschaften. Der WEm-Anteil dürfte hier höher sein. Der berufliche Alltag des forschenden und zugleich in der Praxis als Anwalt tätigen Nachwuchsjuristen ist stark vom Dienst an Staat oder Mandanten bestimmt. Anders dürfte es sich auf der professoralen Ebene verhalten: Ein ausschließlich an der Universität tätiger Lehrstuhlinhaber, insbesondere wenn er zu grundlagentheoretischen Themen forscht, ist wohl eher als WaS- denn als WEm-Wissenschaftler zu sehen. Ähnlich wie die

---

395 Dass die Sozialwissenschaften zu den Geisteswissenschaften gerechnet werden, entspricht einer sehr breiten Lesart des Geisteswissenschaftsbegriffs und mag nicht unangreifbar sein. Aus den folgenden Ausführungen sollte aber ersichtlich werden, dass eine größere Binnendifferenzierung zu ausufernd wäre, zumal es hier lediglich um eine grobe Skizze des wissenschaftlichen Fächerspektrums gehen soll.

Rechts-, sind auch die Wirtschaftswissenschaften in hohem Maße in der Praxis verankert. Sie sind dementsprechend vorwiegend als WEm-Bereich zu interpretieren, doch auch hier gibt es WaS-Elemente, etwa in der volkswirtschaftlichen Theorie. Kaum möglich ist es aber, die Ökonomie gänzlich befreit von wissenschaftsexternen Interessen zu denken. Die Ökonomie ist zweifelsohne eine sehr »weltliche«[396] Wissenschaft.

☐ Als richtiggehend gespalten ist der dritte Fachbereich zu denken, die »explorative Auseinandersetzung mit Natur und Technik«. Dort, wo es um eine theoretische, grundsätzliche Auseinandersetzung mit Naturzusammenhängen geht, ist ein Hort hochgradig WaS-lastiger Wissenschaft zu vermuten. Auf der anderen Seite ist gerade der Bereich »Natur und Technik« alles andere als vor Anwendungsinteressen gefeit und enthält dementsprechend viele WEm-Elemente. Insgesamt dürfte in diesem Bereich am häufigsten die Schwierigkeit auftreten, die WaS- mit der WEm-Rolle in Einklang zu bringen, da hier auch am häufigsten Fälle auftreten, in denen beide Rollen in ein und derselben Person zu ihrem Recht kommen wollen.

Bleibt die Frage, was die WEm-WaS-Dichotomie für die Studierenden bedeutet. Praktisch nicht vermeiden lässt es sich, dass sich die akademische Kultur, die auf der Forschungsebene vorherrscht, auch in der Lehre des jeweiligen Faches niederschlägt. Wenn also die WaS die freiheitlichere Wissenschaftskultur mit sich bringt, dann müssen wir uns hochgradig WaS-lastige Fächer auch besonders freiheitlich denken. Die WaS impliziert methodologische ebenso wie Zielsetzungsfreiheiten. Studierende, die lernen sollen, wie mit diesen Freiheiten umzugehen ist, sollten früh mit dem Strukturelement der Bedrohung durch mögliches Scheitern konfrontiert werden. Diese Idee ist freilich nicht neu, sondern war schon präsent, als sich die Freiheit des Studiums ein erstes Mal Bahn brach: Mit Aufhebung der Bursen infolge der Reformation, der studentischen Wohn- und Lebensgemeinschaften also, hatten die Studenten einst, wie Golücke schildert, die

> »beengende Bevormundung abgeschüttelt, die andererseits Sicherheit schafft und das Studium erleichtert. Mit der Erringung der Freiheit des Studierens hatten sie sich jedoch die Last der Eigenverantwortung aufgeladen. [...] Der Wille zu intellektueller

---

396   Der Ausdruck ist dem Titel des Buches *The Worldly Philosophers* entlehnt, in dem Robert L. Heilbroner Leben und Werk großer Ökonomen dargestellt hat.

> Anstrengung und Leistung mußte Labilität, Ausweichen, Faulheit und Mißerfolge nun ohne die ›motivierende‹ Fuchtel des Magisters überwinden. Der Student mußte Selbstdisziplin, Einsicht in formale und inhaltliche Ordnungen entwickeln, mußte Mißerfolge verarbeiten und Unverständnis ertragen.«[397]

Darüber hinaus dürfte sich hinsichtlich der Frage, wie ein WaS-Studium auszugestalten sei, das als guter Rat erweisen, was in der letzten Zeit des Öfteren als schlagkräftiges Argument in der Debatte um politische Korrektheit und Meinungsfreiheit auf US-Campi vorgebracht wird: Wenn die künftigen Eliten nicht an der Hochschule mit fremden Gedankenwelten konfrontiert werden – wo dann?

> »College is an opportunity to stand outside the world for a few years, between the orthodoxy of your family and the exigencies of career, and contemplate things from a distance.«[398] – »People ought to go to college to sharpen their wits and broaden their field of vision. Shield them from unfamiliar ideas, and they'll never learn the discipline of seeing the world as other people see it.«[399]

7.2 Wissenschaft als Spiel und die Humanities-Debatte

Der Wissenschaftssoziologie Steve Fuller lässt sein Buch *The Sociology of Intellectual Life* mit der launigen Bemerkung beginnen, in den letzten zweihundert Jahren sei das akademische Leben zum Opfer seines eigenen Erfolgs geworden. Dieses Leben nämlich

> »has trained people so well and its research has become so socially relevant that it has constantly had to resist economic and political curbs on its spirit of free inquiry. This resistance has often assumed the sort of studied anti-disciplinary stance that characterizes improvisational forms of expression – that unholy alliance of plagiarism and bullshit by which clever academics routinely overreach for the truth.«[400]

Wir wollen uns nun etwas näher mit einer Region innerhalb der wissenschaftlichen Landschaft beschäftigen, über die gerne gesagt wird, dass ihre Akteure in besonders hohem Maße dem von Fuller geschmähten Typus des akademischen Blenders entsprächen. Es soll um die Geisteswissenschaften gehen. Ihre Rolle ist immer wieder zum Gegenstand von Debatten gewor-

---

397 Golücke 2011: 233–234.
398 Deresiewicz 2014.
399 Shulevitz 2015.
400 Fuller 2009: 9.

den, seit ihr Counterpart[401], die empirischen Naturwissenschaften, die Welt
tagtäglich für jeden nachvollziehbar verändern. Der Antagonismus ist treffend in der berühmten »Rede Lecture« beschrieben worden, die der Schrift-
steller C. P. Snow 1959 in Cambridge gehalten hat.[402] Er schilderte darin eine
auf wechselseitigem Unverständnis beruhende Spaltung zwischen den »zwei
Kulturen«: der von der Literatur und den schönen Künsten geprägten Tradition einerseits und der modernen naturwissenschaftlich-technischen Kultur
andererseits – der Sphäre also der empirisch arbeitenden Wissenschaftler
und Ingenieure, denen die Zukunft zu gehören schien, weil sie als treibende
Kräfte des zivilisatorischen Fortschritts angesehen wurden, und der Sphäre
der »literary intellectuals«, die auf dieses Szenario, das sie zugleich als Szenario der Entwertung ihres eigenen Wissens und Könnens erfuhren, ihrerseits mit einem kulturkritischen Fortschrittspessimismus reagierten.

Der Vorwurf ist seither zigfach geäußert worden: Die Geisteswissenschaften gefielen sich darin, in einer trotzigen Abschottungshaltung zu ver-
harren, nähmen sich selbst zu ernst und die Frage nach der gesellschaftlichen Relevanz ihrer Forschung zu wenig ernst, sie föchten Kämpfe aus, deren Ausgang für niemanden außerhalb der geisteswissenschaftlichen Echo-
kammer von Belang sei. Solcherlei Kritik wird nicht nur von außen an diese
Fächer herangetragen, sondern tritt bisweilen auch als Ergebnis von Selbst-
reflexion in Erscheinung. Bei einer Tagung zur Debattenkultur in den Geisteswissenschaften im Dezember 2014 wurde eine abgewandelte Form von
Sayre's Law, demzufolge die emotionale Intensität von Auseinandersetzungen dort besonders hoch ist, wo die Bedeutung der diskutierten Gegenstände besonders gering ist, von einer Tagungsteilnehmerin auf die Geisteswissenschaften gemünzt: »Battles in the humanities are so bloody because the
stakes are so low.«[403]

Die Debatte über die Zukunft der Geisteswissenschaften wird im angelsächsischen, aber auch zunehmend im deutschsprachigen Raum geführt.
Der Krisendiskurs folgt im Wesentlichen zwei miteinander verknüpften
Strängen. Erstens: Die behandelten Gegenstände seien für die Lebensrealität
der meisten Menschen, zumal in einer vom ökonomischen Wettkampf ge-

---

401   Natur- und Geisteswissenschaften als Counterparts: Siehe dazu Brandt 2003.
402   Aktuelle Ausgabe: Snow 1998.
403   Brevern 2014.

prägten Welt, kaum bedeutsam. Zweitens: Der Status der Geisteswissenschaften innerhalb des wissenschaftlichen Disziplinengefüges werde zunehmend marginalisiert.[404] Augenfällig wird Letzteres besonders in den USA, wie Roche schildert:

>»Die nationale Forschungsförderung verteilt sich folgendermaßen: Lebenswissenschaften sechzig Prozent, Ingenieurwissenschaften sechzehn Prozent, Physik acht Prozent, Umweltwissenschaften fünf Prozent, Mathematik und Informatik vier Prozent, Sozialwissenschaften vier Prozent, Psychologie zwei Prozent. Die Unterstützung für die Geisteswissenschaften ist so bescheiden, dass sie noch nicht einmal ausgewiesen ist. Im Haushaltsjahr 2012 hat das National Endowment for the Humanities (NEH) 146 Millionen Dollar erhalten, verglichen mit 30,9 Milliarden Dollar für die National Institutes of Health und 7,033 Milliarden Dollar für die National Science Foundation.«[405]

Derart extrem sind die Verhältnisse in Deutschland bislang nicht. Hier seien, sagt Roche, zwischen 2009 und 2012 immerhin rund neun Prozent der DFG-Förderung auf die Geisteswissenschaften entfallen. Dennoch lässt sich auch hierzulande eine gewisse Krisenrhetorik ausmachen. Glotz etwa beschreibt eine Malaise der deutschen und allgemein der europäischen Geisteswissenschaften, die sich in drei Symptomen äußere: in unseriöser Politisierung, Obskurantismus und bodenlosem Spezialistentum.[406]

Zugleich lässt sich feststellen, dass die Geisteswissenschaften in jüngerer Zeit auch in einer Art und Weise verteidigt werden, die den quantifizierenden Vergleich mit den Naturwissenschaften nicht scheut. Eine umfangreiche Infografik der Plattform *4Humanities*, die die Vorzüge der Geisteswissenschaften belegen will, weist beispielsweise darauf hin, dass einer Umfrage von 2012 zufolge fast 60 Prozent der befragten 652 amerikanischen CEOs und Produktentwicklungsleiter einen geisteswissenschaftlichen Abschluss besaßen. Und während im Vereinigten Königreich 2011 etwa zwei Drittel der Abgeordneten des Unterhauses einen geisteswissenschaftlichen Abschluss besaßen, konnte nur jeder zehnte Abgeordnete einen naturwissenschaftlichen Abschluss vorweisen.[407] Peter Mandler hat die These vorgebracht, die jüngere Geschichte der Geisteswissenschaften sei – nicht zuletzt aufgrund der wichtigen Rolle, die diesen Fächern bei der Bildung und Ausbildung von Frauen zukomme – eine Erfolgsgeschichte. Immerhin sei die

---

404 Vgl. Beiner 2009: 7.
405 Roche 2015.
406 Vgl. Glotz 2003: 44.
407 Vgl. Terras & al. 2013.

Zahl der Humanities-Studierenden im Vereinigten Königreich zwischen 1967 und 2015 mindestens um das Fünffache gewachsen. Sogar in den Vereinigten Staaten habe sich die Zahl verdoppelt. Und obgleich die geisteswissenschaftlichen Abschlüsse im Verhältnis etwa zu den wirtschaftsorientierten Studiengängen zurückgegangen seien, sei ebenso zu konstatieren, dass dies in noch deutlich höherem Maße für die Naturwissenschaften gelte.[408]

Eines lässt sich dabei kaum bezweifeln: Wer über die Zukunft der Geisteswissenschaften nachdenken will, sollte nicht nur über Zahlen, sondern auch über Inhalte sprechen. Oben ist angedeutet worden, dass dieser Wissenschaftsbereich geeignet scheint, um dort die Idee einer Wissenschaft als Spiel zu realisieren. Was also könnten die Geisteswissenschaften, interpretiert als WaS, leisten? Gerne wird die These vertreten, die Geisteswissenschaften oder Teile von ihr seien »Orientierungswissenschaften«.[409] Diese These ist mit Vorsicht zu genießen. Solange darunter nicht mehr verstanden wird als Wissen, das dadurch definiert ist, »dass es für die menschliche Lebensform relevant ist«[410], ist nichts gegen eine solche Beschreibung einzuwenden. Wer jedoch forderte, die Geisteswissenschaften sollten als Produktionsstätte für all jene Kenntnisse fungieren, die wir brauchen, um uns im Leben zurechtzufinden und ihm einen Sinn abzugewinnen, verlangte gewiss zu viel. Schon Hubert Markl hat darauf hingewiesen, dass wesentliche handlungsleitende Grundentscheidungen keiner Form von Wissenschaft überantwortet werden sollten: »Auch in ihrer ›Orientierungswissen‹ erzeugenden Form sollten wir uns der Wissenschaft nicht unterwerfen.«[411] Jürgen Kaube bemerkt dazu pointiert:

> »Abgesehen davon, dass es entweder eine Frechheit oder ein Missverständnis ist, Naturwissenschaftlern und Ingenieuren die Fähigkeit zur Hervorbringung orientierenden Wissens abzusprechen, dürfte der Nachweis von gesellschaftlichen Orientierungs- oder Kompensationsleistungen der Rilke- wie der Turfanforschung oder der römischen Rechtsgeschichte nicht leicht anzutreten sein.«[412]

---

408 Vgl. Mandler 2015.
409 So etwa Agazzi (1995: 308) und Reydon (2013: 18) in Bezug auf die Ethik und Fretschner (2006: 13) in Bezug auf die soziologische Gesellschaftstheorie. Sloterdijk (2013: 19) nennt die Philosophie »die Orientierungswissenschaft *par excellence*«. Der Terminus geht ursprünglich zurück auf Jürgen Mittelstraß zurück, der zwischen »Verfügungswissen« und »Orientierungswissen« unterschied (1982: 16).
410 Nida-Rümelin 2013: 137.
411 Markl 1990.
412 Kaube 2003: 19.

Einen gewissen Beitrag zum Wohle der Bevölkerung können die Geisteswissenschaften vielleicht dennoch leisten.[413] Versteht man sie als WaS, könnten sie unter anderem jene Bildungseffekte zeitigen, die das fünfte Kapitel zu explizieren versucht hat. Sie basieren auf der Idee, dass derjenige, der lernt, gemäß den Prinzipien der epistemischen Rationalität und der freien Themensetzung zum Zwecke eines besseren Verständnisses von der Welt zu agieren, gewisse persönliche Fähigkeiten erwirbt. Dazu aber müssten die Geisteswissenschaften sich erst einmal in einer Weise transformieren, die den Grundcharakter der WaS internalisiert hat. Was würde dies bedeuten?

Man kann vermuten, dass es bedeuten würde, dass in den Geisteswissenschaften, wo es ja um Erklärung, um Interpretation, um die Herstellung und Bewusstmachung von kulturellen Zusammenhängen und die Ausdeutung von Begriffen geht, mit härteren argumentativen Bandagen zu kämpfen wäre – und zwar nicht nur hinter den Kulissen, sondern auch im Rahmen von Kolloquien, Tagungen und Konferenzen. Aus rituellen Zusammenkünften müssten noch stärker Wettkämpfe rivalisierender Meinungen werden – und zwar nicht mit der Absicht, die eigene rhetorische Gewandtheit zur Schau zu stellen, sondern mit dem Ziel, eine Position zu finden, die mehr als die Summe ihrer Teile ist, sprich: die eine wahrhafte Synthese und einen Erkenntnisfortschritt darstellt. Weniger Raum für persönliche Befindlichkeiten, dafür mehr professionell-sachliche Härte: Das kann nur dann funktionieren, wenn allen Beteiligten klar ist, dass es sich um ein Spiel handelt – und dass eine Attacke im Rahmen dieses Schutzraumes etwas gänzlich anderes ist als ein Angriff ad personam. Zugleich aber müssten die Gegenstände relevanter (im Sinne der WaS-Regeln) werden. So wäre denn eine weitere Forderung in Richtung der Geisteswissenschaften so zu formulieren: Lobt nicht Texte, gegen die inhaltlich im Großen und Ganzen nichts einzuwenden ist, bei denen aber nicht ersichtlich ist, wozu sie – außer zum intellektuellen Pläsier des Autors – gut sein sollen. Kritisiert solche Texte vielmehr dafür, dass es wichtigere Fragen in einem gewissen Forschungsfeld oder in Bezug auf ein gewisses Thema gäbe, die man stattdessen besser hätte bearbeiten können. Warum sollte nicht auch die Themenwahl selbst zentraler Gegenstand der Evaluation einer Forschungsbemühung sein?

---

413   Siehe dazu auch Helen Smalls Buch *The Value of the Humanities* (2013).

7.3   Transparenz nach außen und innen

Es ist hier die Auffassung vertreten worden, dass die WaS zu einer verbesserten demokratischen Kultur beitragen kann. Sollten wir dann nicht noch einen Schritt weitergehen und verlangen, die WaS-Wissenschaftler hätten sich in direkter Weise in politische und gesellschaftliche Debatten einzubringen? Fuller hat eben dies gefordert. Er setzt seine Hoffnungen auf den öffentlichen Intellektuellen, der in der Lage ist, eine fruchtbare Verbindung zwischen Wissenschaft und Politik herzustellen, und den Fuller der von ihm prolematisierten Figur des isolierten Lehnstuhlakademikers entgegensetzt.[414] Nun ist der Diagnose durchaus zuzustimmen, es täte dem öffentlichen Diskurs gut, wenn sich (auch) mehr Wissenschaftler darin betätigten. Viele von ihnen wären mit ihrer Sachkenntnis und ihrer Fähigkeit zur Analyse komplexer Sachverhalte gewiss eine Bereicherung. Das Engagement Einzelner wäre innerhalb des konzeptionellen Rahmens, den das fünfte Kapitel expliziert hat, jedoch unbedingt als Resultat einer anderen Rollenkonfiguration als jener des WaS-Wissenschaftlers zu deuten. Der Wissenschaftler, der sich berufen fühlt, *als Intellektueller* in der Öffentlichkeit aufzutreten, mag in der Regel eine begrüßenswerte Erscheinung sein. Doch jedem Wissenschaftler *als WaS-Wissenschaftler* ein solches Engagement abzuverlangen, widerspricht einer wesentlichen Grundidee der WaS: Sie bietet ja gerade einen Schutz vor den Interessenkämpfen, die in den politischen, gesellschaftlichen, ökonomischen Sphären regelmäßig ausgetragen werden.

Zuzustimmen ist Fuller dennoch in einem Punkt: Auch die WaS-Wissenschaft darf sich, als institutionelles Kollektiv, nicht gänzlich aus der Öffentlichkeit zurückziehen, denn sonst dräut Obskurantismus. Das beste Mittel dagegen ist die Verpflichtung zur allgemeinverständlichen Außendarstellung. Erinnern wir uns an MacLeods Prinzip, das im dritten Kapitel bei der Einführung des Demokratiearguments schon einmal Erwähnung gefunden hat: »[T]he more an institution is concerned with the pursuit of the truth, the more it deserves freedom from political control.« MacLeod nun hat das Prinzip um die folgende Klausel ergänzt:

---

414   Vgl. Fuller 2009: 83–91 sowie Kasavin 2015: 540.

»However, such freedom brings with it a responsibility for transparency and open debate, facilitated by freedom of information and right of access, to private sector as well as public sector decisions.«[415]

Dass diese Idee Anklang findet, wird nicht zuletzt an jenen Maßnahmen ersichtlich, die die Bundeswissenschaftsministerin Johanna Wanka im Juli 2015 in einem Interview ankündigte:

»Wir wollen bei den von uns geförderten Forschungsprojekten verpflichtend machen, dass die Geförderten zusammen mit den Fachpublikationen auch in der Breite verständlichere Informationen liefern. Da hat jeder Wissenschaftler auch eine Verpflichtung gegenüber den Steuerzahlern. Bei den modernen Technologien etwa geht es um wichtige ethische Entscheidungen, die die Gesellschaft, aber auch jeder Einzelne zu treffen hat. Denken Sie an die Berichterstattung über die Brustkrebs-Gene von Angelina Jolie. Die personalisierte Medizin wurde erst intensiv diskutiert, als dieser Fall bekanntwurde. Und das, obwohl das Thema schon seit Jahren bearbeitet wird und wir viele Millionen für die Forschung ausgegeben haben. Es ist nicht anrüchig, sondern notwendig, dass man seine Ergebnisse populär vermittelt. Ein guter Wissenschaftler kann das, was er selbst entwickelt hat, auch gut erklären. Und kann damit den Bürgern auch die Angst vor komplexen, scheinbar unüberschaubaren Zusammenhängen nehmen.«[416]

Das WaS fordert nicht unbedingt gesellschaftspolitisches Engagement, aber es fordert: Transparenz. Auf lange Sicht wäre zu hoffen, dass dieser Transparenzgedanke keine äußerlich aufgezwungene Richtlinie bleibt, sondern Teil des berufsethischen Selbstverständnisses der WaS-Wissenschaftler werden möge.

Stellen wir uns eine Pharmakologin vor, die stark WaS-lastig sozialisiert wurde und nun für einen Pharmakonzern forscht. Sie hat eine Erklärung unterzeichnet, die Ergebnisse zu einer bestimmten Forschungsfrage exklusiv an ihren Auftraggeber zu liefern, gegenüber Dritten aber Stillschweigen hinsichtlich ihrer Forschungen zu bewahren. Nun erkennt sie aber, dass das medizinische Präparat, das der Konzern unter Einbezug der neuen Erkenntnisse auf den Markt bringen will, starke Mängel aufweisen wird. Zwar besteht keine akute Gefährdung der Patientengesundheit, doch das Präparat wird auch nicht besonders wirksam sein, jedenfalls weit weniger, als es die umfangreichen Marketingmaßnahmen der Pharmafirma suggerieren. Zu vermuten wäre nun, dass unsere Wissenschaftlerin in einen Rollenkonflikt gerät: Während die WEm-Logik Loyalität zum Auftraggeber einfordert, drängt sie die in unmittelbarer Weise am Gemeinwohl orien-

415   MacLeod 1997: 379.
416   Wanka 2015.

tierte WaS-Logik dazu, die Öffentlichkeit im Geiste des Transparenzideals über die mangelnde Wirksamkeit des Präparats aufzuklären.[417]

Dies ist ein Beispiel für nach außen gerichtete wissenschaftliche Transparenz. Zu ergänzen wäre, dass die Transparenzforderung auch in wissenschaftsinternen Zusammenhängen ihren Platz hat. Das gilt, um die Überlegungen von 7.2 wieder aufzugreifen – insbesondere für die als WaS interpretierten Geisteswissenschaften. »Innere Transparenz« würde hier etwa eine Publikationskultur bedeuten, in der Innovativität und das Bemühen um wahrhafte Verständigung mehr zählen als die bloße Erhöhung der Publikationsanzahl des individuellen Wissenschaftlers. Wünschenswert wäre es, es würden weniger, dafür relevantere und durchdachtere Schriften publiziert. Peter Sloterdijk hat im Kontext der Frage, wie Plagiaten zu begegnen sei, auf das Problem hingewiesen, dass viele Texte verfasst werden, um dann ein praktisch ungelesenes Dasein zu fristen – Texte, die entsprechend auch gar nicht auf eine echte Leserschaft hin ausgerichtet seien. Sein pointierter Vorschlag:

> »Wir müssen den Texten, die für den impliziten Nicht-Leser geschrieben sind, bis zuletzt die reale Lektüre androhen, auf die Gefahr hin, dass uns die eleganten Piraten von heute für Hochstapler von gestern und vorgestern halten, die mit etwas drohen, dessen Wahrmachung sie nicht gewährleisten können. Man sollte am Eingang aller Fakultäten das Schild anbringen. *Cave lectorem!* [...] Mit dieser Mahnung mag beginnen, was Wohlgesinnte die Arbeit an einer neuen Ethik des wissenschaftlichen Verhaltens nennen.«[418]

---

417   Ich danke Elif Özmen für dieses Beispiel.
418   Sloterdijk 2013: 29.

8 Abschließende Bemerkungen

Diese Abhandlung hat Wissenschaftsfreiheit nicht ab initio als Wert an sich aufgefasst, den es vorbehaltlos zu schützen gilt. Die Leitfrage nach der Freiheit der Wissenschaft ist vielmehr offen zu stellen versucht worden. Nicht umhin gekommen sind wir dabei aber, uns mit der ideengeschichtlichen und auch juristischen Tradition der Wissenschaftsfreiheit auseinanderzusetzen. Erstens aus Gründen der Verständlichkeit: Selbst dann, wenn wir Konzepte grundsätzlich hinterfragen oder gar neu denken wollen, haben wir ihre bisherige Verwendungsweise mitzubedenken. Denn wer mit anderen über solche Konzepte spricht, tut dies mit den Mitteln der Sprache – und damit auf der Grundlage von Begrifflichkeiten, die durch ihre alltägliche Verwendung eine gewisse konnotative Aufladung erfahren haben. Zweitens sind wir so vorgegangen aus Gründen der Sparsamkeit: Es galt schließlich, zu ermitteln, für welche Probleme es bereits gute Lösungen gibt – und nur dort anzusetzen, wo es sie nicht gibt. Um ein Gespür dafür zu bekommen, war es notwendig, zunächst das Bestehende zu vergegenwärtigen.

Die Wissenschaftsfreiheit ist hier auf ihre Funktion als Regulationsprinzip für ein gesellschaftliches Subsystem hin untersucht worden. Dieses Prinzip existiert bereits in der Welt und lässt sich beschreiben. Und es ist, wie deutlich geworden ist, seinerseits nicht frei von Werten. Die Freiheit etwa, sich selbst ein Bild von der Welt machen und seine Meinung frei äußern zu können, gilt in demokratischen Gesellschaften zu Recht als bedeutsam und verbleibt weiterhin ein wichtiger Teil der Wissenschaftsfreiheitstradition. In normativer Hinsicht nun bedarf es ganz besonders dringlich weiterer Überlegungen auch jenseits des Diskurses um die Denk- und Meinungsfreiheit. Wenn sich die Regulation von Wissenschaftssystemen, die die Wissenschaftsfreiheit zum Gegenstand hat, in einer Weise vollziehen soll, für die sich gute Gründe finden lassen, ist ein übergreifendes normprägendes Kriterium vonnöten. Es ist versucht worden, zu zeigen, weshalb die langfristige Gesellschaftsdienlichkeit die einzige geeignete Kandidatin für diese Rolle ist. Diese Sichtweise ist bis zum heutigen Tage, gerade aus Sicht

der praktischen Philosophie, eher schlecht beleumundet: zu Recht, weil sich
die gesellschaftliche Indienstnahme oft allzu einseitig zum Wohle der Inhaber einiger Partikularinteressen vollzieht; zu Unrecht, weil die Alternative – Wissenschaft frei von Legitimationszwängen zu konzipieren – einer Ka-
pitulation gleichkäme. Bloß weil eine Wissenschaftskonzeption, die epistemische Produktivität und Gemeinwohlorientierung vereint, anspruchsvoll
ist, bedeutet dies nicht, dass sie nicht anzustreben sei.

Die Wissenschaft ist hier auf ihre institutionalisierten Formen hin untersucht worden. Dieser Blickwinkel wurde deshalb gewählt, weil die Wissenschaftseinrichtungen und die dort wirkenden Wissenschaftler als die
entscheidenden Ansatzpunkte für staatliche Wissenschaftssteuerung im
Dienste des Gemeinwohls gelten müssen – nicht aber deshalb, weil der Verfasser glaubt, diese Sphäre institutionalisierter Wissenschaft sei als gänzlich
abgeschirmte Entität zu verstehen. Auf sie wird von anderen Sphären her
eingewirkt, und sie selbst wirkt auf andere Sphären ein. Man kann das als
relativ neues Phänomen erachten, wie es Kasavin tut:

> »As early as 200 years ago, the larger part of the planet's population knew next to
> nothing about and was not interested in science. At present, one can not reduce it to
> the totality of research institutes or the community of scientific workers any longer:
> it is a system of ›distributed knowledge.‹ The social functions of science are such that
> it penetrates into the most distant corners of collective and individual existence and
> claims participation in the entire life of modern humans, from everyday life to su-
> preme existence.«[419]

Das eigentlich Neue, wäre hier zu ergänzen, ist weniger die Kontextualisierung der Wissenschaft selbst als vielmehr ihr Ausmaß.

Vielleicht, meinte Robert Merton einst, zeichne sich in dem Ruf nach
einer gesellschaftlich relevanten Wissenschaft »der Anbruch einer neuen
Epoche ab, in der das Spektrum wissenschaftlicher Forschung eingeschränkt
werden könnte«[420]. Schwer zu sagen ist, inwieweit sich die Epochenprogno-
se bewahrheitet hat – ihrem dystopischen Zungenschlag ist jedenfalls zu widersprechen. Es ist gezeigt worden, weshalb eine fruchtbare Diskussion unserer Leitfrage entgegen der tradierten Auffassung nicht auf die bloß formalen Aspekte wissenschaftlicher Freiheit bezogen, sondern um ihre materiale
Dimension erweitert werden muss. Die institutionalisierte Wissenschaft ist
ohne externe Abhängigkeiten nicht denkbar, denn »science has never been

---

419   Kasavin 2015: 535.
420   Merton 1985: 51.

free of interests and has always been conducted in a context of applicati-
on«[421]. Deshalb ist selbst die größtmögliche materiale Wissenschaftsfreiheit
als eine Freiheit mit inhärenten Grenzen zu denken. Daraus folgt unter anderem, dass das Spektrum wissenschaftlicher Forschung entgegen der von
Merton implizit gemachten Behauptung ohnehin nie unbegrenzt war, sondern immer schon von externen Ressourcen – und damit von Relevanzüber-
legungen – abhängig war.

Wenn es um die gezielte Gewährung oder Beschränkung von Freiheiten, aber auch um die Justierung des Verhältnisses von bedarfsorientiert ge-
förderter und grundmittelfinanzierter Wissenschaft geht, sollte die Wissenschaftspolitik ihre Gestaltungsräume im Bewusstsein der funktionalen
Komplexität des Wissenschaftssystems nutzen. Gut beraten ist sie, dabei
auch anwendungsferne Zweige der Wissenschaft zu berücksichtigen. Adäquat eingerichtet, tragen sie zur Produktivität des Wissenschaftssystems
einschließlich seiner anwendungsnahen Branchen, aber auch zur Funktionsfähigkeit demokratischer Gesellschaften bei. Zugleich ist es, entgegen
einer gerade in der philosophischen Literatur häufig vertretenen Auffassung,
nicht hilfreich, einer »Wissenschaft um der Wissenschaft willen« das Wort
zu reden. Eine weitgehende Wissenschaftsfreiheit, die etwa die freie Wahl
des Forschungsgegenstands beinhaltet, mag in vielen Fällen notwendig sein,
sie ist jedoch kein Selbstzweck. Evandro Agazzi hat in seinem wissenschafts-
ethischen Überblickswerk *Das Gute, das Böse und die Wissenschaft* treffend
bemerkt, dass wissenschaftliche Aktivität nicht den Rang eines absoluten
Werts einnehmen kann und deshalb »auch *Rechenschaft ablegen* muß gegenüber umfassenderen Wert- und Bedeutungskontexten, in denen sie sich befindet«. Zugleich aber müsse sie »ein vernünftiges Maß an Autonomie verlangen«. Davon ausgehend verteidigt Agazzi die Existenz einer Sphäre,

> »die auf der Grundlage des reinen und einfachen Strebens nach objektiver Erkennt-
> nis gerechtfertigt ist und die sich gewissen Themen oder Gebieten einfach deshalb
> widmet, weil sie intellektuell interessant und stimulierend sind, wenn sie auch nicht
> direkt *nützlich* sind im Hinblick auf bestimmte Zwecke oder Interessen, die dazu ten-
> dieren, die Wissenschaft zu konditionieren«[422].

Die im Rahmen dieser Abhandlung vorgebrachten Ausführungen sind von
der Grundüberlegung ausgegangen, dass solche Konditionierungen in der

---

421   Nordmann & al. 2011: 3.
422   Agazzi 1995: 68.

Tat problematisch sein können. In dieser Hinsicht ist Agazzis Forderung zuzustimmen. Der rechtfertigungstheoretische Rekurs auf die bloße intellektuelle Stimulation der Wissenschaftler selbst aber erscheint als ungenügend.
Derlei Stimulation mag ihren Platz als motivationspsychologisches Werkzeug haben, um die wissenschaftlichen Akteure zu erhöhter Produktivität
anzuspornen – sie ist aber auch nicht mehr als das. Das Prinzip, eine gesellschaftsseitig finanzierte Wissenschaft habe dem Wohl der Allgemeinheit zu
dienen, verfehlt seinen Zweck, wenn es ein abstrakt formuliertes Ziel in
Sonntagsreden bleibt; es ist vielmehr in der Organisationsweise der täglichen wissenschaftlichen Praxis zu realisieren.

Debatten zur Wissenschaftsfreiheit sind nicht selten von Gemeinplät-
zen geprägt. Diese Abhandlung hat den Versuch unternommen, solchen Positionen mit dem Mittel der differenzierten begrifflichen und empirischen
Analyse zu begegnen. Wie frei soll die Wissenschaft der Gegenwart sein? Die
Antworten, die hier skizziert worden sind, sind weit weniger schlicht ausge-
fallen, als es die Frage selbst ist. Wer über die Wissenschaftsfreiheit spricht,
kann nicht darüber hinwegsehen, dass sich der Topos in unterschiedlichen
Interessenkonflikten materialisiert. Unsere Überlegungen haben gezeigt,
dass für manche der Konflikte bereits recht zufriedenstellende Lösungen gefunden worden sind. Die großen philosophischen Fragen sind dort zu finden, wo sich Konflikte nicht ohne Weiteres beilegen lassen; denn obschon
sich in der Praxis dafür immer wieder pragmatische Behelfslösungen finden
mögen, ist es damit in theoretischer Perspektive nicht getan. Diese Konflikte
nämlich erfordern eine grundlegende Reflexion – über das Verhältnis von
Individuen, Gesellschaft und Wissenschaft, über Chancen und Risiken der
Erkenntnisproduktion, über Moral und Berufsethos, über Freiheit und Verantwortung. Die neu eingeführten Begriffe »Wissenschaft als Erkenntnismaschine« und »Wissenschaft als Spiel« haben uns als jene Stränge gedient,
an denen wir uns über die philosophischen Abgründe gehangelt haben, die
mit all diesen großen, vielschichtigen Konzepten einhergehen. Sie zeigen,
dass die freie Wissenschaft im 21. Jahrhundert vieles zu leisten vermag. Sie
zeigen aber auch, dass es noch einiger Anstrengungen bedarf, damit die unterschiedlichen Typen von Wissenschaft in ihrer Eigengesetzlichkeit zu ihrer vollen Blüte gelangen und das werden können, was wir zu Recht von ihnen einfordern dürfen: eine Unternehmung, die unser aller Leben verbes-
sert.

Literatur

Adorno, Theodor W. (1972) — »Theorie der Halbbildung«, in: *Gesammelte Schriften*, Bd. 8, Frankfurt am Main, S. 93–121.

Agazzi, Evandro (1995) — *Das Gute, das Böse und die Wissenschaft. Die ethische Dimension der wissenschaftlich-technologischen Unternehmung*, Berlin.

Alexy, Robert (1994) — *Theorie der Grundrechte*, Frankfurt am Main.

Allhoff, Fritz/Lin, Patrick & al. (2011) — »Ethics of Human Enhancement: An Executive Summary«, in: *Science and Engineering Ethics*, 17, S. 201–212.

Asendorpf, Dirk (2014) — »Was passiert da im Labor?«, in: *Die Zeit*, 21, S. 39.

Atherton, Kelsey D. (2015) — »Is 3D-Printing a Gun Free Speech?«, in: *Popular Science*, letzter Zugriff am 23. Dezember 2015, <http://www.popsci.com/is-printing-gun-free-speech %3F>.

Austin, John L. (1962) — *How to Do Things with Words*, Oxford.

Babke, Hans-Georg (2010) — »Wissenschaft, Freiheit, Wahrheit und Gemeinwohl-Verantwortung«, in: Hans-Georg Babke (Hg.), *Wissenschaftsfreiheit*, Frankfurt am Main, S. 7–17.

Bachmann, Ingeborg (1978) — »Die Wahrheit ist dem Menschen zumutbar«, in: *Werke*, Bd. 4, München/Zürich, S. 275–277.

Bacon, Francis (1990) — *Neues Organon*, Hamburg.

Baecker, Dirk (2007) — »Die nächste Universität«, in: *Studien zur nächsten Gesellschaft*, Frankfurt am Main, S. 98–115.

Baer, Susanne (2015) — »Verantwortung für die Wissenschaftsfreiheit«, Festansprache im Rahmen der DFG-Jahresversammlung 2015, in: *Forschung*, 3, S. XIII–XX.

Bajak, Aleszu (2014) — »Lectures Aren't Just Boring, They're Ineffective, Too, Study Finds«, in: *Science*, letzter Zugriff am 9. September 2014, <http://news.sciencemag.org/node/ 112468>.

Baker, Monya (2015) — »First Results from Psychology's Largest Reproducibility Test«, in: *Nature*, letzter Zugriff am 17. August 2015, <http://doi.org/10.1038/nature.2015.17433>.

Balietti, Stefano/Mäs, Michael & al. (2015) — »On Disciplinary Fragmentation and Scientific Progress«, in: *Plos One*, 10, <http://doi.org/10.1371/journal.pone.0118747>.

Banzhaf, Günter (2002) — *Philosophie der Verantwortung: Entwürfe, Entwicklungen, Perspektiven*, Heidelberg.

Barber, Benjamin (2010) — »Amerika, du hasst es besser«, in: *Süddeutsche Zeitung*, 4. Dezember, S. 14.

Barber, Bernard (1953) — *Science and the Social Order*, London.

Bargel, Tino/Heine, Christoph & al. (2014) — »Das Bachelor- und Masterstudium im Spiegel des Studienqualitätsmonitors. Entwicklungen der Studienbedingungen und Studienqualität 2009 bis 2012«, <http://www.dzhw.eu/pdf/pub_fh/fh-201402.pdf>.

Barnes, Deborah E./Hanauer, Peter & al. (1995) — »Environmental Tobacco Smoke. The Brown and Williamson Documents«, in: Journal of the American Medical Association, 274, S. 248–253.

Barrow, Robin (2009) — »Academic Freedom: Its Nature, Extent and Value«, in: British Journal of Educational Studies, 57, S. 178–190.

Bartens, Werner (2010) — »Nürnberger Kodex: Anklage, Urteile, Folgen«, in: Süddeutsche.de, letzter Zugriff am 25. September 2014, <http://sz.de/1.732916>.

Bauerlein, Mark/Gad-el-Hak, Mohamed & al. (2010) — »We Must Stop the Avalanche of Low-Quality Research«, in: Chronicle of Higher Education, letzter Zugriff am 14. August 2014, <http://chronicle.com/article/We-Must-Stop-the-Avalanche-of/65890>.

Bayertz, Kurt (2000) — »Drei Argumente für die Freiheit der Wissenschaft«, in: Archiv für Rechts- und Sozialphilosophie, 86, S. 303–326.

Beck, Ulrich (1986) — Risikogesellschaft. Auf dem Weg in eine andere Moderne, Frankfurt am Main.

Begley, C. Glenn/Ellis, Lee M. (2012) — »Drug Development: Raise Standards for Preclinical Cancer Research«, in: Nature, 483, S. 531–533.

Beiner, Marcus (2009) — Humanities. Was Geisteswissenschaft macht. Und was sie ausmacht, Darmstadt.

Bekelman, Justin E./Li, Yan & al. (2003) — »Scope and Impact of Financial Conflicts of Interest in Biomedical Research: A Systematic Review«, in: Journal of the American Medical Association, 289, S. 454–465.

Belluz, Julia/Plumer, Brad & al. (2016) — »The 7 Biggest Problems Facing Science, According to 270 Scientists«, in: Vox, letzter Zugriff am 5. November 2016, <http://www.vox.com/2016/7/14/12016710>.

Ben-David, Joseph (1971) — The Scientist's Role in Society: A Comparative Study, Englewood Cliffs.

Benner, Dietrich (2003) — Wilhelm von Humboldts Bildungstheorie. Eine problemgeschichtliche Studie zum Begründungszusammenhang neuzeitlicher Bildungsreform, 3. Aufl., Weinheim.

Berlin, Isaiah (2006) — »Zwei Freiheitsbegriffe«, in: Freiheit: Vier Versuche, Frankfurt am Main, S. 197–256.

Bes-Rastrollo, Maira/Schulze, Matthias B. & al. (2013) — »Financial Conflicts of Interest and Reporting Bias Regarding the Association between Sugar-Sweetened Beverages and Weight Gain: A Systematic Review of Systematic Reviews«, in: Plos Medicine, 10, <http://doi.org/10.1371/journal.pmed.1001578>.

Bethge, Herbert (2011) — »Art. 5 [Meinungs-, Pressefreiheit, Rundfunk, Freiheit der Kunst und Wissenschaft]«, in: Michael Sachs (Hg.), Grundgesetz. Kommentar, 6. Aufl., München, S. 278–352.

Biagioli, Mario (1999) — Galilei, der Höfling. Entdeckung und Etikette: Vom Aufstieg der neuen Wissenschaft, Frankfurt am Main.

Bilgrami, Akeel (2015) — »Truth, Balance, and Freedom«, in: Akeel Bilgrami/Jonathan R. Cole (Hg.), *Who's Afraid of Academic Freedom?*, New York, E-ISBN 978-0-231-53879-4, Pos. 430–797.

Birnbacher, Dieter (2000) — »Selektion von Nachkommen. Ethische Aspekte«, in: Jürgen Mittelstraß (Hg.), *Die Zukunft des Wissens. XVIII. Deutscher Kongress für Philosophie*, Berlin, S. 457–471.

Blasche, Siegfried (1980) — »Bildung«, in: Jürgen Mittelstraß (Hg.), *Enzyklopädie Philosophie und Wissenschaftstheorie*, Bd. I, Mannheim, S. 313–314.

Blissett, Marlan (1972) — *Politics in Science*, Boston.

BMEL (2013) — »Tierschutz in der Forschung«, letzter Zugriff am 9. Januar 2016, <https:/ /www.bmel.de/DE/Tier/Tierschutz/_texte/TierschutzTierforschung.html?docld=341 0796>.

BMWi (2010) — *Mustervereinbarungen für Forschungs- und Entwicklungskooperationen. Ein Leitfaden für die Zusammenarbeit zwischen Wissenschaft und Wirtschaft*, 2. Aufl., Berlin.

Bohannon, John (2013) — »Who's Afraid of Peer Review?«, in: *Science*, 342, S. 60–65.

Böhme, Gernot (2006) — »Die Wissenschaftsfreiheit und ihre Grenzen«, in: Michael Fischer /Heinrich Badura (Hg.), *Politische Ethik II. Bildung und Zivilisation*, Bd. 3, Frankfurt am Main, S. 19–28.

Böhmer, Susan/Neufeld, Jörg & al. (2011) — *Wissenschaftler-Befragung 2010: Forschungsbedingungen von Professorinnen und Professoren an deutschen Universitäten*, Bonn.

Bok, Sissela (1978) — »Freedom and Risk«, in: *Daedalus*, 107, S. 115–127.

Bönisch, Julia (2010) — »Es ist zum Heulen!«, in: *Süddeutsche.de*, letzter Zugriff am 18. Oktober 2012, <http://sz.de/1.260298>.

Bornmann, Lutz/Mutz, Rüdiger (2015) — »Growth Rates of Modern Science: A Bibliometric Analysis Based on the Number of Publications and Cited References«, in: *Journal of the Association for Information Science and Technology*, 66, S. 2215–2222.

Borry, Pascal/Schotsmans, Paul & al. (2005) — »The Birth of the Empirical Turn in Bioethics«, in: *Bioethics*, 19, S. 49–71.

Bourdieu, Pierre (1988) — *Homo academicus*, Frankfurt am Main.

Bourdieu, Pierre (1998) — *Vom Gebrauch der Wissenschaft. Für eine klinische Soziologie des wissenschaftlichen Feldes*, Konstanz.

Bourdieu, Pierre (1999) — »The Specificity of the Scientific Field and the Social Conditions of the Progress of Reason«, in: Mario Biagioli (Hg.), *The Science Studies Reader*, New York/London, S. 31–50.

Brandt, Reinhard (2003) — »Zustand und Zukunft der Geisteswissenschaften«, in: *Deutsche Zeitschrift für Philosophie*, 51, S. 115–131.

Brevern, Jan von (2014) — »Früher war mehr Biss«, in: *Frankfurter Allgemeine Zeitung*, 10. Dezember, S. N4.

Briggle, Adam (2012) — »Scientific Responsibility and Misconduct«, in: Ruth Chadwick (Hg.), *Encyclopedia of Applied Ethics*, 2. Aufl., Amsterdam, S. 41–48.

Brocke, Bernhard vom (1981) — »Preußen - Land der Schulen, nicht nur der Kasernen. Preußische Bildungspolitik von Gottfried Wilhelm Leibniz und Wilhelm v. Humboldt bis Friedrich Althoff und Carl Heinrich Becker (1700–1930)«, in: Wolfgang Böhme (Hg.), *Preußen - eine Herausforderung*, Karlsruhe, S. 54–99.

Brosi, Prisca/Welpe, Isabell M. (2014) — »Identitäten und Rollen: Wissenschaftler im Karriereverlauf«, in: *Forschung & Lehre*, 7, S. 546–548.

Buhse, Malte (2014) — »Arbeiter, in den Hörsaal!«, in: *Die Zeit*, 12, S. 80.

Bundesregierung (2011) — »Deutschlands Energiewende: Ein Gemeinschaftswerk für die Zukunft«, <http://www.bundesregierung.de/ContentArchiv/DE/Archiv17/_Anlagen/2011/07/2011-07-28-abschlussbericht-ethikkommission.pdf>.

Bundesverfassungsgericht (1973) — BVerfG 35, 79, in: *Entscheidungen des Bundesverfassungsgerichts*, Bd. 35, Tübingen, S. 79–170.

Bundesverfassungsgericht (1978) — BVerfG 47, 327, in: *Entscheidungen des Bundesverfassungsgerichts*, Bd. 47, Tübingen, S. 327–419.

Bundesverfassungsgericht (2014) — BVerfG 1 BvR 3217/07, <http://www.bverfg.de/entscheidungen/rs20140624_1bvr321707.html>.

Bush, Vannevar (1945) — *Science, the Endless Frontier: A Report to the President on a Program for Postwar Scientific Research*, Washington.

Butler, Judith (2011) — *Kritik, Dissens, Disziplinarität*, Zürich.

Carrier, Martin (2011) — »Verstehen und Können: Zum Verhältnis von Grundlagen- und Anwendungsforschung«, in: *Gegenworte*, 26, S. 11–13.

Carrier, Martin (2013) — »Wissenschaft im Griff der Wirtschaft: Auswirkungen kommerzialisierter Forschung auf die Erkenntnisgewinnung«, in: Gerhard Schurz/Martin Carrier (Hg.), *Werte in den Wissenschaften. Neue Ansätze zum Werturteilsstreit*, Berlin, S. 374–396.

Cater, Ian (2012) — »Positive and Negative Liberty«, in: *Stanford Encyclopedia of Philosophy*, Spring 2012 Edition, <http://plato.stanford.edu/archives/spr2012/entries/liberty-positive-negative/>.

Ceci, Stephen/Williams, Wendy M. (2009) — »Should Scientists Study Race and IQ? Yes: The Scientific Truth Must Be Pursued«, in: *Nature*, 457, S. 788–789.

Cello, Jeronimo/Paul, Aniko V. & al. (2002) — »Chemical Synthesis of Poliovirus cDNA: Generation of Infectious Virus in the Absence of Natural Template«, in: *Science*, 297, S. 1016–1018.

CERN (2009) — »LHC – ein Leitfaden«, <http://cds.cern.ch/record/1214401/files/CERN-Brochure-2009-003-Ger.pdf>.

Cleese, John (2015) — »John Cleese on Creativity«, in: *YouTube*, <https://youtu.be/Qbyoed4aVpo>.

Coggon, John (2012) — »What's Special about *Scientific* Freedom?«, in: Simona Giordano/John Coggon & al. (Hg.), *Scientific Freedom: An Anthology on Freedom of Scientific Research*, London, S. 162–176, <http://dx.doi.org/10.5040/9781849669009.ch-015>.

Collins, Harry/Evans, Robert (2007) — *Rethinking Expertise*, Chicago/London.

Comroe, Julius H. (1976) — »What Makes the Sky Blue?«, in: *American Review of Respiratory Diseases*, 113, S. 219–222.

Corbellini, Gilberto/Sirgiovanni, Elisabetta (2012) — »Science, Society and Democracy: Freedom of Science as a Catalyzer of Liberty«, in: Simona Giordano/John Coggon & al. (Hg.), *Scientific Freedom: An Anthology on Freedom of Scientific Research*, London, S. 113–127, <http://dx.doi.org/10.5040/9781849669009.ch-011>.

Cournand, André F./Zuckerman, Harriet (1970) — »The Code of Science: Analysis and Some Reflections on Its Future«, in: *Studium generale*, 23, S. 941–962.

Crease, Robert P. (2015) — »›Big Science,‹ by Michael Hiltzik«, in: *NYTimes.com*, letzter Zugriff am 14. Juli 2015, <http://nyti.ms/1Df2bRz>.

Crosland, Maurice (1975) — »The Development of a Professional Career in Science in France«, in: Maurice Crosland (Hg.), *The Emergence of Science in Western Europe*, London, S. 139–159.

Dahms, Hans-Joachim (2013) — »Bemerkungen zur Geschichte des Werturteilsstreits«, in: Gerhard Schurz/Martin Carrier (Hg.), *Werte in den Wissenschaften. Neue Ansätze zum Werturteilsstreit*, Berlin, S. 74–107.

Deresiewicz, William (2014) — »Don't Send Your Kid to the Ivy League«, in: *New Republic*, letzter Zugriff am 4. Dezember 2014, <http://www.newrepublic.com/article/118747/ivy-league-schools-are-overrated-send-your-kids-elsewhere>.

Deutscher Ethikrat (2011) — *Präimplantationsdiagnostik: Stellungnahme*, Berlin.

Deutscher Ethikrat (2014) — *Biosicherheit - Freiheit und Verantwortung in der Wissenschaft*, Berlin.

Dewey, John (1988) — »Freedom and Culture«, in: Jo Ann Boydston (Hg.), *The Later Works, 1925-1953*, Bd. 13, Carbondale, S. 63–188.

DFG (2013) — »Positionspapier der DFG zur Zukunft des Wissenschaftssystems«, <http://www.dfg.de/download/pdf/dfg_im_profil/reden_stellungnahmen/2013/130704_dfg-positionspapier_zukunft_wissenschaftssystem.pdf>.

DFG/Leopoldina (2014) — »Wissenschaftsfreiheit und Wissenschaftsverantwortung. Empfehlungen zum Umgang mit sicherheitsrelevanter Forschung«, <http://www.leopoldina.org/uploads/tx_leopublication/2014_06_DFG_Leopoldina_Wissenschaftsfreiheit_-verantwortung_D.pdf>.

Diogenes Laertius (1807) — *Von den Leben und den Meinungen berühmter Philosophen*, Bd. 1, Wien/Prag.

Döhler, Elmar/Nemitz, Carsten (2000) — »Wissenschaft und Wissenschaftsfreiheit in internationalen Vereinbarungen«, in: Hellmut Wagner (Hg.), *Rechtliche Rahmenbedingungen für Wissenschaft und Forschung. Forschungsfreiheit und Staatliche Regulierung*, Bd. 1, Baden-Baden, S. 159–188.

Drenth, Pieter J. D. (2002) — »Freedom and Responsibility in Science: Reconcilable Objectives?«, in: Kurt Pawlik/Dorothea Frede (Hg.), *Forschungsfreiheit und ihre ethischen Grenzen*, Göttingen, S. 121–129.

Duden (2016) — »fiat justitia, et pereat mundus«, in: *Duden online*, letzter Zugriff am 11. Januar 2016, <http://www.duden.de/rechtschreibung/fiat_justitia__et_pereat_mundus>.

Dupré, John (2013) — »Tatsachen und Werte«, in: Gerhard Schurz/Martin Carrier (Hg.), *Werte in den Wissenschaften. Neue Ansätze zum Werturteilsstreit*, Berlin, S. 255–271.

Durkheim, Emile (1981) — *Die elementaren Formen des religiösen Lebens*, Frankfurt am Main.

Dworkin, Ronald (1996) — »Why Academic Freedom?«, in: *Freedom's Law. The Moral Reading of the Moral Constitution*, Cambridge, S. 244–260.

Dzwonnek, Dorothee (2014) — »Gefahr oder Garant? Drittmittelforschung und Forschungsfreiheit - Anmerkungen zu einem unvermuteten Zusammenhang«, in: *Forschung &
Lehre*, 2, S. 92.

Elster, Jon (2015) — »Obscurantism and Academic Freedom«, in: Akeel Bilgrami/Jonathan R.
Cole (Hg.), *Who's Afraid of Academic Freedom?*, New York, E-ISBN 978-0-231-53879-4,
Pos. 1946–2305.

Enoch, David (2001) — »Once You Start Using Slippery Slope Arguments, You're on a Very
Slippery Slope«, in: *Oxford Journal of Legal Studies*, 21, S. 629–648.

Erler, Michael (2006) — *Platon*, München.

Etzkowitz, Henry/Leydesdorff, Loet (2000) — »The Dynamics of Innovation: From National
Systems and ›Mode 2‹ to a Triple Helix of University-Industry-Government Rela-
tions«, in: *Research Policy*, 29, S. 109-123.

Eulenburg, Franz (1904) — *Die Frequenz der deutschen Universitäten von ihrer Gründung bis zur
Gegenwart*, Leipzig.

Evers, Marco/Traufetter, Gerald (2002) — »Ikarus der Physik«, in: *Spiegel*, 41, S. 234–236.

Evers, Michael (2014) — »Fehlgeleitete Forschungsrakete: TU Braunschweig verlegt Testflü-
ge«, in: *Heise online*, letzter Zugriff am 24. September 2014, <http://heise.de/-2237
490>.

Fanelli, Daniele (2009) — »How Many Scientists Fabricate and Falsify Research? A Systematic Review and Meta-Analysis of Survey Data«, in: *Plos One*, 4, <http://doi.org/10.1371/
journal.pone.0005738>.

Farrar, W. V. (1975) — »Science and the German University System, 1790-1850«, in: Maurice
Crosland (Hg.), *The Emergence of Science in Western Europe*, London, S. 179-192.

Fauci, Anthony S./Collins, Francis S. (2012) — »Benefits and Risks of Influenza Research: Les-
sons Learned«, in: *Science*, 336, S. 1522-1523.

Fenner, Dagmar (2010) — *Einführung in die Angewandte Ethik*, Tübingen.

Fichte, Johann Gottlieb (1964) — »Zurückforderung der Denkfreiheit von den Fürsten Europens, die sie bisher unterdrückten«, in: *J. G. Fichte-Gesamtausgabe*, Bd. 1,1, Stuttgart-
Bad Cannstatt, S. 163-192.

Fichte, Johann Gottlieb (1971) — *Von den Pflichten der Gelehrten. Jenaer Vorlesungen 1794/95*,
Hamburg.

Fichte, Johann Gottlieb (2005) — »Über die einzig mögliche Störung der akademischen Freiheit«, in: *J. G. Fichte-Gesamtausgabe*, Bd. 1,10, Stuttgart-Bad Cannstatt, S. 347-375.

Finetti, Marco/Himmelrath, Armin (1999) — *Der Sündenfall. Betrug und Fälschung in der deutschen Wissenschaft*, Stuttgart.

Finkin, Matthew W./Post, Robert (2009) — *For the Common Good. Principles of American Academic Freedom*, New Haven/London.

Fischer, Klaus (2000) — »Was heißt Freiheit der Wissenschaft heute?«, in: Anselm Winfried
Müller/Rainer Hettich (Hg.), *Die gute Universität. Beiträge zu Grundfragen der Hochschulreform*, Baden-Baden, S. 83-106.

Fouchier, Ron A. M./García-Sastre, Adolfo & al. (2012) — »Pause on Avian Flu Transmission
Research«, in: *Science*, 335, S. 400-401.

Frankfurt, Harry G. (2005) — *On Bullshit*, Princeton.

Freeman, Scott/Eddy, Sarah L. & al. (2014) — »Active Learning Increases Student Perfor-mance in Science, Engineering, and Mathematics«, in: *Proceedings of the National Academy of Sciences*, Early Edition, <http://doi.org/10.1073/pnas.1319030111>.

Fretschner, Rainer (2006) — *Zwischen Autonomie und Heteronomie – Wissenschaft als Dienst-leistung. Eine systemtheoretische und praxeologische Analyse des Strukturwandels der Wis-senschaft*, Bochum. <http://www-brs.ub.ruhr-uni-bochum.de/netahtml/HSS/Diss/FretschnerRainer/diss.pdf>.

Freud, Sigmund (1917) — »Eine Schwierigkeit der Psychoanalyse«, in: *Imago. Zeitschrift für Anwendung der Psychoanalyse auf die Geisteswissenschaften*, 5, S. 1–7.

Friedrichs, Hauke (2013) — »Ein Preis gegen die Bestialität«, in: *Zeit Online*, letzter Zugriff am 22. Juli 2014, <http://www.zeit.de/politik/ausland/2013-10/friedensnobelpreis-opcw-chemiewaffen-syrien-kommentar>.

Fröhlich, Gerhard (2001) — »Betrug und Täuschung in den Sozial- und Kulturwissenschaf-ten«, in: Theo Hug (Hg.), *Wie kommt Wissenschaft zu Wissen?*, Bd. 4, Hohengehren/Baltmannsweiler, S. 261–273.

Frömmel, Cornelius (2014) — »Bitte nur die ganze Wahrheit!«, in: *Die Zeit*, 31, S. 31.

Fuller, Steve (2009) — *The Sociology of Intellectual Life. The Career of the Mind in and around the Academy*, Los Angeles.

Funken, Christiane/Hörlin, Sinje & al. (2013) — »Generation 35plus – Aufstieg oder Ausstieg? Hochqualifizierte und Führungskräfte in Wirtschaft und Wissenschaft«, <http://www.mgs.tu-berlin.de/fileadmin/i62/mgs/Generation35plus_ebook.pdf>.

Gethmann, Carl Friedrich (2015) — »Risiko-Chancen-Abwägung, Vorsorgeprinzip und die Verantwortung des Wissenschaftlers«, in: Jörg Hacker (Hg.), *Freiheit und Verantwor-tung der Wissenschaft: Rechtfertigen die Erfolgschancen von Forschung ihre potentiellen Risiken?*, Halle (Saale), S. 52–62.

Gibbons, Michael/Limoges, Camille & al. (1994) — *The New Production of Knowledge: The Dy-namics of Science and Research in Contemporary Societies*, London.

Gibson, Daniel G./Glass, John I. & al. (2010) — »Creation of a Bacterial Cell Controlled by a Chemically Synthesized Genome«, in: *Science*, 329, S. 52–56.

Gillmann, Barbara (2011) — »Unnötiges Feigenblatt«, in: *Das Parlament*, 15, <http://www.das-parlament.de/2011/15/MenschenMeinungen/34099527.html>.

Glotz, Peter (2003) — »Die drei Dimensionen der geisteswissenschaftlichen Krise«, in: Flori-an Keisinger/Steffen Seischab (Hg.), *Wozu Geisteswissenschaften? Kontroverse Argumen-te für eine überfällige Debatte*, Frankfurt am Main/New York, S. 43–47.

Goldman, Alvin I. (1999) — *Knowledge in a Social World*, Oxford.

Golücke, Friedhelm (2011) — »Student«, in: Michael Maaser/Gerrit Walther (Hg.), *Bildung. Ziele und Formen, Traditionen und Systeme, Medien und Akteure*, Stuttgart/Weimar, S. 230–237.

Govier, Trudy (1982) — »What's Wrong with Slippery Slope Arguments?«, in: *Canadian Jour-nal of Philosophy*, 12, S. 303–316.

Graf, Angela (2015) — *Die Wissenschaftselite Deutschlands. Sozialprofil und Werdegänge zwi-schen 1945 und 2013*, Frankfurt am Main.

Greiner, Lena (2013) — »Nie wieder Kriegsforschung!«, in: *Spiegel Online*, letzter Zugriff am 29. Juli 2013, <http://www.spiegel.de/unispiegel/studium/militaerforschung-in-kiel-studenten-fordern-zivilklausel-a-907623.html>.

Grieneisen, Michael L./Zhang, Minghua (2012) — »A Comprehensive Survey of Retracted Articles from the Scholarly Literature«, in: *Plos One*, 7, <http://doi.org/10.1371/journal.pone.0044118>.

Grimm, Dieter (2002) — »Die Wissenschaft setzt ihre Autonomie aufs Spiel«, Interview, in: *Frankfurter Allgemeine Zeitung*, 11. Februar, S. 48.

Grüning, Thilo/Schönfeld, Nicolas (2007) — »Tabakindustrie und Ärzte: ›Vom Teufel bezahlt ...‹«, in: *Deutsches Ärzteblatt*, 104, S. A770–A774.

Gumbrecht, Hans Ulrich (2013) — »Intellektuelle Leidenschaft in der Drittmittel-Welt?«, in: *FAZ.NET*, letzter Zugriff am 1. November 2013, <http://blogs.faz.net/digital/2013/10/25/intellektuelle-leidenschaft-in-drittmittel-welt-395/>.

Habermas, Jürgen (1994) — *Faktizität und Geltung. Beiträge zur Diskurstheorie des Rechts und des demokratischen Rechtsstaats*, 4. Aufl., Frankfurt am Main.

Hacker, Jörg (2015) — »Ein Paradigmenwechsel in der Bewertung der Gentechnik«, Interview, in: *Frankfurter Allgemeine Zeitung*, 22. April, S. N2.

Hafner, Urs (2015a) — »Die Wissenschaft bekämpft den Betrug und fördert den Bluff«, in: *NZZ.ch*, letzter Zugriff am 6. Januar 2015, <http://www.nzz.ch/1.18454508>.

Hafner, Urs (2015b) — »Geist unter Strom«, in: *NZZ.ch*, letzter Zugriff am 25. Juli 2015, <http://www.nzz.ch/1.18582482>.

Hagner, Michael (2012) — »Wissenschaft und Demokratie oder: Wie demokratisch soll die Wissenschaft sein?«, in: Michael Hagner (Hg.), *Wissenschaft und Demokratie*, Berlin, S. 9–50.

Hahn, Roger (1975) — »Scientific Careers in Eighteenth-Century France«, in: *The Emergence of Science in Western Europe*, London, S. 127–138.

Hammerstein, Notker (2008) — »Konfessionseid und Lehrfreiheit«, in: Rainer A. Müller/Rainer Christoph Schwinges (Hg.), *Wissenschaftsfreiheit in Vergangenheit und Gegenwart*, Basel, S. 17–38.

Hampe, Daniel (2009) — *Hochschulsponsoring und Wissenschaftsfreiheit*, Baden-Baden.

Haraway, Donna (1988) — »The Science Question in Feminism and the Privilege of Partial Perspective«, in: *Feminist Studies*, 14, S. 575–599.

Hartmann, Michael (2015) — »Werden die Hochschulen zu Sklaven der Wissenschaft? Pro«, in: *Die Zeit*, 11, S. 75.

Hartmer, Michael (2014) — »Der Wutbürger und die Wissenschaft. Anmerkungen zu einer Zeitungsanzeige«, in: *Forschung & Lehre*, 6, S. 448–451.

Helmholtz, Hermann von (1878) — *Über die akademische Freiheit der deutschen Universität*, Berlin.

Herbst, Jurgen (2008) — »Akademische Freiheit in den USA: Privileg der Professoren oder Bürgerrecht?«, in: Rainer A. Müller/Rainer Christoph Schwinges (Hg.), *Wissenschaftsfreiheit in Vergangenheit und Gegenwart*, Basel, S. 317–329.

Hesse, Hermann (1943) — *Das Glasperlenspiel. Versuch einer Lebensbeschreibung des Magister Ludi Josef Knecht samt Knechts hinterlassenen Schriften*, Zürich.

Hessels, Laurens K./van Lente, Harro (2008) — »Re-Thinking New Knowledge Production: A Literature Review and a Research Agenda«, in: *Research Policy*, 37, S. 740–760.

Himmelrath, Armin (2014) — »Lizenz zur Verschwendung«, in: *Deutsche Universitätszeitung*, 12, <http://www.duz.de/duz-magazin/2014/12/lizenz-zur-verschwendung/281>.

Himpsl, Franz (2013) — »Offener Zugang, golden oder grün«, in: *Süddeutsche Zeitung*, 3. Juli, S. 15.

Höffe, Otfried (2001) — *Gerechtigkeit: Eine philosophische Einführung*, München.

Höffe, Otfried (2006) — *Aristoteles*, 3. Aufl., München.

Hoffmann, Christoph (2013) — *Die Arbeit der Wissenschaften*, Zürich/Berlin.

Horkheimer, Max (1985) — »Begriff der Bildung«, in: *Gesammelte Schriften*, Bd. 8, Frankfurt am Main, S. 409–419.

Hornbostel, Stefan (2014) — »Begrüßung und Einführung«, 7. Jahrestagung des Instituts für Forschungsinformation und Qualitätssicherung am 01./02.12.2014 in Berlin, <http://www.forschungsinfo.de/Jahrestagung_2014/jt_2014_main.asp?audioXXXAudiocast-sXXXaudio_rednero>.

Hornbostel, Stefan/Simon, Dagmar (2012) — »Strukturwandel des deutschen Forschungssystems - Herausforderungen, Problemlagen und Chancen«, in: Hans-Böckler-Stiftung (Hg.), *Expertisen für die Hochschule der Zukunft. Demokratische und soziale Hochschule*, Bad Heilbrunn, S. 241–272.

Horton, Helen/Vogel, Thorsten U. & al. (2002) — »Immunization of Rhesus Macaques with a DNA Prime/Modified Vaccinia Virus Ankara Boost Regimen Induces Broad Simian Immunodeficiency Virus (SIV)-Specific T-Cell Responses and Reduces Initial Viral Replication but Does Not Prevent Disease Progression Following Challenge with Pathogenic SIVmac239«, in: *Journal of Virology*, 76, S. 7187–7202.

Hoye, William J. (2010) — »Wurzeln der Wissenschaftsfreiheit an der mittelalterlichen Universität«, in: Hans-Georg Babke (Hg.), *Wissenschaftsfreiheit*, Frankfurt am Main, S. 19–47.

Hoyningen-Huene, Paul (2009) — »Zur Rationalität der Wissenschaftsethik«, in: Gottfried Magerl/Heinrich Schmidinger (Hg.), *Ethos und Integrität der Wissenschaft*, Wien, S. 11–30.

Huizinga, Johan (1987) — *Homo ludens. Vom Ursprung der Kultur im Spiel*, Reinbek.

Humanity+ (2015) — »The Transhumanist FAQ 3.0«, letzter Zugriff am 18. März 2015, <http://humanityplus.org/philosophy/transhumanist-faq/>.

Humboldt, Wilhelm von (1964) — »Über die innere und äußere Organisation der höheren wissenschaftlichen Anstalten in Berlin«, in: Ernst Anrich (Hg.), *Die Idee der deutschen Universität. Die fünf Grundschriften aus der Zeit ihrer Neubegründung durch klassischen Idealismus und romantischen Realismus*, Darmstadt, S. 377–386.

Hyperraum (2012) — »Was ist ›gute Wissenschaft‹? Ein Hearing über ethische Grenzen biotechnologischer Forschung«, in: *Hyperraum.tv*, <http://www.hyperraum.tv/2012/10/31/was-ist-gute-wissenschaft/>.

Ioannidis, John P. A. (2013) — »Why Most Published Research Findings Are False«, in: *Plos Medicine*, 2, <http://doi.org/10.1371/journal.pmed.0020124>.

IPPNW Nürnberg-Fürth-Erlangen (2014) — »Der Nürnberger Kondex 1947«, letzter Zugriff am 25. September 2014, <http://www.ippnw-nuernberg.de/aktivitaet2_1.html>.

Jackson, Ronald J./Ramsay, Alistair & al. (2001) — »Expression of Mouse Interleukin-4 by a Recombinant Ectromelia Virus Suppresses Cytolytic Lymphocyte Responses and Overcomes Genetic Resistance to Mousepox«, in: *Journal of Virology*, 75, S. 1205-1210.

Jamison, Andrew (2011) — »Knowledge Making in Transition. On the Changing Contexts of Science and Technology«, in: Alfred Nordmann/Hans Radder & al. (Hg.), *Science Transformed? Debating Claims of an Epochal Break*, Pittsburgh, S. 93-105.

Janzarik, Birte (2008) — »Die Entwicklung der Wissenschaftsfreiheit in der Bundesrepublik Deutschland«, in: Rainer A. Müller/Rainer Christoph Schwinges (Hg.), *Wissenschaftsfreiheit in Vergangenheit und Gegenwart*, Basel, S. 207-226.

Jarosinski, Eric (2014) — »Eric Jarosinski: Talking about Twitter«, in: *YouTube*, <http://youtu.be/t2zUIMpsrjM>.

Jaspers, Karl (1946) — *Die Idee der Universität*, Berlin.

Jonas, Hans (1984) — *Das Prinzip Verantwortung. Versuch einer Ethik für die technologische Zivilisation*, Frankfurt am Main.

Jonas, Hans (1991) — »Wissenschaft und Forschungsfreiheit. Ist erlaubt, was machbar ist?«, in: Hans Lenk (Hg.), *Wissenschaft und Ethik*, Stuttgart, S. 193-214.

Kaeser, Eduard (2014) — »Skepsis und Vertrauen«, in: *NZZ.ch*, letzter Zugriff am 12. August 2014, <http://www.nzz.ch/1.18344762>.

Kant, Immanuel (1917) — »Der Streit der Facultäten«, in: *Kant's gesammelte Schriften*, Bd. 7, Berlin, S. 1-116.

Kant, Immanuel (1923) — »Beantwortung der Frage: Was ist Aufklärung?«, in: *Kant's gesammelte Schriften*, Bd. 8, Berlin/Leipzig, S. 33-42.

Kasavin, Ilya T. (2015) — »The Philosophy of Science: A Political Turn«, in: *Herald of the Russian Academy of Sciences*, 85, S. 1103-1112.

Kass, Leon R. (1997) — »The Wisdom of Repugnance«, in: *New Republic*, 216 (22), S. 17-26.

Kaube, Jürgen (1998) — »Forschungsfreiheit - soziologische Anmerkungen«, in: *Gegenworte*, 1, S. 31-34.

Kaube, Jürgen (2003) — »Das Unbehagen in den Geisteswissenschaften: Empirische und überempirische Krisen«, in: Florian Keisinger/Steffen Seischab (Hg.), *Wozu Geisteswissenschaften? Kontroverse Argumente für eine überfällige Debatte*, Frankfurt am Main/New York, S. 17-28.

Kaufhold, Ann-Katrin (2006) — *Die Lehrfreiheit - ein verlorenes Grundrecht? Zu Eigenständigkeit und Gehalt der Gewährleistung freier Lehre in Art. 5 Abs. 3 GG*, Berlin.

Kielmansegg, Peter Graf (2012) — »Die institutionalisierte Geringschätzung der Lehre«, in: *Frankfurter Allgemeine Zeitung*, 8. August, S. N5.

Kirchhof, Paul (1995) — *Die kulturellen Voraussetzungen der Freiheit. Verfassungsrechtliche Überlegungen zur Wirtschaftsfreiheit, zur Forschungsfreiheit und zur Willensbildung in einer Demokratie*, Heidelberg.

Kitcher, Philip (2001) — *Science, Truth, and Democracy*, Oxford/New York.

Kitcher, Philip (2011) — *Science in a Democratic Society*, New York.

Klecha, Stephan/Hensel, Alexander (2015) — »Irrungen oder Zeitgeist?«, in: Franz Walter/Stephan Klecha & al. (Hg.), *Die Grünen und die Pädosexualität. Eine bundesdeutsche Geschichte*, Göttingen, S. 7-22.

Knobe, Joshua (2007) — »Experimental Philosophy«, in: *Philosophy Compass*, 2, S. 81–92.

Koertge, Noretta (2013) — »Wissenschaft, Werte und die Werte der Wissenschaft«, in: Gerhard Schurz/Martin Carrier (Hg.), *Werte in den Wissenschaften. Neue Ansätze zum Werturteilsstreit*, Berlin, S. 233–251.

Kohlenberg, Kerstin/Musharbash, Yassin (2013) — »Die gekaufte Wissenschaft«, in: *Die Zeit*, 32, S. 13–15.

Korn, Sandra Y. L. (2014) — »The Doctrine of Academic Freedom«, in: *The Harvard Crimson*, letzter Zugriff am 22. Februar 2015, <http://www.thecrimson.com/column/the-red-line/article/2014/2/18/academic-freedom-justice/>.

Kreß, Hartmut (2010) — »Wissenschaft als Kulturgut und die heutige Krise der Wissenschaftsfreiheit. Problemhinweise zu einem vernachlässigten Thema aus ethischer Sicht«, in: Hans-Georg Babke (Hg.), *Wissenschaftsfreiheit*, Frankfurt am Main, S. 77–115.

Kreutzberg, Georg W. (2004) — »The Rules of Good Science«, in: *Embo Reports*, 5, S. 330–332.

Kühl, Stefan (2015) — »Wie aus Massen Klassen werden«, in: *FAZ.NET*, letzter Zugriff am 16. Mai 2015, <http://www.faz.net/-gsn-838fb>.

Kuhn, Thomas S. (1976) — *Die Struktur wissenschaftlicher Revolutionen*, Frankfurt am Main.

Kutschera, Franz von (1999) — *Grundlagen der Ethik*, 2. Aufl., Berlin/New York.

Kymlicka, Will/Donaldson, Sue (2011) — *Zoopolis. A Political Theory of Animal Rights*, Oxford.

LaFrance, Adrienne (2014) — »Even the Editor of Facebook's Mood Study Thought It Was Creepy«, in: *The Atlantic*, letzter Zugriff am 30. Juni 2014, <http://theatln.tc/1iT33Xa>.

Leiter, Brian (2014) — »The Paradoxes of Public Philosophy«, in: *Social Science Research Network*, <http://ssrn.com/abstract=2524180>.

Leith, Peat/Meinke, Holger (2015) — »Science Must Be Relevant to Society If It's to Earn Its Keep«, in: *The Conversation*, letzter Zugriff am 15. Mai 2015, <http://theconversation.com/science-must-be-relevant-to-society-if-its-to-earn-its-keep-40957>.

Lentzos, Filippa/van der Bruggen, Koos & al. (2015) — »Can We Trust Scientists' Self-Control?«, in: *theguardian.com*, letzter Zugriff am 26. April 2015, <http://gu.com/p/47phg/sbl>.

Lewitscharoff, Sibylle (2014a) — »Von der Machbarkeit. Die wissenschaftliche Bestimmung über Geburt und Tod«, <http://www.staatsschauspiel-dresden.de/download/18986/dresdner_rede_sibylle_lewitscharoff_final.pdf>.

Lewitscharoff, Sibylle (2014b) — »Sibylle Lewitscharoff persönlich«, öffentliches Gespräch mit Karl-Heinz Ott anlässlich der Verleihung der Landauer Poetik-Dozentur am 15.07.2014.

Lexchin, Joel/Bero, Lisa A. & al. (2003) — »Pharmaceutical Industry Sponsorship and Research Outcome and Quality. Systematic Review«, in: *British Medical Journal*, 326, S. 1167–1170.

Lichtenstein, Ernst (1971) — »Bildung«, in: Joachim Ritter (Hg.), *Historisches Wörterbuch der Philosophie*, Bd. 1, Darmstadt, S. 921–937.

Liessmann, Konrad Paul (2009) — »Stätten der Lebensnot? Über die Gegenwart unserer Bildungsanstalten«, in: Axel Hutter/Markus Kartheininger (Hg.), *Bildung als Mittel und Selbstzweck. Korrektive Erinnerung wider die Verengung des Bildungsbegriffs*, Freiburg/München, S. 146–156.

Linden, Belinda (2008) — »Basic Blue Skies Research in the UK: Are We Losing Out?«, in: *Journal of Biomedical Discovery and Collaboration*, 3, <http://doi.org/10.1186/1747-5333-3-3>.

Longino, Helen E. (2013) — »Werte, Heuristiken und die Politik des Wissens«, in: Gerhard Schurz/Martin Carrier (Hg.), *Werte in den Wissenschaften. Neue Ansätze zum Werturteilsstreit*, Berlin, S. 209-232.

Loue, Sana (2000) — *Textbook of Research Ethics: Theory and Practice*, New York.

Lübbe, Hermann (1974) — »Nichttechnische Disziplinen in der Vorbereitung auf die gesellschaftliche Verantwortung des Ingenieurs. Ein skeptisches Kapitel zum Theorie-Praxis-Thema«, in: Alois Huning (Hg.), *Ingenieurausbildung und soziale Verantwortung*, Düsseldorf, S. 177-189.

Luhmann, Niklas (1990) — *Die Wissenschaft der Gesellschaft*, Frankfurt am Main.

MacAskill, William (2015) — »The Best Person Who Ever Lived Is an Unknown Ukrainian Man«, in: *Boing Boing*, letzter Zugriff am 2. August 2015, <http://boingboing.net/?p=409932>.

MacCallum, Gerald C. (1967) — »Negative and Positive Freedom«, in: *Philosophical Review*, 76, S. 312-334.

Macfarlane, Bruce/Cheng, Ming (2008) — »Contemporary Support among Academics for Merton's Scientific Norms«, in: *Journal of Academic Ethics*, 6, S. 67-78.

MacLeod, Roy (1997) — »Science and Democracy: Historical Reflections on Present Discontents«, in: *Minerva*, 35, S. 369-384.

Maher, Brendan/Sureda Anfres, Miquel (2016) — »Under Pressure«, in: *Nature*, 538, S. 444-445.

Malpas, Jeff (2002) — »Das ›Recht‹ auf Forschung und der Schutz menschlicher Probanden: Einige ethische Probleme in den gegenwärtigen Sozialwissenschaften«, in: Ulrich Arnswald/Jens Kertscher (Hg.), *Herausforderungen der Angewandten Ethik*, Paderborn, S. 33-46.

Mandler, Michael (1999) — *Dilemmas in Economic Theory. Persisting Foundational Problems of Microeconomics*, Oxford/New York.

Mandler, Peter (2015) — »Rise of the Humanities«, in: *Aeon*, letzter Zugriff am 23. Dezember 2015, <https://aeon.co/essays/the-humanities-are-booming-only-the-professors-can-t-see-it>.

Marchant, Gary E./Pope, Lynda L. (2009) — »The Problems with Forbidding Science«, in: *Science and Engineering Ethics*, 15, S. 375-394.

Marcovich, Anne/Shinn, Terry (2011) — »From the Triple Helix to a Quadruple Helix? The Case of Dip-Pen Nanolithography«, in: *Minerva*, 49, S. 175-190.

Markl, Hubert (1990) — »Wohin führt uns die Wissenschaft?«, in: *Die Zeit*, 34, S. 66.

Markl, Hubert (1991) — »Freiheit der Wissenschaft, Verantwortung der Forscher«, in: Hans Lenk (Hg.), *Wissenschaft und Ethik*, Stuttgart, S. 40-53.

Merton, Robert K. (1973) — »The Normative Structure of Science«, in: *The Sociology of Science. Theoretical and Empirical Investigations*, London/Chicago, S. 267-278.

Merton, Robert K. (1985) — *Entwicklung und Wandel von Forschungsinteressen. Aufsätze zur Wissenschaftssoziologie*, Frankfurt am Main.

Metschl, Ulrich (2016) — *Vom Wert der Wissenschaft und vom Nutzen der Forschung. Zur gesellschaftlichen Rolle akademischer Wissenschaft*, Wiesbaden.

Metzger, Walter P. (1978) — »Academic Freedom and Scientific Freedom«, in: *Daedalus*, 107, S. 93-114.

Midgley, Mary (2000) — »Biotechnology and Monstrosity: Why We Should Pay Attention to the ›Yuk Factor‹«, in: *Hastings Center Report*, 30 (5), S. 7-15.

Mikhail, Thomas (2009) — *Bilden und Binden. Zur religiösen Grundstruktur pädagogischen Handelns*, Frankfurt am Main.

Mill, John Stuart (1998) — *On Liberty and Other Essays*, Oxford/New York.

Mittelstraß, Jürgen (1982) — »Wissenschaft als Lebensform. Zur gesellschaftlichen Relevanz und zum bürgerlichen Begriff der Wissenschaft«, in: *Wissenschaft als Lebensform. Reden über philosophische Orientierungen in Wissenschaft und Universität*, S. 11-36.

Mittelstraß, Jürgen (1994) — »Die Weisheit hat sich ein Haus gebaut: Die europäische Universität und der Geist der Wissenschaft«, in: Jürgen Mittelstraß (Hg.), *Die unzeitgemäße Universität*, Frankfurt am Main, S. 63-87.

Möller, Christina (2014) — »Als Arbeiterkind zur Professur? Wissenschaftliche Karrieren und soziale Herkunft«, in: *Forschung & Lehre*, 6, S. 454-456.

Moran, Bruce T. (2006) — »Courts and Academies«, in: Katharine Park/Lorraine Daston (Hg.), *The Cambridge History of Science*, Bd. 3, Cambridge, S. 179-191.

Morscher, Edgar (2006) — »Idee und moralischer Auftrag von Wissenschaft und Universität«, in: Michael Fischer (Hg.), *Politische Ethik II: Bildung und Zivilisation*, Frankfurt am Main, S. 89-97.

Müller-Böling, Detlef (2000) — *Die entfesselte Hochschule*, Gütersloh.

Müller-Jung, Joachim (2013) — »Auch die besten Wissenschaftler sind schlechte Gutachter«, in: *Frankfurter Allgemeine Zeitung*, 23. Oktober, S. N5.

Müller, Rainer A. (1990) — *Geschichte der Universität: Von der mittelalterlichen Universitas zur deutschen Hochschule*, München.

Müller, Rainer A. (2001) — »Vom Ideal zum Verfassungsprinzip. Die Diskussion um die Wissenschaftsfreiheit in der ersten Hälfte des 19. Jahrhunderts«, in: Rainer Christoph Schwinges (Hg.), *Humboldt international. Der Export des deutschen Universitätsmodells im 19. und 20. Jahrhundert*, Basel, S. 349-366.

Müller, Rainer A. (2008) — »Von der ›Libertas philosophandi‹ zur ›Lehrfreiheit‹. Zur Wissenschaftsfreiheit im Zeitalter der Aufklärung«, in: Rainer A. Müller/Rainer Christoph Schwinges (Hg.), *Wissenschaftsfreiheit in Vergangenheit und Gegenwart*, Basel, S. 57-67.

Müller, Wolfgang (2014) — »Vom Zauber der Entzauberung«, in: *NZZ.ch*, letzter Zugriff am 11. August 2015, <http://www.nzz.ch/1.18387016>.

Münch, Richard (2009) — »Qualitätssicherung, Benchmarking, Ranking. Wissenschaft im Kampf um die besten Zahlen«, in: *H-Soz-u-Kult*, 27.05.2009, <http://hsozkult.geschichte.hu-berlin.de/index.asp?type=diskussionen&id=1104&view=pdf&pn=forum>.

Münch, Richard (2011) — *Akademischer Kapitalismus. Über die politische Ökonomie der Hochschulreform*, Berlin.

Naím, Moisés/Bennett, Philip (2015) — »The Anti-Information Age«, in: *The Atlantic*, letzter Zugriff am 21. Februar 2015, <http://theatln.tc/1AYQ1jS>.

Nature News (2007) — »Korean Stem-Cell Fraud Claims Another Victim«, in: *Nature*, 445, S. 247.

Nida-Rümelin, Julian (2005) — »Wissenschaftsethik«, in: Julian Nida-Rümelin (Hg.), *Angewandte Ethik. Die Bereichsethiken und ihre theoretische Fundierung. Ein Handbuch*, 2. Aufl., Stuttgart, S. 834–860.

Nida-Rümelin, Julian (2006) — *Demokratie und Wahrheit*, München.

Nida-Rümelin, Julian (2009) — »Alte Bildungsideale und neue Herausforderungen der europäischen Universität«, in: Axel Hutter/Markus Kartheininger (Hg.), *Bildung als Mittel und Selbstzweck. Korrektive Erinnerung wider die Verengung des Bildungsbegriffs*, Freiburg/München, S. 124–144.

Nida-Rümelin, Julian (2013) — *Philosophie einer humanen Bildung*, Hamburg.

Nixdorff, Kathryn (2015) — »Dual Use Research of Concern in der internationalen Wissenschaftsgemeinschaft«, in: Jörg Hacker (Hg.), *Freiheit und Verantwortung der Wissenschaft: Rechtfertigen die Erfolgschancen von Forschung ihre potentiellen Risiken?*, Halle (Saale), S. 25–29.

Noonan, Jeff (2014) — »Thought-Time, Money-Time, and the Temporal Conditions of Academic Freedom«, in: *Time & Society*, <http://doi.org/10.1177/0961463X14539579>.

Nordmann, Alfred (2011) — »The Age of Technoscience«, in: Alfred Nordmann/Hans Radder & al. (Hg.), *Science Transformed? Debating Claims of an Epochal Break*, Pittsburgh, S. 19–30.

Nordmann, Alfred/Radder, Hans & al. (2011) — »Science after the End of Science? An Introduction to the ›Epochal Break Thesis‹«, in: Alfred Nordmann/Hans Radder & al. (Hg.), *Science Transformed? Debating Claims of an Epochal Break*, Pittsburgh, S. 1–15.

Nozick, Robert (1974) — *Anarchy, State, and Utopia*, New York.

Nussbaum, Martha C. (2012) — *Nicht für den Profit! Warum Demokratie Bildung braucht*, Überlingen.

Overhoff, Jürgen (2014) — »Schluss mit Kungeln!«, in: *Die Zeit*, 13, S. 71–72.

Özmen, Elif (2012) — »Die normativen Grundlagen der Wissenschaftsfreiheit«, in: Friedemann Voigt (Hg.), *Freiheit der Wissenschaft. Beiträge zu ihrer Bedeutung, Normativität und Funktion*, Berlin, S. 111–132.

Özmen, Elif (2013) — »Bedeutet das Ende des Menschen das Ende der Moral? Zur Renaissance anthropologischer Argumente in der Angewandten Ethik«, in: *Studia philosophica*, 71, S. 257–270.

Özmen, Elif (2015) — »Wissenschaft. Freiheit. Verantwortung. Über Ethik und Ethos der freien Wissenschaft und Forschung«, in: *Ordnung der Wissenschaft*, 2, S. 65–72.

Pielke, Roger (2010) — »In Retrospect: *Science - The Endless Frontier*«, in: *Nature*, 466, S. 922–923.

Popper, Karl R. (1971) — »The Moral Responsibility of the Scientist«, in: *Security Dialogue*, 2, S. 279–283.

Prado, Plínio (2010) — *Das Prinzip Universität (als unbedingtes Recht auf Kritik)*, Zürich.

Preuß, Roland (2013) — »Kirche stoppt Aufklärung des Missbrauchsskandals«, in: *Süddeutsche.de*, letzter Zugriff am 23. Juli 2014, <http://sz.de/1.1568320>.

Preuß, Roland/Schultz, Tanjev (2011) — *Guttenbergs Fall: Der Skandal und seine Folgen für Politik und Gesellschaft*, Gütersloh.

Price, Derek J. de Solla (1963) — *Little Science, Big Science*, New York.

Price, Don K. (1967) — *The Scientific Estate*, Cambridge.

Putnam, Hilary (1987) — »Scientific Liberty and Scientific Licence«, in: *Grazer philosophische Studien*, 30, S. 43-51.

Rawls, John (1977) — »Die Rechtfertigung bürgerlichen Ungehorsams«, in: *Gerechtigkeit als Fairneß*, Freiburg/München, S. 165-191.

Reed, Rob (2014) — »Does the Student a) Know the Answer, or Are They b) Guessing?«, in: *The Conversation*, letzter Zugriff am 22. September 2014, <http://theconversation.com /does-the-student-a-know-the-answer-or-are-they-b-guessing-31893>.

Reichholf, Josef H. (2015) — »Wo Wissenschaft noch wirklich frei ist«, in: Peter Finke (Hg.), *Freie Bürger, freie Forschung: Die Wissenschaft verlässt den Elfenbeinturm*, München, S. 25-29.

Reisman, Sorel (2006) — »The Myth of Academic Freedom«, in: *IT Professional*, November/ Dezember, S. 63-64.

Reydon, Thomas (2013) — *Wissenschaftsethik: Eine Einführung*, Stuttgart.

Ridder-Symoens, Hilde de (2008) — »Intellectual Freedom under Strain in the Low Countries During the Long Sixteenth Century«, in: Rainer A. Müller/Rainer Christoph Schwinges (Hg.), *Wissenschaftsfreiheit in Vergangenheit und Gegenwart*, Basel, S. 229-248.

Robison, Wade L./Sanders, John T. (1993) — »The Myths of Academia: Open Inquiry and Funded Research«, in: *Journal of College and University Law*, 19, S. 227-250.

Roche, Mark (2014) — »Sie fragen nach der Lehre? Wie schön!«, in: *Frankfurter Allgemeine Zeitung*, 8. Oktober, S. N4.

Roche, Mark (2015) — »Was amerikanische von deutschen Universitäten lernen können«, in: *Frankfurter Allgemeine Zeitung*, 10. Juni, S. N4.

Rollin, Bernard E. (2006) — *Science and Ethics*, Cambridge.

Rose, Steven (2009) — »Should Scientists Study Race and IQ? No: Science and Society Do Not Benefit«, in: *Nature*, 457, S. 786-788.

Royal Society (2015) — »History«, letzter Zugriff am 3. Februar 2015, <https://royalsociety. org/about-us/history/>.

Russell, Conrad (1993) — *Academic Freedom*, London/New York.

Sandel, Michael J. (2012) — *What Money Can't Buy: The Moral Limits of Markets*, New York.

Schavan, Annette (2009) — »Bildung ist vor allem Selbstzweck«, Interview, in: *FAZ.NET*, letzter Zugriff am 2. August 2015, <http://www.faz.net/-gpg-12t4v>.

Schelsky, Helmut (1971) — *Einsamkeit und Freiheit. Idee und Gestalt der deutschen Universität und ihrer Reformen*, 2. Aufl., Düsseldorf.

Schimank, Uwe (2012) — »Wissenschaft als gesellschaftliches Teilsystem«, in: Sabine Maasen/Mario Kaiser & al. (Hg.), *Handbuch Wissenschaftssoziologie*, Wiesbaden, S. 113-123.

Schlink, Bernhard (1971) — »Das Grundgesetz und die Wissenschaftsfreiheit. Zum gegenwärtigen Stand der Diskussion um Art. 5 III GG«, in: *Der Staat*, 10, S. 244-268.

Schmidt, Walter A. E. (1929) — *Die Freiheit der Wissenschaft. Ein Beitrag zur Geschichte und Auslegung des Art. 142 der Reichsverfassung*, Berlin.

Schmitt, Stefan/Schramm, Stefanie (2013) — »Rettet die Wissenschaft!«, in: *Zeit Online*, letzter Zugriff am 18. April 2014, <http://www.zeit.de/2014/01/wissenschaft-forschungrettung>.

Schneidewind, Uwe/Singer-Brodowski, Mandy (2014) — *Transformative Wissenschaft: Klimawandel im deutschen Wissenschafts- und Hochschulsystem*, 2. Aufl., Marburg.

Schopenhauer, Arthur (1939) — *Sämtliche Werke*, Bd. 6, Leipzig.

Schubert, Torben/Baier, Elisabeth & al. (2012) — »Metastudie Wirtschaftsfaktor Hochschule«, <http://www.stifterverband.de/wirtschaftsfaktor-hochschule/wirtschaftsfaktor_hochschule_bericht.pdf>.

Schubring, Gerd (1991) — »Spezialschulmodell versus Universitätsmodell: Die Institutionalisierung von Forschung«, in: Gerd Schubring (Hg.), ›Einsamkeit und Freiheit‹ neu besichtigt. *Universitätsreformen und Disziplinbildung in Preußen als Modell für Wissenschaftspolitik im Europa des 19. Jahrhunderts*, Stuttgart, S. 276–326.

Schulte, Hansgerd (2008) — »Wissenschaftsfreiheit in Frankreich«, in: Rainer A. Müller/Rainer Christoph Schwinges (Hg.), *Wissenschaftsfreiheit in Vergangenheit und Gegenwart*, Basel, S. 307–316.

Schulze von Glasser, Michael (2014) — »Zivilklauseln in Deutschland«, in: *Der Freitag*, letzter Zugriff am 4. April 2014, <http://www.freitag.de/autoren/michael-schulze-von-glasser/zivilklauseln-in-deutschland>.

Schweppenhäuser, Gerhard (2006) — *Grundbegriffe der Ethik zur Einführung*, 2. Aufl., Hamburg.

Schwinges, Rainer Christoph (2008) — »Libertas scholastica im Mittelalter«, in: Rainer A. Müller/Rainer Christoph Schwinges (Hg.), *Wissenschaftsfreiheit in Vergangenheit und Gegenwart*, Basel, S. 1–16.

Searle, John R. (1968) — »Austin on Locutionary and Illocutionary Acts«, in: *Philosophical Review*, 77, S. 405–424.

Searle, John R. (1969) — *Speech Acts. An Essay in the Philosophy of Language*, Cambridge.

Sen, Amartya (1988) — »Freedom of Choice. Concept and Content«, in: *European Economic Review*, 32, S. 269–294.

Shapin, Steven (1996) — *The Scientific Revolution*, Chicago/London.

Shapin, Steven (2006) — »The Man of Science«, in: Katharine Park/Lorraine Daston (Hg.), *The Cambridge History of Science*, Bd. 3, Cambridge/New York, S. 179–191.

Shapin, Steven (2008) — *The Scientific Life. A Moral History of a Late Modern Vocation*, Chicago/London.

Shapin, Steven (2010) — »On Science Producing Useful Goods«, in: *YouTube*, <http://youtu.be/LGrpJN5vSqQ>.

Shrader-Frechette, Kristin (2011) — »Climate Change, Nuclear Economics, and Conflicts of Interest«, in: *Science and Engineering Ethics*, 17, S. 75–107.

Shulevitz, Judith (2015) — »In College and Hiding From Scary Ideas«, in: *NYTimes.com*, letzter Zugriff am 29. März 2015, <http://nyti.ms/1lbzl2F>.

Singer, Peter (1975) — *Animal Liberation. A New Ethics for Our Treatment of Animals*, New York.

Singer, Peter (1996) — »Ethics and the Limits of Scientific Freedom«, in: *Monist*, 79, S. 218–229.

Sloterdijk, Peter (2013) — »Der Heilige und der Hochstapler. Von der Krise der Wiederholung in der Moderne«, in: Thomas Dreier/Ansgar Ohly (Hg.), *Plagiate. Wissenschaftsethik und Recht*, Tübingen, S. 11–29.

Small, Helen (2013) — *The Value of the Humanities*, Oxford.

Smend, Rudolf (1928) — »Das Recht der freien Meinungsäußerung«, in: *Das Recht der freien Meinungsäußerung. Der Begriff des Gesetzes in der Reichsverfassung. Verhandlungen der Tagung der Vereinigung der Deutschen Staatsrechtslehrer zu München am 24. und 25. März 1927*, Berlin/Leipzig, S. 44–73.

Snow, C. P. (1998) — *The Two Cultures*, Cambridge/New York.

Spaemann, Robert (2009) — »Die Menschheit lebt nicht ewig«, Interview, in: *Focus*, 52, S. 40.

Spielthenner, Georg (2010) — »A Logical Analysis of Slippery Slope Arguments«, in: *Health Care Analysis*, 18, S. 148–163.

Spinoza, Benedictus de (1976) — *Theologisch-politischer Traktat*, Hamburg.

Statistisches Bundesamt (2016) — »Personal an Hochschulen. Vorläufige Ergebnisse 2015«, <https://www.destatis.de/DE/Publikationen/Thematisch/BildungForschungKultur/ Hochschulen/PersonalVorbericht5213402158004.pdf>.

Stichweh, Rudolf (1987) — »Akademische Freiheit, Professionalisierung der Hochschullehre und Politik«, in: Jürgen Oelkers/Heinz-Elmar Tenorth (Hg.), *Pädagogik, Erziehungswissenschaft und Systemtheorie*, Weinheim/Basel, S. 125–145.

Stifterverband (2013) — »Hochschul-Barometer: Wie Hochschulen mit Unternehmen kooperieren«, <https://www.stifterverband.org/download/file/fid/544>.

Stifterverband (2015a) — »Eine Brücke zwischen Wirtschaft und Wissenschaft: Servicezentrum Stiftungsprofessuren«, letzter Zugriff am 22. November 2015, <http://www.stiftungsprofessuren.de>.

Stifterverband (2015b) — »Zahlen, bitte«, <http://www.stifterverband.org/download/file/fid/52>.

Stock, Günter/Schneidewind, Uwe (2014) — »Streit ums Mitspracherecht«, Interview, in: *Die Zeit*, 39, S. 41.

Stone, Geoffrey R. (2015) — »A Brief History of Academic Freedom«, in: Akeel Bilgrami/Jonathan R. Cole (Hg.), *Who's Afraid of Academic Freedom?*, New York, E-ISBN 978-0-231-53879-4, Pos. 242–429.

Strohschneider, Peter (2015) — »So global wie national«, in: *Forschung*, 2, S. 2–3.

Sutton, Robert B. (1953) — »The Phrase *Libertas Philosophandi*«, in: *Journal of the History of Ideas*, 14, S. 310–316.

Swaine, Jon (2008) — »Stephen Hawking: Large Hadron Collider Vital for Humanity«, in: *The Telegraph*, letzter Zugriff am 29. Januar 2015, <http://www.telegraph.co.uk/news/ 2710348/Stephen-Hawking-Large-Hadron-Collider-vital-for-humanity.html>.

Terras, Melissa/Priego, Ernesto & al. (2013) — »The Humanities Matter!«, Infografik, <http:/ /4humanities.org/wp-content/uploads/2013/07/humanitiesmatter300.pdf>.

Trute, Hans-Heinrich (2015) — »›... that nature is the ultimate bioterrorist‹ - Wissenschaftsfreiheit in Zeiten eines entgrenzten Sicherheitsdiskurses«, in: *Ordnung der Wissenschaft*, 2, S. 99–116.

Tumpey, Terrence M./Basler, Christopher F. & al. (2005) — »Characterization of the Reconstructed 1918 Spanish Influenza Pandemic Virus«, in: *Science*, 310, S. 77–80.

Universität Kassel (2013) — »Zufriedenheit im Job ist beste Gesundheitsvorsorge«, Pressemitteilung vom 26.08.2013, <http://www.uni-kassel.de/uni/nc/universitaet/nachrich ten/article/zufriedenheit-im-job-ist-beste-gesundheitsvorsorge.html>.

van der Burg, Wibren (1991) — »The Slippery Slope Argument«, in: *Ethics*, 102, S. 42–65.

Verbraucherzentrale Bundesverband (2014) — »Unterrichtsmaterial unter der Lupe: Wie weit geht der Lobbyismus in Schulen?«, <http://www.vzbv.de/cps/rde/xbcr/vzbv/Ver braucherbildung-Analyse-Unterrichtsmaterialien-vzbv-2014.pdf>.

Vollmer, Gerhard (1994) — »Die vierte bis siebte Kränkung des Menschen - Gehirn, Evolution und Menschenbild«, in: *Aufklärung und Kritik*, 1, S. 81–92.

Volokh, Eugene (2003) — »The Mechanisms of the Slippery Slope«, in: *Harvard Law Review*, 116, S. 1026–1138.

vom Bruch, Rüdiger (2008) — »Wissenschaftsfreiheit in Deutschland im 19. und 20. Jahrhundert«, in: Rainer A. Müller/Rainer Christoph Schwinges (Hg.), *Wissenschaftsfreiheit in Vergangenheit und Gegenwart*, Basel, S. 69–92.

Wang, Jessica (1999) — »Merton's Shadow: Perspectives on Science and Democracy since 1940«, in: *Historical Studies in the Physical and Biological Sciences*, 30, S. 279–306.

Wanka, Johanna (2015) — »Wir müssen auf Sorgen reagieren, nicht aber auf Stimmungen«, Interview, in: *Frankfurter Allgemeine Zeitung*, 20. Juli, S. 12.

Weber, Max (1995) — *Wissenschaft als Beruf*, Stuttgart.

Weber, Max (2013) — »Der Sinn der ›Wertfreiheit‹ der soziologischen und ökonomischen Wissenschaften«, in: Gerhard Schurz/Martin Carrier (Hg.), *Werte in den Wissenschaften. Neue Ansätze zum Werturteilsstreit*, Berlin, S. 33–56.

Weber, Wolfgang E. J. (2002) — *Geschichte der europäischen Universität*, Stuttgart.

Weber, Wolfgang E. J. (2008) — »Funktionale Freiheit und Novitätsfurcht. Zur Frage der Wissenschaftsfreiheit im 17. Jahrhundert«, in: Rainer A. Müller/Rainer Christoph Schwinges (Hg.), *Wissenschaftsfreiheit in Vergangenheit und Gegenwart*, Basel, S. 39–56.

Weingart, Peter (2003) — *Wissenschaftssoziologie*, Bielefeld.

Wendt, Rudolf (2000) — »Art. 5 (Meinungsfreiheit, Pressefreiheit, Rundfunkfreiheit, Freiheit der Kunst, Wissenschaft, Forschung und Lehre)«, in: Ingo von Münch/Philip Kunig (Hg.), *Grundgesetz-Kommentar*, 5. Aufl., München, S. 383–478.

Whittlestone, Jess (2015) — »When the Truth Hurts«, in: *Aeon*, letzter Zugriff am 6. September 2015, <http://aeon.co/magazine/philosophy/is-it-ever-worth-not-knowing-the-truth/>.

Wiegerling, Klaus (2007) — »Die Zukunft hat gestern begonnen - ethische Fragen an die Technikforschung«, in: Jochen Berendes (Hg.), *Autonomie durch Verantwortung. Impulse für die Ethik in den Wissenschaften*, Paderborn, S. 347–370.

Wilholt, Torsten (2009) — »Die Objektivität der Wissenschaften als soziales Phänomen«, in: *Analyse & Kritik*, 31, S. 261–273.

Wilholt, Torsten (2010) — »Scientific Freedom: Its Grounds and Their Limitations«, in: *Studies in History and Philosophy of Science*, 41, S. 174–181.

Wilholt, Torsten (2012a) — *Die Freiheit der Forschung: Begründungen und Begrenzungen*, Berlin.

Wilholt, Torsten (2012b) — »Forschungsfreiheit: Nichts als leere Standesrhetorik?«, in: *Forschung & Lehre*, 12, S. 984–986.

Will, Clifford M. (2014) — »Einstein's Relativity and Everyday Life«, in: *Physics Central*, letzter Zugriff am 24. Juli 2014, <http://physicscentral.com/explore/writers/will.cfm>.

Wilson, Fred (2014) — »John Stuart Mill«, in: *Stanford Encyclopedia of Philosophy*, Spring 2014 Edition, <http://plato.stanford.edu/archives/spr2014/entries/mill/>.

Wilson, James Q./Herrnstein, Richard J. (1985) — *Crime and Human Nature*, New York.

Wössmann, Ludger (2012) — »Gute Bildung schafft wirtschaftlichen Wohlstand. Bildung aus bildungsökonomischer Perspektive«, in: *Forschung & Lehre*, 10, S. 792–794.

Xie, Yu (2014) — »›Undemocracy‹: Inequalities in Science«, in: *Science*, 344, S. 809–810.

Zenker, Kay (2012) — *Denkfreiheit. Libertas philosophandi in der deutschen Aufklärung*, Hamburg.

Zinkant, Kathrin (2015) — »Operation Affe«, in: *Süddeutsche.de*, letzter Zugriff am 18. November 2015, <http://sz.de/1.2463576>.

Zöller, Günter (2009) — »›Menschenbildung‹. Staatspolitische Erziehung beim späten Fichte«, in: Axel Hutter/Markus Kartheininger (Hg.), *Bildung als Mittel und Selbstzweck. Korrektive Erinnerung wider die Verengung des Bildungsbegriffs*, Freiburg/München, S. 42–62.

Printed in the United States
By Bookmasters